U0390372

绿色新起点

铁铮／著

光明日报出版社

图书在版编目（CIP）数据

绿色新起点 / 铁铮著 . -- 北京：光明日报出版社，
2017.5（2023.1 重印）

ISBN 978 - 7 - 5194 - 2916 - 4

Ⅰ.①绿… Ⅱ.①铁… Ⅲ.①北京林业大学—概况
Ⅳ.①S7 - 40

中国版本图书馆 CIP 数据核字（2017）第 098659 号

绿色新起点

LÜSE XIN QIDIAN

著　　者：铁　铮

责任编辑：曹美娜　郭思齐　　　　　责任校对：赵鸣鸣

封面设计：中联学林　　　　　　　　责任印制：曹　净

出版发行：光明日报出版社

地　　址：北京市西城区永安路 106 号，100050

电　　话：010 - 63169890（咨询），010 - 63131930（邮购）

传　　真：010 - 63131930

网　　址：http：// book. gmw. cn

E - mail：gmrbcbs@ gmw. cn

法律顾问：北京市兰台律师事务所龚柳方律师

印　　刷：三河市华东印刷有限公司

装　　订：三河市华东印刷有限公司

本书如有破损、缺页、装订错误，请与本社联系调换

开　　本：710×1000　1/16

字　　数：376 千字　　　　　　　　印　张：21

版　　次：2017 年 5 月第 1 版　　　　印　次：2023 年 1 月第 2 次印刷

书　　号：ISBN 978 - 7 - 5194 - 2916 - 4

定　　价：85.00 元

序

在中国,生态环境建设事业已经进入了攻坚阶段,任务十分艰巨。不容乐观的生态环境现状,需要新闻媒体大力进行绿色意识的传播。绿色传播愈来愈引起我国林业、生态环境界和传播学界的重视和关注,并且取得了长足进步。无论是传统的报刊、电视、广播传媒,还是新兴的网络媒体,都将绿色传播摆在了一个重要的位置,积极报道绿色新闻,普及绿色知识,提高大众的绿色修养。与此同时,林业和生态环境系统的从业人员,也积极主动地利用媒体,有目的、有步骤地开展绿色传播。绿色传播教育初见端倪。绿色传播在我国林业生态环境建设中发挥着越来越重要的作用,对于增强公民环保意识、传播绿色文化、倡导绿色生活方式、促进生态环境建设,都有着相当重要的社会意义和实际价值。

然而,目前关于绿色传播理论的系统研究尚未起步,与发展势头迅猛的绿色传播实践形成了很大的反差。作为一个新兴的传播领域,绿色传播有着与其他传播所不同的特点及规律,急需深入研究、分析和探索。因此,加强绿色传播研究,探索绿色传播的一般和特殊规律,建立与之相适应的绿色传播学理论体系,对于进一步推动绿色传播活动的深入开展、促进林业和生态环境建设,具有重要的意义。

北京林业大学成立了绿色传播中心,致力于绿色传播的研究工作,已取得了初步成果。有关人员在总结绿色传播实践的基础上,试图总结和探索绿色传播的规律。他们的努力是很有意义的。

这套绿色传播系列丛书,就是这些研究部分成果的展示。其中,既有近年各新闻媒体公开报道的绿色新闻的精选,还将荟萃有关绿色传播研究的论文。作者毕业于北京林业大学,后获得了中国人民大学新闻学专业硕士学位,又取得了生态环境建设领域的博士学位,既有一定的林业和生态环境建设的专业知识,又有一定的传播学理论基础和研究能力,还有一定的从事绿色传播实践,具有绿色传播领域研究的不可多得的优势。我们既为他在绿色传播领域中已取得的成就感到高兴,又希望他更加努力,继续在绿色传播的实践和研究中取得新的成绩。

王晨

注:本序作者系全国人大常委会副委员长。

目 录
CONTENTS

要闻

首次公布学校章程 …………………………………… 1

跻身北京高精尖创新中心 …………………………… 1

精准服务北京城市副中心生态建设 ………………… 2

中国林学学科在世界大学排名提升 ………………… 3

中捷"友谊之树"由北林大培育 …………………… 4

精心培育中国鸽子树扎根塞尔维亚 ………………… 5

用心血浇灌绿色的国礼 ……………………………… 6

争做国家生态安全教育主力军 ……………………… 11

教授组团定点扶贫 …………………………………… 12

我国第一个自然保护区学院走过十年 ……………… 13

为我国生态文明建设奠基 …………………………… 17

"部长进校园"走进北林大 ………………………… 21

成立国家林业局油松工程技术中心 ………………… 22

青青油松推动美丽中国建设 ………………………… 23

农村林业改革发展研究基地落户北林大 …………… 28

我国首个风景园林院士工作站成立 ………………… 29

我国首个自然资源与环境审计研究中心成立 ……… 29

教育基金会总收入 1.4 亿多元 ……………………… 30

教学

本科新生实施新培养方案 …………………………… 31

梁希班创新人才培养常态化 …………………………………… 32

构建特色专业精英教育模式 …………………………………… 33

国家级精品园林视频课免费开放 ……………………………… 34

第7门国家级精品视频课向社会开放 ………………………… 34

7门视频公开课获北京专项经费支持 ………………………… 35

加速建设优势网络课程 ………………………………………… 35

新增北京高校实验教学示范中心 ……………………………… 36

园林实验教学中心着力培养新人才 …………………………… 37

建立农林经管虚拟仿真教学中心 ……………………………… 38

经管实验中心把林场搬进课堂 ………………………………… 39

新增八门研究生精品课 ………………………………………… 39

400多万资助研究生课程 ……………………………………… 40

研究生教育改革带来新变化 …………………………………… 40

我国林业硕士培养重案例教学促专业实践 …………………… 42

林业硕士指导性培养方案修订 ………………………………… 42

我国基本建成应用型林业专硕培养体系 ……………………… 43

风景园林专业学位教学案例库建设启动 ……………………… 44

风景园林专业学位案例库上线运营 …………………………… 45

我国林业院校迎来首届MPA学生 …………………………… 45

给绿色MBA教育插上国学的翅膀 …………………………… 46

绿色MBA获特别贡献奖 ……………………………………… 51

"一带一路"奖学金惠及风景园林硕士留学生 ……………… 51

两博士后流动站获评优秀 ……………………………………… 53

老师教英语也有绝招 …………………………………………… 53

林业院校继续教育网络课程联盟成立 ………………………… 54

生态学人e行动计划"翻转"林业课堂 ……………………… 54

招生

设立农村学生单招"树人"计划 ……………………………… 57

以绿色低碳类专业吸引考生 …………………………………… 57

博士生审核制试点学科扩至13个 …………………………… 58

特殊类型招生启动 ……………………………………………… 59

2016年自主招生170人 ……………………………………… 59

为农村考生开辟绿色通道 …………………………………… 60

新增木结构材料专业 ………………………………………… 61

2016 年按类招生扩为七大类 ……………………………… 61

2017 年招研究生 2000 人 …………………………………… 62

教师

"泥腿子"院士关君蔚 ………………………………………… 64

陈俊愉园林教育基金会成立 ………………………………… 68

沈国舫森林培育奖励基金褒奖师生 ……………………… 69

董乃钧林人奖励基金首次颁奖 …………………………… 70

王礼先获世界水保学会奖 ………………………………… 71

风景园林专家林箐获中国青年科技奖 …………………… 71

王向荣林菁获英国国家景观奖 …………………………… 72

王向荣林箐五获英国国家景观奖 ………………………… 73

戴思兰获中国观赏园艺特别荣誉奖 ……………………… 73

康峰获全国高校教师教学竞赛一等奖 …………………… 75

张启翔当选国际园艺生产者协会副主席 ………………… 75

王彬任世界水保学会青委会主席 ………………………… 76

张厚江当选国际木材组织委员 …………………………… 76

雷光春当选湿地公约科技委专家 ………………………… 77

邬荣领教授入选美国科学促进会会士 …………………… 77

许凤入选长江学者特聘教授 ……………………………… 78

陈建成入选国家"万人计划"哲社领军人才 …………… 79

绿色经管学院掌门人 ……………………………………… 79

王强入选北京市优秀青年人才 …………………………… 82

孙丽丹入选北京市科技新星计划 ………………………… 82

彭峰入选"万人计划"青年拔尖人才支持计划 ………… 83

两项实举助力青年教师成长 ……………………………… 83

新教师人人有科研启动基金 ……………………………… 84

"杰青计划"再次启动 …………………………………… 84

启动辅导员支撑团队计划 ………………………………… 85

科研

木材科学部级重点实验室通过验收 ············· 86

林木生物质化学重点实验室获优秀 ············· 86

鹫峰水保科技示范园通过专家评定 ············· 87

鹫峰国家水土保持科技示范园建成 ············· 88

新增两个国家陆地生态系统定位观测站 ········· 89

定位观测石漠化脆弱生态区 ··············· 89

开放共享科研大型新仪器 ················· 90

生理学创新实验室助学生成才 ············· 90

林木数量性状研究获重要进展 ············· 91

林木种子老化机理研究获突破 ············· 92

林木进化与功能研究取得新进展 ············· 92

"林木响应赤霉素"研究获重要进展 ········· 93

率先解析林木生长性状遗传结构 ············· 94

提出林木基因解析新技术 ················· 94

林木基因组研究取得重要进展 ············· 95

发明识别林木发育转换时间节点计算技术 ····· 96

破解生物大数据建模核心技术 ············· 97

用博弈论解释生物自然变异起源 ············· 97

发明基因变异探测模型 ················· 98

提出数量遗传学新理论 ················· 99

发表代谢生态学新模型 ················· 100

生物质细胞壁抗降解研究获进展 ············· 100

在植物胞吞研究领域获进展 ··············· 101

植物细胞壁大数据处理实现突破 ············· 102

植物 DNA 复制过程研究取得新进展 ········· 102

植物蛋白动态量化检测获进展 ············· 103

植物液泡膜蛋白单分子研究获新进展 ········· 103

创建植物嫁接信息流新理论 ··············· 104

非编码 RNA 表观遗传调控研究获突破 ········· 105

阐明茉莉酸如何调控植物气孔运动 ········· 105

开辟计算生物学研究新方向 ……………………………… 106

油松生殖发育研究获新成果 ……………………………… 106

油松华北落叶松人工林培育有突破 ……………………… 107

聚焦油松 25 项关键技术研究 …………………………… 108

高值化利用落叶松树皮 …………………………………… 109

毛白杨产业开启"二次革命" ……………………………… 109

选育出两个杨树雄株新品种 ……………………………… 110

"杨树双雄"告别飞絮顽症 ………………………………… 111

京津冀广植雄株毛白杨治飞絮 …………………………… 112

生态控制云杉矮槲寄生成灾有新技术 …………………… 112

杉木种子休眠分子机制研究获新进展 …………………… 113

选育出 15 个榛子优良无性系和良种 …………………… 114

观赏针叶树矮化繁殖获新成果 …………………………… 115

首获杜仲三倍体 …………………………………………… 115

欧美杨细菌性溃疡病找到克星 …………………………… 116

红花尔基碳汇造林项目获减排交易绿卡 ………………… 117

完成首都平原百万亩造林科技支撑工程 ………………… 118

青藏铁路防沙技术重大项目启动 ………………………… 118

建立秦岭大熊猫保护网络 ………………………………… 119

大熊猫栖息地恢复新技术示范取得突破 ………………… 119

新技术定位黑鹳迁徙路线 ………………………………… 120

发现新鸟种 四川短翅莺 ………………………………… 121

枣实蝇综合防控有了技术支撑 …………………………… 121

沙地扦插造林打孔装置问世 ……………………………… 122

国内首次研制出多功能立体固沙车 ……………………… 122

新成果促进乙醇生产废料有效利用 ……………………… 123

石墨烯新材料应用化学发光研究获新进展 ……………… 123

果树精准定位装置问世 …………………………………… 124

发明立木防虫环剥装置 …………………………………… 125

构建枣树有害生物综合防控体系 ………………………… 125

三倍体枣为枣树育种锦上添花 ················ 126

山杏加工利用技术实现新突破 ················ 127

核桃油制取新技术提质提效 ················ 127

野生蓝靛果在京引种成功 ················ 128

美国红豆杉北京安家首次结果 ················ 128

纠正黑木耳命名错误 ················ 129

螺旋藻专利技术转让成功 ················ 129

无患子深度开发研究获突破 ················ 130

新技术助推无患子特色经济林发展 ················ 131

农林生物质资源化利用技术获奖 ················ 131

林业再生资源深度开发研究获进展 ················ 132

经济树种行业标准首次使用 DNA 鉴定技术 ················ 133

制定《皂荚多糖胶》国家标准 ················ 133

枣树林业行业标准今年 5 月起实施 ················ 134

全国球根花卉种球标准全面修订 ················ 134

北京花卉产业发展研究取得新成果 ················ 135

用科技开辟观赏芍药商品化途径 ················ 135

16 个糖果鸢尾新品种丰富北方夏日 ················ 137

我国新添三个紫薇新品种 ················ 138

六个新品种将亮相拍卖会 ················ 138

牡丹遗传学研究获新进展 ················ 139

北京自育牡丹添俩新品种 ················ 140

国色天香从此不缺"京腔京韵" ················ 140

发布两个京产牡丹新品种 ················ 141

牡丹新品种产业化关键技术研究获突破 ················ 142

红花玉兰在京抗寒绽放 ················ 143

北京园林景观设计资源平台获重大立项 ················ 143

探索温带城市屋顶绿化新模式 ················ 144

设计景观获深圳创意设计大奖 ················ 145

成功研发创意树 ················ 145

林改后森林资源可持续经营有新技术 ················ 146

研究森林可持续经营管理获突破 ················ 147

专家深入研究"两山"理论 ················ 148

"两山"理论研究取得新成果 ················ 148

领导干部森林资源资产离任审计指标出炉 ················ 149

揭示我国虚实水资源省际流动规律 ················ 151

团队提出"景观水保学" ················ 151

专家强调解决水资源靠走绿色之路 ················ 152

研究认为沿海湿地保护力度过小 ················ 153

《自然》称中国碳排放被高估约14% ················ 154

我国首个碳汇城市指标体系发布 ················ 154

加大世界涉林院校研究力度 ················ 154

林业创新工程技术人才培养研究获突破 ················ 156

观点

孟兆祯院士:风景园林要助力中国梦 ················ 158

尹伟伦院士用情关注生态文明事业 ················ 159

国家公园建设谁来管? ················ 165

为生态文明建设建言献策育良才 ················ 166

加快生态文明建设　大力推进绿色发展 ················ 167

"一带一路"战略中的中国林业产业 ················ 171

确保国有林场改革不走偏不走样 ················ 174

国有林改革走进新时代 ················ 175

专家强调:林产品贸易有助低碳经济 ················ 181

森林,发展低碳经济之本 ················ 182

存量垃圾用于绿化推进乏力 ················ 184

木材资源安全必须依靠森林高效培育 ················ 186

绿色教育:大学的责任与行动 ················ 187

在线教育带给林业教学哪些新体验? ················ 191

中国林业在线教育方兴未艾 ················ 193

活动

我国生态治理机制创新建议书发布 ················ 196

生态文明贵阳国际论坛年会即将开幕 ………………………… 196

生态福利与美丽中国论坛将办 …………………………………… 197

举办生态福利与美丽中国论坛 …………………………………… 198

生态福利与美丽中国论坛发布多项成果 ……………………… 199

新常态下的中国生态治理之路 …………………………………… 200

在生态治理全球化中发出中国好声音 ………………………… 204

林业发展凸显绿色惠民新特色 …………………………………… 208

国际知名专家研讨自然保护大计 ……………………………… 217

国际知名学者在京演讲生命之网 ……………………………… 218

2016 国际雉类学术研讨会在京召开 ………………………… 218

举办森林生态系统国际学术研讨会 …………………………… 219

召开森林资源可持续经营国际学术研讨会 ………………… 219

中外专家聚焦生态旅游与绿色发展 …………………………… 221

中美碳联盟年会在北林大闭幕 …………………………………… 222

中美研究生态系统碳水循环机理有成效 …………………… 222

专家对世界未来城市荒漠化说不 ……………………………… 223

中德专家研讨木质纤维生物质材料 …………………………… 224

世界风景园林师讲坛将办 ………………………………………… 225

世界风景园林师高峰讲坛在京举办 …………………………… 225

举办世界风景园林师高峰论坛 …………………………………… 226

第 52 届世界风景园林设计师大会举办 …………………… 227

主办世界艺术史大会园林庭院论坛 …………………………… 227

中外专家聚焦国际观赏园艺学术前沿 ………………………… 228

海峡两岸园林学术论坛举办 ……………………………………… 228

举办风景园林创新论坛 …………………………………………… 229

风景园林论坛聚焦城市事件型景观 …………………………… 229

"北林设计"成知名品牌 …………………………………………… 230

专家纵论全球化背景下的本土风景园林 …………………… 231

专家呼吁加强圆明园遗址有效保护和科学利用 ………… 232

华北高校研讨风景园林专业规范 ……………………………… 233

专家学者研讨园林植物景观与生态 ……………………………… 234

园林学院青年教师研讨学术 ……………………………………… 234

智力众筹聚焦北京风景园林 ……………………………………… 235

首都高校风景园林研究生纵论城市更新 ………………………… 235

女植物生物学科学家组团来校 …………………………………… 236

中国千种花卉计划高峰论坛召开 ………………………………… 237

花卉种质创新与分子育种确定研究重点 ………………………… 237

科技创新与牡丹产业发展高峰对话会举行 ……………………… 238

专家研讨农林经管实验教科实验室建设 ………………………… 239

全国农林高校林学院院长研讨改革 ……………………………… 239

首届九三学社林业发展论坛举办 ………………………………… 240

中国林业教育学会活力不断增强 ………………………………… 240

合作

资深林学家尤瑟瑞受聘荣誉教授 ………………………………… 242

亚太林业教育协调机制会议召开 ………………………………… 242

面向亚太地区开发林业英文在线课程 …………………………… 243

亚太森林组织奖学金硕士项目不断推进 ………………………… 243

25 国留学生到北林大深造 ……………………………………… 244

11 国官员在华完成森林可持续经营研修 ……………………… 245

与日本千叶大学合作培养园林人才 ……………………………… 245

与英国两所大学深度合作 ………………………………………… 246

与欧洲森林研究所结成合作伙伴 ………………………………… 246

与美国湿地研究中心结成绿色合作伙伴 ………………………… 247

设首个风景园林国际双硕士项目 ………………………………… 247

加大发展中国家援外培训力度 …………………………………… 248

为发展中国家培训荒漠化防治人才 ……………………………… 248

为圭亚那办专项技术培训班 ……………………………………… 249

与美国公司合作项目获奖 ………………………………………… 250

海峡两岸水土保持科技合作不断深入 …………………………… 250

海峡两岸加强自然保护与生态文化研究协作 …………………… 251

海峡两岸林业基金再次颁奖 ………………………………………… 251

台湾师生来京研修自然保护与生态文化 ………………………… 253

我国首个生态与健康研究院成立 ………………………………… 253

中国生态修复产业技术创新战略联盟成立 ……………………… 254

国家花卉产业技术创新战略联盟成立 …………………………… 256

花卉产业技术创新战略联盟添丁 ………………………………… 256

全国生态保护与建设专委会成立 ………………………………… 257

北京凝聚专家资源攻关生态修复 ………………………………… 258

科学推动林产品贸易绿买卖 ……………………………………… 258

与 16 个地级市携手协同创新 …………………………………… 260

与四川省林业厅签署战略合作协议 ……………………………… 260

与广西林业系统强化合作 ………………………………………… 261

与拉萨市开展人才智力合作 ……………………………………… 261

与新乡共建成果推广平台 ………………………………………… 262

与通州共建绿色北京城市副中心 ………………………………… 262

与呼伦贝尔深化绿色合作 ………………………………………… 263

与聊城签订合作协议 ……………………………………………… 264

与临沂开展木业战略合作 ………………………………………… 264

与保定合作共促京津冀一体化 …………………………………… 265

与张家口共建生态创新中心 ……………………………………… 266

与冠县携手力推毛白杨雄株新品种 ……………………………… 266

与世园局共同打造生态园区 ……………………………………… 267

与菏泽学院共建牡丹学院 ………………………………………… 267

与和盛共推林木育种协同创新 …………………………………… 268

校地合作践行"政产学研用"办学模式 ………………………… 268

"鄢陵模式"获评十大推荐案例 ………………………………… 269

协同创新中心建在花农田间 ……………………………………… 270

为鄢陵培训花卉园艺师 …………………………………………… 271

校企携手共建园林信息大数据平台 ……………………………… 271

助力京郊山区小型河流生态修复 ⋯⋯⋯⋯⋯⋯⋯⋯⋯⋯ 272

黄土高原水保协同创新中心运行 ⋯⋯⋯⋯⋯⋯⋯⋯⋯⋯ 273

与企业联手在长白山示范生态旅游 ⋯⋯⋯⋯⋯⋯⋯⋯ 273

牵手中外建"建基地" ⋯⋯⋯⋯⋯⋯⋯⋯⋯⋯⋯⋯⋯⋯⋯ 274

为森工企业定向培养人才 ⋯⋯⋯⋯⋯⋯⋯⋯⋯⋯⋯⋯ 274

泰安林业系统高管组团进大学深造 ⋯⋯⋯⋯⋯⋯⋯⋯ 275

59 名保护区一线学员在北林大培训 ⋯⋯⋯⋯⋯⋯⋯⋯ 275

培训自然保护一线业务骨干 ⋯⋯⋯⋯⋯⋯⋯⋯⋯⋯⋯ 276

再为湖北培训保护区业务骨干 ⋯⋯⋯⋯⋯⋯⋯⋯⋯⋯ 276

传播

专家共同研讨中国林业理论创新 ⋯⋯⋯⋯⋯⋯⋯⋯⋯⋯ 278

生态经济助推美丽中国建设 ⋯⋯⋯⋯⋯⋯⋯⋯⋯⋯⋯ 278

林业应对气候变化促进低碳经济作用凸显 ⋯⋯⋯⋯ 280

专家探索中国林产工业低碳化发展路径 ⋯⋯⋯⋯⋯ 281

"中国森林典籍志书资料整编"项目启动 ⋯⋯⋯⋯⋯ 282

《中国大百科全书》风景园林卷抓紧编撰 ⋯⋯⋯⋯ 283

《中国主要树种造林技术》首次修订 ⋯⋯⋯⋯⋯⋯ 284

英文期刊《鸟类学研究》被 SCIE 收录 ⋯⋯⋯⋯⋯⋯ 284

评选中国绿色碳汇 2014 年十件大事 ⋯⋯⋯⋯⋯⋯⋯⋯ 285

评出 2015 年中国绿色碳汇十大事件 ⋯⋯⋯⋯⋯⋯⋯⋯ 287

评选第二届全国绿色碳汇好新闻 ⋯⋯⋯⋯⋯⋯⋯⋯⋯ 289

评选第三届全国绿色碳汇好新闻 ⋯⋯⋯⋯⋯⋯⋯⋯⋯ 290

我国绿色碳汇志愿者队伍不断壮大 ⋯⋯⋯⋯⋯⋯⋯⋯ 291

学生

新生录取通知书呈古典园林风格 ⋯⋯⋯⋯⋯⋯⋯⋯⋯ 293

"小新叶"更苗壮 ⋯⋯⋯⋯⋯⋯⋯⋯⋯⋯⋯⋯⋯⋯⋯⋯ 293

新生扫码报到入学 ⋯⋯⋯⋯⋯⋯⋯⋯⋯⋯⋯⋯⋯⋯⋯ 294

为新生提前开启大学生活 ⋯⋯⋯⋯⋯⋯⋯⋯⋯⋯⋯⋯ 295

"准00 后"进大学处处智能化 ⋯⋯⋯⋯⋯⋯⋯⋯⋯⋯ 296

园林新生园博馆接受启蒙教育 ⋯⋯⋯⋯⋯⋯⋯⋯⋯⋯ 297

北林版专属学位证书正式发布 ·············· 298

实施"四轮工程"助研究生成长 ·············· 298

研究生骨干队伍培训实现全覆盖 ·············· 300

50万奖学金激励研究生创新 ·············· 300

3000多万元奖励优秀研究生 ·············· 301

全国农林院校研究生竞赛学术科技作品 ·············· 301

就业创业工作标准化精细化 ·············· 302

"绿桥、绿色长征"系列活动启动 ·············· 303

百名博士开展千场生态文明宣讲 ·············· 303

领衔青年环保公益创业大赛 ·············· 304

首届京津冀晋蒙青年环保公益创业大赛闭幕 ·············· 304

国际风景园林大学生设计赛获奖 ·············· 305

学生获中日韩风景园林设计赛金奖 ·············· 305

获全国大学生计算机设计一等奖 ·············· 306

学生在国际青少年林业比赛获奖 ·············· 307

华北地区青少年增绿减霾共同行动 ·············· 307

暑假去哪？北林学子社会实践忙 ·············· 308

新年挑战，从校长书单开始 ·············· 308

359支社会实践团队奔赴基层 ·············· 310

高校大学生启动精准扶贫绿色行动 ·············· 311

向过年不返乡学生送新年礼 ·············· 312

留校学生参加好习惯微行动 ·············· 312

征集林科研究生科普案例活动启动 ·············· 313

千余学生爱心传递温暖冬衣 ·············· 313

致力学雷锋活动常态化 ·············· 314

举办首届学生体育文化节 ·············· 314

让全校学生"动起来" ·············· 315

献出最美好的年华 ·············· 316

后 记 ·············· 318

首次公布学校章程

北京林业大学近日公布学校章程,明确办学目标是建设国际知名、特色鲜明、高水平研究型大学,"知山知水,树木树人"的校训被写入章程。这是北京林业大学第一次制定大学章程。

章程共 10 章 69 条,包括总则、学校职能、教职员工、学生、治理结构、学院、外部关系、财务资产及后勤、学校标识、附则,明确学校是"以林业为特色、多科性发展的普通高等学校""服务国家战略和社会需求,推进协同创新和成果转化,为社会发展提供智力保障和人才支撑"。

章程还对管理体制作出全面规定,明确了学校治理结构;规范了内部学术组织的构成、职责和运行机制及学校内设机构的类别、设定权限和原则;明确了校内民主监督运行机制。

《中国绿色时报》2015 年 7 月 9 日

跻身北京高精尖创新中心

北京林业大学申报的林木分子设计育种高精尖创新中心日前通过北京市有关部门审议,跻身北京高校高精尖创新中心行列。中心每年将获得资助经费 1 亿元,滚动支持 5 年。

林木分子设计育种高精尖创新中心将围绕国家在现代林业发展等方面的重大关键技术需求,全面整合国内森林生物学领域创新要素,构建以高通量单细胞测序和基因组编辑等高新技术为支撑,以优良性状形成生物基础、分子设计育种技术体系、良种选育与规模化应用三个方向为体系的林木良种选育理论创新与技术创制平台,努力打造林木生长发育性状形成的分子基础、全基因组定向选择育种技术、主要树种分子设计育种等九大链条组成林木分子设计育种全系统创新链,力争在森林生物学和林木遗传育种重点领域的关键核心技术上取得重大突破。

北林大校长宋维明说,中心将通过汇聚国内外林木分子设计育种领域的顶尖技术力量和高端智力资源,产出一批有影响力的成果,造就一批杰出人才,全面提升我国森林生物学和林木遗传育种国际影响力与竞争力,为我国绿色产业的发展提供技术支撑和转化平台。

按照计划,北京市将建设20个左右的高精尖中心。市财政持续稳定地对高精尖中心进行滚动支持,5年为一个周期。

《中国绿色时报》2016年5月26日

《中国花卉报》2016年6月21日

精准服务北京城市副中心生态建设

"加紧选择、收集和创制速生、优质、抗逆的绿化美化林木种质资源,为北京市副中心建设提供精准服务。"这是近期北京林业大学高精尖创新中心找准与北京城市副中心生态和园林建设的契合点、全面衔接任务体系后,确定的具体服务方向之一。

专家们认为,严重制约着北京市园林绿化发展和生态环境建设的因素有:增彩、延绿树种缺乏,园林绿化耗水较大,杨柳飞絮困扰城市居民,园林绿化废弃物总量巨大处理困难,园林绿化土壤健康质量下降,京津冀一体化林地、绿地等生态监测网络建设困难等。

鉴于此,北林大将高精尖创新中心的发展目标定位在研发世界一流的现代林木育种技术,创制有突破性的林木新品种,创制增彩延绿、高效环保、经济与生态兼用且适应性强的林木种质资源等。

中心将汇聚全球林木分子设计育种领域的顶尖技术力量和高端智力资源,努力建成全球森林生物学和林木分子设计育种前沿科技创新群体与高端人才培养基地;针对重要林木优良性状形成生物基础研究、分子设计育种技术体系研发、良种选育与规模化应用三大研究方向,通过协同创新与开放共享,建成世界一流的林木育种理论与高新技术创新、成果转化平台;突破制约我国林木良种与现代林业发展的理论和技术瓶颈,取得具有国际影响力的林木育种理论成果,研发世界一流的现代林木育种技术,创制有突破性的林木新品种;在实现林木良种选育与规模化应用的基础上,为北京城市副中心建设提供林木新品种和技术保障。

中心将针对"增彩延绿"育种目标,以彩叶栎树、枫香、栾树、冬季不变色柏树等树种开展优良新品种选育;以杨树、樟子松、侧柏、槭树、枫香、刺槐、杜仲等树种,开展高效环保、经济与生态兼用且适应性强的林木新品种选育;以无飞絮毛白杨、油松、文冠果等树种,开展园林绿化和观赏林木新品种选育工作。

《北京晚报》2016 年 8 月 12 日

《中国绿色时报》2016 年 8 月 16 日

《中国花卉报》2016 年 9 月 8 日

中国林学学科在世界大学排名提升

2015 年英国职业与教育研究组织(QS)世界大学学科排行榜日前发布。中国林业教育学会秘书处通过分析比较发现,较 2013 年、2014 年,中国大学林学学科的排名有了进一步提升,反映出我国林业高等教育在内涵建设和质量提升方面有了新的进展。

记者注意到,北京林业大学近 3 年的排名情况是:2013 年居世界 151—200位,2014 年居 101—150 位,2015 年则进入世界 51 - 100 位。连续 3 年的进步,反映该校在林学相关领域人才培养和学科建设方面取得了稳步发展,国际声誉进一步提升。

该校党委书记吴斌教授认为,北京林业大学作为中国林科大学的代表在世界排名中不断提升,除了学校自身的努力之外,还有一个重要的因素是,党中央积极倡导生态文明,社会参加林业和生态环境建设的积极性越来越高,给中国林业高等教育提供了很好的发展条件和外部环境。

据了解,2015 年位居农学林学学科世界排名前十位的大学中,美国大学有 7所、欧洲大学有 2 所、澳大利亚大学有 1 所,显示出欧美发达国家大学在农学林学学科方面的强大实力。这 10 所大学是:美国加州大学戴维斯分校、美国康乃尔大学、荷兰瓦赫宁根大学、美国加州大学伯克利分校、美国普渡大学、美国威斯康星大学麦迪逊分校、澳大利亚国立大学、美国爱荷华州立大学、美国俄勒冈州立大学、瑞典农业大学。

综合 2013 年至 2015 年农学林学学科世界排名情况可以看出,进入世界前200 名的中国大学总数维持在 10 所左右。2013 年、2015 年为 11 所,2014 年为 10所。在中国大学进入前 200 名的数量保持基本稳定的情况下,部分大学的排名进步较大。

中国有 11 所大学进入今年农学林学学科世界排名前 200 位。中国农业大学以 80.3 分位居世界第 18 位。北京林业大学、南京农业大学、西北农林科技大学、浙江大学 4 所大学位居世界 51—100 位。华中农业大学、山东农业大学、华南工业大学位居世界 101—150 位，上海交通大学、华南理工大学位居世界 151－200 位。

据了解，QS 世界大学排名，是由英国高等教育调查机构英国职业与教育研究组织所发表的年度世界大学排名。排名包括主要的世界大学综合排名及学科排名。排名采用 6 方面的指数衡量世界大学。这 6 个指数和所占的权重是：学术领域的同行评价占 40%；全球雇主评价占 10%；单位教职的论文引用数占 20%；教师与学生比例占 20%；国际学生比例占 5%；国际教师比例占 5%。

2015 年最新的《QS 世界大学学科排名》4 月 29 日发布，以破纪录的 36 个学科成为该类规模最大的排名。据介绍，排名结果来自于全球 100 多个国家最顶尖85062 名学者和 41910 名雇主的专业意见，以及对 1730 万学术出版物、超过 1 亿次引用的数据分析。

《北京考试报》2015 年 5 月 13 日

《中国绿色时报》2015 年 5 月 20 日

中捷"友谊之树"由北林大培育

当地时间 3 月 28 日，国家主席习近平在布拉格拉尼庄园同捷克总统泽曼举行会晤。会晤前，两国元首在庄园里种下一株来自中国的银杏树苗。

这株象征中捷友谊长存、寓意两国关系友好绵长久远的银杏树，是由北京林大林业科技股份有限公司精心培育的。

早在 2014 年 10 月，泽曼总统来华国事访问时，赠给习近平主席一棵苹果树苗作为特别礼物。在捷克，苹果树是合作与友谊的最好象征。

3 月 22 日 11 时，北林科技公司接到国家林业局的函件，领下了准备树苗的光荣任务。要求是采取必要技术手段，确保树苗成活率，并在 26 日前送抵捷克。

3 月 23 日，北林科技紧急从所属苗圃数千株树苗中精选出了 30 株符合规格的银杏苗木，又从树形好、无病虫害、生长健壮等方面进行严格筛选，从中优选出了 5 株，并进行相应的技术处理，以确保其成活率。

3 月 24 日上午，北林科技组织众多专家进行了现场评审，又从苗木形状、根系状况、枝条形态等专业角度，从中精心挑选出了 3 株银杏苗木。这些苗木树高约 2米、地径 3 厘米左右。

获得植物检疫证书之后，3 月 24 日下午，北林科技用专门定制的包装箱，将 3株银杏苗木送至机场。按照要求，树苗运输不能带土。技术人员仔细将根部洗净、杀菌，再用蘸水后的丝绸包裹根部，并在其外面裹上带孔的塑料薄膜，以使其既保湿又透气。3月25日,这3株银杏树苗登机被运往中国驻捷克大使馆。

据专家介绍,有"活化石"美称的银杏,是中国的特有物种。它出现在几亿年前,是第四纪冰川运动后遗留下来的裸子植物中最古老的孑遗植物。

中青在线2016年3月29日

《北京晚报》2016年3月30日

《中国教育报》2016年3月30日

《北京日报》2016年3月30日

《中国科学报》2016年3月31日

《中国花卉报》2016年4月11日

精心培育中国鸽子树扎根塞尔维亚

6月18日上午,美丽的多瑙河畔,有着140多年历史的贝尔格莱德植物园更加美丽。彭丽媛同塞尔维亚总统夫人德拉吉察一起,在这里种下了一棵来自中国的珙桐树。

这棵珙桐是由北京林业大学科技公司精心选育的。这也是北京林业大学今年第二次为重大国事访问选育树苗。此前的3月28日,国家主席习近平与捷克总统泽曼在布拉格拉尼庄园种下的银杏树苗,也是该校培育的。

据介绍,珙桐是1000万年前新生代第三纪留下的孑遗植物。在第四纪冰川时期,大部分地区的珙桐相继灭绝,只有在中国南方的一些地区幸存下来。珙桐是植物界的"活化石",也是全世界著名的观赏植物。因其为中国特有的单属植物,花色乳白,形如白鸽,被誉为"中国的鸽子树",成为和平的象征。珙桐已被列为国家一级重点保护野生植物。

据悉,5月30日,北京林业大学接到了国家林业局商请协助工作的函件,要求提供珙桐树苗,并采取必要技术手段保证树苗成活率,且在6月15日前送至塞尔维亚。

6月1日,在国家林业局协助下,北京林业大学从四川省北川县和湖北省恩施州精选了12株珙桐树苗,陆续运抵北京。北京林业大学立刻组织专家将树苗假植,进行了相应技术处理,以确保其成活率。

6月12日下午,北京林业大学组织专家现场评审,从苗木形状、根系状况、枝条形态等专业角度,精心挑选出6株珙桐树苗。它们的平均株高160—170cm。

6月13日上午,出入境检验检疫部门现场办公,履行相关检验手续,颁发了植物检疫证书。北京林业大学的专业人员精心护理,用专门定制的包装箱,采用先进的技术方法以防治苗木在运输中损伤。当日下午,6 株珙桐种苗送至首都机场。6 月 14 日,珙桐树苗出境,送往中国驻塞尔维亚大使馆。树苗的叶基均有新芽萌发,保持鲜活,状况良好。

北京林业大学的专家介绍,珙桐是国家一级保护植物,是中国特有的单属植物,也是全世界著名的观赏植物。野生种只生长在中国西南四川省和中部湖北省和周边地区。

来自北京林业大学的消息说,今年 5 月,该校"林木分子设计育种高精尖创新中心"已经跻身北京市高精尖创新中心行列。中心将汇聚国内外林木分子设计育种领域的顶尖技术力量和高端智力资源,建设全球林木遗传育种前沿科技创新中心。

《中国青年报》2016 年 6 月 19 日

《北京晚报》2016 年 6 月 20 日

《中国科学报》2016 年 6 月 20 日

《中国教育报》2016 年 6 月 21 日

用心血浇灌绿色的国礼

今年 3 月 28 日、6 月 18 日,习近平主席和夫人彭丽媛分别在捷克和塞尔维亚国事访问时,栽种了银杏和珙桐。幼小的树苗作为绿色的使者,生长在异国他乡,成为中国绿色外交的见证。

专家告诉记者,能够连续为重大国事访问提供苗木,从一个侧面证实了北京林业大学在林木遗传育种科研领域具有雄厚的实力。该校在林木新品种选育与产业化开发、抗逆植物材料的选育与栽培技术、花卉新品种选育栽培与应用等方面具有突出的优势和特色,培育出了不飞絮的毛白杨、四倍体刺槐、名优花卉、地被植物等大批优良品种。该校林木分子设计育种已跻身北京市高精尖创新中心的行列,将建设成为全球林木遗传育种前沿科技创新的中心。

银杏 + 鸽子树 = 绿色的国礼

6 月 18 日上午,美丽的多瑙河畔,有着 140 多年历史的贝尔格莱德植物园更加美丽。陪同习近平主席出访的彭丽媛同塞尔维亚总统夫人德拉吉察一起,在这里种下了一棵来自中国的珙桐树。

彭丽媛表示,良好生态是人类发展的基础,建设绿色家园是人类的共同梦想。

今天种下的珙桐被誉为"植物界的大熊猫",相信珍贵的中塞友谊之树一定会茁壮成长。

这棵珙桐是由北京林业大学科技公司精心选育的。这也是该校今年第二次为重大国事访问选育树苗。此前的 3 月 28 日,国家主席习近平与捷克总统泽曼在布拉格拉尼庄园种下的银杏树苗,也是该校选育的。

为重大国事访问选育树苗,在北京林业大学看来,是为中国的绿色外交做贡献。

该校的专家告诉记者,珙桐是 1000 万年前新生代第三纪留下的孑遗植物。在第四纪冰川时期,大部分地区的珙桐相继灭绝,只有在中国南方的一些地区幸存下来。珙桐是植物界的"活化石",也是全世界著名的观赏植物。因其为中国特有的单属植物,花色乳白,形如白鸽,被誉为"中国的鸽子树",成为和平的象征。珙桐是中国特有的单属植物,也是全世界著名的观赏植物,野生种只生长在中国西南四川省和中部湖北省和周边地区,已被列为国家一级重点保护野生植物。

据悉,5 月 30 日该校接到了国家林业局商请协助工作的函件,要求提供珙桐树苗,并采取必要技术手段保证树苗成活率,且在 6 月 15 日前送至塞尔维亚。

接到任务之后,北林科技公司的技术人员十分重视。6 月 1 日,在国家林业局协助下,他们从四川省北川县和湖北省恩施州精选了 12 株珙桐树苗,陆续运抵北京。该校立刻组织专家将树苗假植,进行了相应技术处理,以确保其成活率。

6 月 12 日下午,该校组织专家现场评审,从苗木形状、根系状况、枝条形态等专业角度,精心挑选出 6 株珙桐树苗。它们的平均株高 160 – 170cm。

6 月 13 日上午,出入境检验检疫部门现场办公,履行相关检验手续,颁发了植物检疫证书。该校的专业人员精心护理,用专门定制的包装箱,采用先进的技术方法以防止苗木在运输中损伤。当日下午,6 株珙桐种苗送至首都机场。

6 月 14 日,珙桐树苗出境,送往中国驻塞尔维亚大使馆。树苗的叶基均有新芽萌发,保持鲜活,状况良好。

此前的 3 月 28 日,国家主席习近平走进布拉格拉尼庄园。在与捷克总统泽曼举行会晤之前,两国元首种下一株来自中国的银杏树苗。这株象征中捷友谊长存、寓意两国关系友好绵长久远的银杏树,也是由北林科技股份有限公司精心选育的。

早在 2014 年 10 月,泽曼总统来华国事访问时,赠给习近平主席一棵苹果树苗作为特别礼物。在捷克,苹果树是合作与友谊的最好象征。

3 月 22 日 11 时,北林科技公司接到国家林业局的函件,领下了准备树苗的光荣任务。要求是采取必要技术手段,确保树苗成活率。

3月23日,技术人员紧急从所属苗圃数千株树苗中精选出了30株符合规格的银杏苗木,又从树形好、无病虫害、生长健壮等方面进行严格筛选,从中优选出了5株,并进行相应的技术处理,以确保其成活率。

3月24日上午,学校组织众多专家进行了现场评审,又从苗木形状、根系状况、枝条形态等专业角度,从中精心挑选出了3株银杏苗木。这些苗木树高约2米、地径3公分左右。

获得植物检疫证书之后,3月24日下午,技术人员用专门定制的包装箱,将3株银杏苗木送至机场。按照要求,树苗运输不能带土,技术人员仔细将树根洗净、杀菌,用丝绵蘸水后缠好,以起到保湿作用。3月25日,这3株银杏苗登机被运往中国驻捷克大使馆。

据专家介绍,有"活化石"美称的银杏,是中国的特有物种。它出现在几亿年前,是第四纪冰川运动后遗留下来的裸子植物中最古老的孑遗植物。用这样有深刻内涵的树种作为国礼,显然是有重要意义的。

红花玉兰在京抗寒绽放

玉兰盛开京城的日子,北京林业大学校园、鹫峰等地绽放的红花玉兰最为抢眼。白色、紫色、黄色的玉兰都不少见,而红花玉兰则是前所未有的新品种。

5年前,北京林业大学科研团队将它从湖北深山里引种到了华北地区。此次在京开花,证明了该品种在北京地区越冬技术难关已被攻破。

12年前,马履一教授率队在湖北宜昌五峰的次生天然林中进行资源调查时,发现这种花色奇特的树木。这株世界仅有的9花被片、花色纯红的玉兰被鉴定为植物新品种,定名为红花玉兰并正式发表,填补了玉兰家族的一项空白。其它数量花被片的红花玉兰则被确定为多瓣红花玉兰新变种。据调查,所有红花玉兰野生资源总计仅有2000余株。

在马履一教授的带领下,开始了红花玉兰的深入研究和培育试验。通过现地和异地保护措施,克服各种困难,使得全世界仅有的这株9花被片红花玉兰繁衍了数十万株后代。

10多年来,马履一领导的红花玉兰研发创新团队承担实施了"红花玉兰种质资源收集保护、遗传测定与开发""红花玉兰新品种选育与规模化繁殖技术研究"等多项科研项目,在野生资源调查保护、种质资源收集保存、种苗繁育、品种选育、引种推广、生殖生理及成果转化、产业发展等方面开展了广泛实验研究,攻克了红花玉兰培育的关键核心技术难题。他们精心培育的娇红1号、娇红2号、娇姿、娇菊、娇艳5个红花玉兰新品种,已获国家林业局植物新品种保护办公室授权保护。

马履一教授称,经过5年的引种试验表明,红花玉兰能够适应北京的环境和气候条件。他们引种栽植的 2000 多株红花玉兰幼树长势较好,为在北京大面积推广奠定了基础。

杨树双雄治飞絮顽症

春天的人们,最烦的恐怕是漫天飘舞的杨絮。北京林业大学林木遗传育种国家工程实验室科研团队,历时 22 年选育出的两个杨树新品种,已被认定为国家良种。"北林雄株 1 号"、"北林雄株 2 号"的推广,不但可产生巨大的经济、生态和社会效益,还可有效治理我国北方杨树飞絮顽症,促进杨树人工林和城乡绿化品种的更新换代。

据了解,这两个国家良种是有效解决杨树飞絮问题的理想替换品种。其主要适宜在北京及津、冀、晋中南、鲁西北及豫中北部等地的平原和河谷川地栽培。

课题组负责人康向阳教授说,这两个新品种选育技术成果已通过国家科技成果鉴定。专家一致认为,该项目育种技术先进,选育的新品种优良,成果达到国际同类研究领先水平。前不久,这两个新品种通过了国家林木良种审定。

杨树是我国三大造林树种之一,在国家木材保障、生态环境建设和城乡绿化中有重要作用。由于杨树栽培品种选择不当,大量种植雌株品种产生的飞絮问题日渐突出,成为严重影响人居环境、居民健康、交通安全的社会问题。

今年 2 月 6 日,全国绿化委、国家林业局"1 号文件"下发了《关于做好杨柳飞絮治理工作的通知》,将做好杨柳飞絮治理工作提升到"建设生态文明、增进民生福祉"的高度。专家认为,在杨树栽培中,替换种植雄株品种,可有效解决杨树飞絮问题。

这两个国家良种是在"十二五"农村领域国家科技计划专题"超高产优质毛白杨新品种选育"、国家林业局重点项目"毛白杨三倍体诱导技术体系研究"的支持下完成的。

课题组综合细胞遗传学与花粉染色体加倍、花粉辐射以及杂交育种等技术,在解决一系列制约人工诱导 2n 花粉选育杨树三倍体的相关理论与技术难题的基础上,采用秋水仙碱溶液诱导银腺杨花粉染色体加倍,进一步利用不同倍性花粉对辐射的敏感性差异克服 2n 花粉授粉后发育迟缓问题,施加 $60Co-\gamma$ 射线辐射处理后给毛新杨母本授粉杂交,创制一批白杨杂种三倍体新种质。经多点栽培试验和木材材性测试,在国内外首次通过人工诱导 2n 花粉授粉杂交途径,成功选育出了这两个雄性杨树杂种三倍体新品种。

据介绍,这两个雄株新品种的母本为毛新杨,父本为银腺杨。其主要特性有:树形美观、雄株不飞絮,是有效解决杨树飞絮问题的适宜替换品种;生长迅速,可迅速成林,育苗出圃快,是城乡绿化和速生丰产林建设的适宜品种。

记者在河北、山东、河南 3 个试验点的 5 年生试验林了解到,生长测试结果表明:"北林雄株 1 号"材积生长量平均 5.90m³/亩,比对照 1319 平均高出 168%,比"三毛杨 3 号"平均高出 15.8%;"北林雄株 2 号"材积生长量平均 6.80m³/亩,比对照 1319 平均高出 209%,比"三毛杨 3 号"平均高出 36.1%;材质优良,纤维长、纤维含量高、木质素含量低,是优良的纸浆等纤维用材林建设的适宜品种;木材基本密度大、抗风能力强。

夏日京城多了糖果花

有资料表明,20 世纪 60 年代末美国最早杂交了射干和野鸢尾,把获得的鸢尾和射干的杂种统称为糖果鸢尾。之所以起这样好听的名称,是因为花朵在闭合的时候,会像糖果纸边一样呈现螺旋状的卷曲。但有关糖果鸢尾,没有任何的研究文献,也没有更多的记载。

春夏之交,北京林业大学教授高亦珂率领课题组培育出了 16 个糖果鸢尾新品种,完成了国际登陆,不但丰富了国际上的糖果鸢尾品种类型,而且弥补了北京等地夏日观花植物稀少的现状。

据介绍,8 年前课题组从北京和黑龙江引种了不同颜色的野生鸢尾。他们发现,北京周边的野鸢尾开白花,而黑龙江引种的开蓝花,都在夏季开花。他们将其与射干杂交,第二年部分杂交后代开花了。花朵的颜色是较深的紫色,既不是野鸢尾的白色和蓝色也不是射干的橙色。他们接着又做了和双亲的回交、自交,年复一年不停地杂交。

据悉,糖果鸢尾最大的特点是花色丰富,颜色有红、黄、蓝、紫、粉、白、橙等,像彩虹一样丰富多彩。有些花瓣上有大理石般的斑点,还有些具有双亲都没有的特点。比如有花瓣上没有斑点纯色的花朵,还有的花瓣和花被片的颜色是不同的。

课题组经过近 8 年的杂交育种,利用从不同地点采集的野鸢尾和射干作为亲本,进行杂交,并将杂交后代回交和自交,获得了大量的不同类型的杂种后代。从这些野鸢尾和射干的杂交回交后代中选育了大量的花色不同的杂种品种。

这些糖果鸢尾杂种品种花色丰富,在北京从仲夏开始开花,可以一直开到 9 月份。每朵花只开放一天,开花的时间随不同品种而不同,上午、中午到傍晚都有开花的。糖果鸢尾的开花量远远大于射干,多的每个植株能开上千朵花。在炎热少花的夏日,彩虹般丰富颜色的糖果鸢尾,弥补了北京地区夏日观花植物稀少的现状。

据了解,糖果鸢尾耐寒、耐高温、耐干旱,在北方大部分地区都能露地越冬。繁殖采用分株和播种两种方法,分株繁殖一般在春季出芽后进行,不影响当年开花。播种可以采用春播和秋播两种方式。可以露地播种。秋播第二年夏季可以开花,春播植株当年开花约占 50%。

《绿色中国》2016 年 7 月

争做国家生态安全教育主力军

4 月 15 日,国家安全日。北京林业大学充分发挥办学特色和学科优势,全力支撑国家生态安全战略,争做国家生态安全教育主力军,已建设成为国家生态安全高层次人才培养的绿色摇篮、生态安全科技创新和社会服务的重要基地。

北京林业大学秉承“知山知水、树木树人”的校训,培养出了 10 万多名高素质优秀人才,成为国家生态保护建设和国家生态安全领域的骨干力量。学校培养出了 14 名两院院士。他们作为国家生态安全领域的学术领军人物,为国家生态安全战略的全面实施作出了突出贡献。学校构建了有力支撑国家生态安全的学科体系,在森林资源培育、园林与人居环境、生物质材料与能源、生态与环境、森林生物学、生态文明理论等方面形成了特色优势,林学、风景园林学一级学科整体水平位居全国之首,取得了一大批重大科研、学术成果,为国家生态安全提供了坚强保障。

学校全方位参与国家生态安全的宏观咨询研究。早在 20 世纪 70 年代末,关君蔚院士出任我国三北防护林体系建设总顾问,为“绿色长城”建设提供了理论支撑;沈国舫院士领衔 1987 年大兴安岭特大森林火灾恢复重建专家组,为短期内完成森林资源恢复工作作出了突出贡献。近年来,院士专家主持参与了全国水资源、可持续发展林业、环境宏观、生态文明建设等重大战略研究,在三峡工程阶段性评估、南方雨雪冰冻灾后生态恢复、汶川地震生态修复等一系列国家生态安全、资源保护建设规划制定中发挥了重大作用。专家学者还就雾霾治理、创新国家公园体制、精准提升森林质量等重大生态安全问题,开展科学研究,积极建言献策,向国家提交了一大批高质量的政策建议,推动了生态安全战略的深入实施。据了解,北京林业大学新建了生态与健康研究院、生态文明研究院等高层次智库平台,连续 5 年在生态文明国际论坛上举办生态安全分论坛,提交森林碳汇、生态治理等政策建议,产生了巨大的社会效益。专家学者团队立足生态安全法治需求,面向政府高层管理人员普及生态法律知识,深入开展《森林法》《野生动植物保护法》等修订完善研究工作。

北京林业大学努力为国家生态安全提供高质量的社会服务。紧紧围绕生态安全重点领域,搭建了木材安全、生物质能源开发、京津冀生态安全等创新平台。

建设了林业行业第一个协同创新中心——"林木资源高效培育与利用协同创新中心"，发起成立国家木材储备战略联盟，组建了国家能源非粮生物质原料研发中心。学校与京津冀地方政府合作共建中关村生态环保产业技术研究院、白洋淀生态研究院等协同创新体，开展森林资源恢复、水资源保护及生态治理等技术攻关，取得了重大成果。学校还广泛深入开展内容丰富、形式多样的生态安全教育，着力培养生态安全卫士，在全国青少年生态安全教育中起到了示范引领作用。学校建设了国家生态文明教育基地、中国青少年环保志愿者之家、京津冀青少年生态文明教育研究中心等多层次教育实践平台，引导大学生通过社团活动、志愿服务、社会实践、科技创新、艺术熏陶等多种方式，积极投身到生态安全实践活动中，加深对国家生态安全国情的理解，深化对国家生态安全战略的认识，成为自觉践行维护国家生态安全的有生力量。学校形成了一批生态安全教育实践的特色品牌活动。大学生们走出校园、面向社会，连续32年开展以生态安全知识科普等为主要内容的"绿色咨询"活动；1997年至今，连续举办20届首都大学生"绿桥"活动，引导社会公众践行绿色生态安全理念；2007年以来，学校联合全国50所高校举行全国青少年绿色长征活动，累计3万余名大学生参与到"生态安全宣传""雪灾灾区生态系统修复""地震灾区生态教育"等教育实践活动。

北京林业大学还制作了一大批普及生态安全理念的出版物和艺术作品；出版了《绿色生活指南》《绿色校园建设指南》等系列丛书，编创以生态安全为主题的《树说》《水》《万物林育》《欢乐森林》等艺术作品；获得"母亲河奖""中华宝钢环境优秀奖""地球奖"等生态环境领域的重要奖项。

《中国绿色时报》2016年4月19日

教授组团定点扶贫

北京林业大学组建教授服务团定点扶贫、特色帮扶。服务团利用假期奔赴内蒙古科右前旗，深入田间地头，开展科技培训和现场技术指导，为200多名乡镇干部、一线技术人员和致富带头人作农村特色扶贫产业发展的专场辅导报告。

据悉，教授服务团包括林业工程、林木育种、园林植物、农林经济、生物食品等5个学科的专家教授。当地负责人称，教授们为农户送来了致富良方，为切实做好精准扶贫工作、打赢扶贫攻坚战奠定了基础。

服务团足迹遍及当地5个乡镇、13个自然村、7个嘎查，走访了数十家农户。他们深入多个村镇企业，与当地政府、企业负责人深入交流和座谈，了解了林、农、牧业现状,分析制约当地特色产业发展的主要原因,提出了针对性的解贫脱困方案。

服务团深入林果基地和草莓种植大棚进行具体指导。在林果加工企业,他们提出了提高烘干效率、加强冷库改造、优化生产过程等具体有效的措施,对破废设备提出改造的具体方案,帮助企业降低运营成本。

在科尔沁镇平安村的果蔬大棚,听完服务团指导的农户种植带头人说,以前听说过可以立体种植草莓,但一直不知道具体办法,担心资金投入比较大没有尝试过,"这次北林大教授们来到我家大棚,手把手指导草莓的立体栽培。教授帮我分析了暖棚桑葚不结果的原因。我将按照教授的建议,拿出几个大棚尝试新型种植法"。

在农村特色扶贫产业的专场报告会上,谢屹教授为200多名乡镇干部、一线技术人员和致富带头人作了特色扶贫产业发展的专场报告,解读特色扶贫产业如何发展。他结合国内外案例,剖析了林下经济、休闲农业等产业形态,对当地的一、二、三产业融合发展提出了建议。

据悉,该校对科右前旗的定点扶贫、特色帮扶作了全面规划,教授服务团还将陆续前往当地具体落实。

《中国科学报》2016 年 9 月 21 日

我国第一个自然保护区学院走过十年

2004 年 12 月 22 日,一个飘雪的冬日。

国家林业局一间大会议室里,正在召开全国林业自然保护区建设管理工作会议。其间有项议程格外引人注意。

时任国家林业局局长周生贤、教育部副部长吴启迪,亲手为北京林业大学自然保护区学院揭牌。我国第一个自然保护区学院的成立,标志着中国自然保护高等教育进入了新的发展阶段。

选择在如此重要的会议上,由我国林业和教育最高管理机构主要负责人为一所大学的学院揭牌,足见双方的重视程度。

越来越多的人认识到,建立自然保护区是保护野生动植物物种及其生境的最有效的措施。作为我国自然保护区建设和管理工作的主体,林业部门对我国自然保护区事业发展做出了重要贡献。早在 1956 年,国务院责成林业部会同中国科学院等部门研究在我国发展自然保护区的问题,启动了我国自然保护区建设事业。

据国家林业局野生动植物保护与自然保护区管理司司长张希武透露,经60年建设发展,林业部门已建立自然保护区2174处,其中国家级自然保护区344处,总面积已占国土面积的近13%,包括森林公园、湿地公园、沙漠公园,林业系统建设管理的保护地已占国土陆地面积的14.78%,基本涵盖了我国最主要的森林生态系统、湿地生态系统、荒漠生态系统和珍稀野生动植物的分布地,成为我国自然保护体系的主体。

自然保护区建设管理工作涉及领域广,科技含量高,必须有专业的人才支持和科技保障。为了适应这一要求,国家林业局和教育部10年前在北京林业大学建立了自然保护区学院。

回忆起初创时的情形,首任院长、北京林业大学校长宋维明颇有感触:"10年发展的实践证明,当时的这一决策具有前瞻性,适应了我国自然保护区发展的迫切需要。"

10年转瞬而逝。从刚组建时的几名教工,到现在形成了比较完善的学科体系;从仅培养本科生,到现在的研究型学院,自然保护区学院不负众望,把握我国自然保护事业发展的良好机遇,在人才培养、科学研究、社会服务和国际交流等方面做了大量卓有成效的努力,为我国自然保护区建设与管理、野生动植物保护与利用、湿地保护与管理等领域,提供人才支持和科技支撑。

宋维明说,如今,学院拥有国家级特色专业、高素质的师资队伍、多层次人才培养体系,已经发展成为我国野生动植物保护、自然保护区建设与管理、湿地保护与利用高层次人才的培养基地。

"教学为本、科研为先、学科立院、人才强院",是该学院的办学理念。学院以建设研究型学院为目标,形成了本科生导师制、具有国际视野、董事会管理模式三大办学特色。

没有实力雄厚的师资队伍,则一事无成。学院采取多种方式广纳人才,教师队伍迅速壮大。现在的专任教师都有博士学位。其中有中组部青年拔尖人才,有教育部新世纪优秀人才,有北京市教学名师和宝钢教育基金优秀教师,有的还担任了教育部自然保护与环境类专业指导委员会秘书长。学院还聘请了6位国内外著名专家为客座教授。

学院建设的野生动物与自然保护区管理本科专业,2006年开始招生,2009年入选教育部高校特色专业建设点,2014年入选卓越农林人才培养改革试点项目。学院已形成了本科、硕士、博士等多层次人才培养体系,培养了500余名高级专业人才。学生中还有10名外国留学生。

　　院长雷光春教授告诉记者,学院的目标是,培养具有较强的实践能力、创新意识和国际视野的复合应用型人才。学院实行本科生导师制培养创新型专业人才的成果,获得了北京市教学成果奖二等奖,"跨校的生物学野外实习教学资源共享平台建设与实践"获国家级教学成果二等奖。学院建有自然保护区规划与设计、动物分类学、树木学、湿地生态过程等10个实验室,在11个国家级自然保护区建立了不同类型的教学实习基地。

　　取得突破性进展的学科建设,是学院10年交出的完美答卷。学院建设了野生动植物保护与利用、自然保护区学和湿地生态学3个学科,都具有博士、硕士学位授予权,并设有博士后流动站。其中,野生动植物保护与利用学科是国家级重点学科。"湿地生态系统保护"列入了学校"985"优势学科创新平台。

　　10年来,学院紧紧围绕国家自然保护和生态文明建设的宏观战略、迫切需求,开展了一系列科学研究,成为我国自然保护领域里重要的研究力量。近5年来,教师们承担的"973"、国家自然科学基金、国家科技支撑、行业公益性专项等项目440多项,经费累计超过8000万元,人均科研经费200万元。

　　"我们走在开放办学的大路上"。雷光春说,学院先后与英国牛津大学、美国伊利诺伊大学、澳大利亚国立大学等30余所国外大学建立了紧密的合作关系,与国际自然保护联盟、世界自然基金会、大自然保护协会、鲍尔森基金会、国际鹤类基金会、世界雉类协会等10余个国际环保组织及专业协会开展了大量合作项目。学院承办了商务部候鸟保护与湿地管理研修班,举办了"中国自然保护论坛"、"鹤类保护与可持续农业国际研讨会"、"首届中国大鸨保护国际研讨会"、"中国黄渤海潮间带湿地保护国际研讨会"等大型学术研讨会。

　　学院是东亚-澳大利西亚候鸟迁徙国家委员会秘书处挂靠单位,拥有中国大鸨保护与监测网络、中国猫科动物保护与监测网络、普氏野马保护及放归野化监测协作组、野生动物研究所、碳汇计量与监测中心、湿地研究中心等研究平台。

　　青海可可西里国家级自然保护区管理局局长布周清楚地记得,2013年,保护区的全体工作人员分两批走进了自然保护的最高学府参加培训。他说,老师们讲得非常解渴,使地处偏僻的我们开阔了眼界,提升了管理水平和业务能力,也促成了管理局与学院的全方位合作。

　　这样的培训班,学院举办了10多期,为各地培训了500多保护区管理人员。学院还十分注重将自身发展与社会和行业需求紧密结合,积极为我国的自然保护、生态文明建设服务,组织了大量专家咨询和科技支撑服务。

　　学院党委书记王艳青告诉记者,在人才培养中,学院创建了"自然保护大讲堂"等品牌活动,开阔了学生的视野。虽然学生人数不多,但获得各种奖励不少。

获国家级奖励20余项、北京市级奖励10余项,获批大学生国家级科研创新项目10多项,学生的文化素质、创新精神和实践能力不断提升。

由董事会管理学院,在北京林业大学是唯一的,在全国同类院校也不多见。记者了解到,学院实行了管理的新机制和新形式。中国野生动物保护协会会长赵学敏被推举为董事会主席。国家林业局相关司局负责人、自然保护区负责人、重要国际组织中国代表、知名专家等组成的董事会,经常在办学方向、发展规划、人才培养及教学、学术、科研等重大事项上给予指导、咨询和支持,成为学院联系行业行政主管部门及社会公众、组织和机构的桥梁和纽带。

在学院的发展中,得到了热心企业的大力支持。两年前,北京青神园林工程有限公司董事长石春鸿捐赠50万元,设立了"自然保护与绿化"青神绿色奖学金;前不久,北京圣海林生态环境科技股份有限公司董事长赵方莹捐赠50万元,在学院设立了生态环境保护基金。陕西文冠果业科技开发有限公司董事长谷飞云捐赠10万元,设立了文冠杯奖学金。学院专门设立了杰出贡献奖,以褒扬这些关注自然保护教育事业的爱心企业。

学院开门办学,与20多个自然保护区建立了合作关系。这些保护区为学生的教学实习、为教师的科学研究提供了良好的条件。说起这些为学院发展做出特殊贡献的保护区来,雷光春院长如数家珍:河北滦河上游、甘肃盐池湾、青海可可西里、内蒙古达赉湖、内蒙古辉河、湖北星斗山、河南董寨、甘肃敦煌西湖、湖南西洞庭湖。

北京林业大学党委书记吴斌说,加强自然保护区建设,保护生物多样性,是建设生态文明和美丽中国的具体措施。但是,目前生物多样性丧失的趋势尚未得到有效控制,我国自然生态环境的形势依然严峻,我们的任务还很艰巨。

他说,自然保护区学院在人才培养方面已经形成了特色,今后,要继续创新人才培养模式,依托专业特色,狠抓教学质量,促进人才培养水平的不断提高,为国家生态文明建设培养更多的复合型人才;作为研究型学院之一,自然保护区学院在科学研究领域取得了长足的发展。要进一步整合资源,凝练学科特色,创新科研形式,拓展研究平台,实现新的跨越式发展。

他指出,当前,全球性的生态环境问题已经严重地威胁到了人类自身的生存与发展,保护自然的呼声日益高涨。自然保护区学院大有可为,任重道远。

这也是学院全体教师的心声。

就要过去的这个冬天,北京几乎没有下雪。但自然保护区学院的创办者和建设者们,一直没有忘记10年前学院成立时大雪飘飘的日子。10年过后,他们的脚下是一个新的起点。

雷光春说,我们将充分发挥特色,科学规划方向,继续积极地服务于国家和行业需求,以科研学术成果助力我国自然保护事业的蓬勃发展,以实践创新人才服务于我国自然保护区的建设与管理,使学院成为我国自然保护事业的中坚力量。

抬头望去,窗外的树木还没有发芽,但自然保护事业和自然保护高等教育的春天已经到来。再一个10年过后,会不会还由我来写学院回顾总结的文章?这我说不好。但可以肯定的是,未来的10年,肩负重任的自然保护区学院一定会不负春光、继续阔步向前。

《绿色中国》2015 年 2 月

为我国生态文明建设奠基

6月5日,第45个世界环境日。

首届中国生态文明奖表彰暨生态文明建设座谈会在京隆重召开。全国有19个先进集体获得了中国生态文明奖。北京林业大学林学院是我国高校中唯一的获奖单位。

这个奖项是去年设立的首个生态文明建设示范方面的政府奖项,旨在表彰和奖励对生态文明创建实践、宣传教育等方面做出重大贡献的集体和个人,每三年评选表彰一次。

北京林业大学林学院是我国最重要的林业教学、科研基地。林学院立足我国林业和生态环境建设主战场,努力把生态文明理念落实到人才培养、科学研究、社会服务、文化传承与创新等各个环节中,全面发挥专业学科优势,为国家生态文明建设提供战略决策、人才支撑、科技支撑和文化支撑,在我国生态文明建设和经济社会可持续发展中发挥了先锋带头和示范推广作用。

为生态文明建设培养高级专门人才

林学院是学校最具特色的研究型学院,也是历史最悠久、师资最强、培养人才最多的学院。

1952 年,北京林学院(北京林业大学的前身)成立。林学系(林学院的前身)是当时唯一的系。北京林业大学就是在这个系的基础上,不断发展壮大为今天的最高绿色学府。

学院拥有国家一级重点学科林学(含森林培育学、森林经理学和森林保护学3个国家二级重点学科),生态学、草学、土壤学3个北京市重点学科。林学一级学科在教育部历次学科评比中均名列第一。学院还建有林学、生态学、草学一级学科博士后流动站。

岁月荏苒,光阴流逝。几十年来,林学院经历了多次学科和专业调整,始终注重林学一级学科骨干专业学科方向的建设,为国家培养了近万名林业高级人才。我国著名专家沈国舫、张新时、李文华、朱之悌、王涛、徐冠华、唐守正、尹伟伦等8位院士都毕业于该院。该院还培养了我国第一位林学博士。

如今的林学院,具有本科、硕士、博士、博士后流动工作站完整的人才培养环节。自1981年起,林学骨干学科相继成为我国该领域最先获得博士授予权的学科。60多年来,为我国培养了近万名林业科技人才,毕业生在主流行业的就业率、本科第一志愿率均保持行业较高水平。学院连年被评为"主流行业就业先进集体",为林业和生态文明建设输送了大批人才。

社会不断前进,林业也在不断发展。林学院积极创新人才培养模式,不断提高林业人才培养的质量。学院紧密结合国家、社会和林业生态环境建设需求,发挥专业和学科优势,探索分类分层培养体系,推进卓越农林人才培养、国际联合培养、科研院所和企业联合培养等人才培养模式,在森林资源类、森林保护、林业拔尖创新人才培养以及林学专业本科课程体系等方面的改革与探索,获得国家级教学成果奖、省部级教学成果奖10余项,为全国农林高校提供经验借鉴。

据了解,该院的本科生教育在全国林业院校最早试点实施林学大类招收、低年级大类培养、高年级分专业培养的教学模式;按照"少而精、高层次、国际性、创新型"的要求,在林学优势学科中首次设立了以著名林学家、首任林业部长命名的"梁希实验班",实行了"本硕博分流连读制";与美国密歇根州立大学举办"中美合作草坪管理项目";在全国林业高校中率先设立城市林业本科专业方向,为林业行业发展和生态文明建设培养了大批创新人才。研究生培养率先开展博士生招生申请－审核制试点。首批获得全日制林业专业硕士学位授予权,探索在职硕士学位培养模式,已经培养了12届近千名农业推广专业硕士,为各地基层林业部门人才培养提供了有力的支撑。

为了适应林业发展的需要、培养生态文明建设急需的人才,林学院不断加强课程和教材建设,努力提升林业人才的培养水平。学院建设了数十门精品课程,其中国家级、北京市级精品课程各6门。近10年,教师们主编、参编《森林生态学》《生态环境建设与管理》《生态公益林管护指南》等学位及行业培训教材40余本。其中《森林生态学》等7部教材获得国家级、北京市级精品教材称号,《森林培育学》获省部级优秀教材一等奖。学院还充分利用北京学院路教学共同体的优势,为10多所院校学生开办绿色课程,成为首都高校普及和传播生态文明理念和知识的先锋。

为生态文明建设提供重要科技支撑

林学院充分发挥林业科研的优势,整合科研团队,积极承担国家重大林业技术攻关,为我国的生态文明建设提供了有力的科学支撑。学院获得了国家级科技进步奖、省部级科技进步奖数十项,年均发表 SCI 收录期刊论文 50 余篇,EI 收录期刊论文 20 余篇,CSCD 核心论文 200 余篇;年均获批发明、专利十余项,软件著作权 50 余项。2000 年以来,学院教师主持纵向课题 613 项,在北方典型退化森林恢复、公益林结构调控、森林生物多样性保护、中国可持续森林经营管理、重大森林有害生物调控等方面取得标志性成果,在生态文明、国家"双增"建设、林业生态工程、绿色奥运、应对全球气候变化的重大改革和实践中发挥了不可替代的作用。

学院创建了理论研究中心,加强生态文明建设战略指导。依托林学院等优质学术资源和学科优势,由中国工程院原副院长、著名林学家沈国舫院士等多名专家牵头,率先在全国农林院校中成立了生态文明研究机构,建设了我国生态文明建设的专家智库,积极开展生态与健康领域的重大理论、总体战略、政策措施的研究和咨询,完成了一批在国内外有影响力的生态文明研究成果,为生态文明建设提供了有效理论支撑。

学院大力建设重点科研平台,促进了林业科技创新与示范推广。拥有教育部、北京市共建森林培育与保护重点实验室、国家生物质能源研发中心、国家林业局野外长期研究定位站,3 个国家林业局重点开放性实验室,以及河北平泉和福建三明等 6 个综合实践基地,为国家林业发展和产业需求提供了强有力的科技支撑,推动了科技成果转化和产业升级。

学院不断深化国内外学术交流,提升生态文明建设研究水平。先后与美国、加拿大、英国等 30 多个国家百余所高校、科研院所等建立了学术交流、专家互访、合作研究、联合培养机制。近 5 年,承办林业教育改革与发展暨纪念林业教育 110 周年学术研讨会、亚太地区林业院校长、森林可持续经营国际学术研讨会、城市林业国际学术大会以及林业应对全球气候变化、中日森林可持续经营、短轮伐期林业生物质能源与碳交易潜力国际研讨会等重大学术活动 30 余次,拓宽国际视野,促进学科专业向国际知名、特色鲜明的目标迈进。

为生态文明建设提供更好的社会服务

为了促进我国的生态文明建设,林学院坚持推行面向地方和行业的科技支撑和技术服务体系,组织专家学者主持和参与国家技术攻关,在生态环境建设、地方经济发展方面做出突出贡献。

专家们紧紧围绕国家生态文明建设和林业发展的重大需求,努力成为生态文明建设的攻坚者。他们主持和参与了国家林业发展规划、灾害林业恢复重建、森林有害生物防治、森林生态系统综合效益评估等一系列与国家生态安全、资源保护与建设相关的政策咨询和规划制定。中国工程院院士沈国舫是我国发展速生丰产用材林技术政策的主要起草人。他长期从事中国可持续林业发展战略及水资源和生态建设的咨询,致力于森林可持续经营的探索及生态保护和建设事业的发展;中国工程院院士尹伟伦等10多位专家向国务院和中央提出的南方雨雪冰冻灾害和汶川地震次生灾害预防及林业恢复重建工程的建议,得到温家宝总理和回良玉副总理的多次重要批示,受到国家林业局、建设部、环境保护部、四川省的高度肯定,被科技部评为"全国科技特派员工作先进集体"。

学院积极承担林业建设重大专项,成为生态文明建设的引领者。承办"首都生态林管护员行动接力计划"项目。在5年时间里,帮助北京市4万多名管护员达到了生态林管护岗位初级水平;参与了"北京市植物种质资源调查",覆盖16个区(县),组织开展外业调查286次,出版北京种质资源调查与评价系列丛书;牵头承担"首都平原百万亩造林工程"的课题研究,解决了生产中的重大技术问题。

学院注重发挥学科优势,结合科研成果转化,提供政策咨询、技术指导和专业培训,有效促进了生态文明建设和地方林业建设快速发展。教师们多次参与北京市森林有害生物防治科技咨询,为地方森防总站行业岗位考核编写试题;完成江西森林资源生态系统效益评估;主持国家林业局森林认证试点,完成全国森林认证审核员培训;参与西藏、陕西等全国各地的资源调查、林果病虫害防治、自然保护区资源调研、国家林业生态建设工程。

学院还积极承担商务部援外培训,成为生态文明建设的推进者。学院已承办了商务部"森林资源与可持续经营管理官员研修班""发展中国家森林资源培育与经营管理官员研修班""发展中国家应对全球气候变化的林业经营理念与实践管理官员研修班"等多个国际培训项目,阿富汗、阿尔巴尼亚、斐济、越南等50多个国家和地区121名官员参加培训。他们回国后,在介绍中国生态文明建设成就、推介中国林业建设成果中发挥了积极作用。

学院与地方及政府共建合作,努力成为生态文明建设的践行者。多次与国家林业局驻北京专员办、淄博市林业局、十堰市林业局等各地方林业管理部门合作举办培训与研修,进一步提升基层森林资源管理人员的理论水平和科学管理能力。通过共建生态环境、共建生态经济、共建生态文化三个重要载体,与北京市郊区多个村镇建立了"1+1"生态文明村,共同开展"生态村庄发展规划""生态文明大讲堂""城市森林健康""垃圾分类处理培训"等项目。

为生态文明建设提供先进的文化支撑

在林学院招聘学生辅导员的面试中,院长韩海荣教授指着窗外的树问,知道这是什么树吗？有什么特点？他说，我们的辅导员应该具有广博的林业知识，教育和引导学生们不断强化生态文明的素养。

北京林业大学是首批国家生态文明教育基地和国家大学生文化素质教育基地，积淀了深厚的绿色文化底蕴，形成了一批具有社会影响力的绿色文化品牌，在推进我国生态文明建设中发挥了带头作用。

据了解，林学院始终坚持"道法自然、树木树人"的院训，几代师生秉承梁希先生"替河山装成锦绣，把国土绘成丹青"的绿色情怀，为我国的生态和环境建设做出了积极贡献。

学院注重打造文化品牌，成为生态文明宣传教育的生力军。积极发挥绿色校园文化的作用，在传播生态文明中形成了一批绿色文化品牌，先后获得了多项全国具有重要影响的环保荣誉。

林学院师生坚持32年面向首都市民开展绿色咨询，连续20年参加首都大学生"绿桥"系列活动，坚持10年参加全国青少年"绿色长征"活动，坚持5年开展"北林精神"传承礼仪式，连续4年开展"生态文明"博士生讲师团宣讲活动。该院学生创建的"山诺会""绿手指"等环保社团，坚持22年开展保护滇金丝猴、守护大雁、垃圾分类等数十项具有品牌示范效应的绿色实践，在社会上引起了重大反响。

学院还积极构建媒介平台，辐射带动社会群体参与生态文明建设。

连续5年参与主办"生态文明贵阳国际论坛"分论坛，成为传播中国生态保护建设成果的高端交流平台，与国内外专家形成共建共享的常态化发展机制。

学院充分利用鹫峰实验林场、标本馆、八达岭林场等校内外实践场所，面向社会和师生开展生态文明教育，每年接待数十所高校实习实践师生超过万人次。学院师生积极收藏各类标本27万多份，为我国森林珍稀濒危动植物标本收藏展示做出贡献。

获奖之后，林学院院长韩海荣教授表示，将继续贯彻落实习总书记和党中央关于加强生态文明建设的有关精神，充分发挥学科综合优势，不断强化办学特色，主动服务和融入国家发展战略，立足林业行业主战场，发挥林业院校生态环境保护建设的主力军作用，为生态文明建设作出更大的贡献。

《绿色中国》2016 年 7 月

"部长进校园"走进北林大

"部长进校园"首都大学生形势政策报告会今天走进北京林业大学，国家林业局局长张建龙作《我国林业形势与任务》主题报告,北林大理论中心组成员及来自中国农业大学等22所首都高校的学生代表共计400人参加。

报告会现场,张建龙与大学生进行交流,号召广大青年学生坚定信念、热爱林业、加强学习、增强本领、锤炼意志、勇于担当,积极投身林业现代化建设,为建设生态文明和美丽中国作出贡献。

据悉,这是2016年"部长进校园"活动的第二场报告会。2012年起,北京市委教育工委启动该活动,引发师生强烈反响和社会广泛关注。

《中国教育报》2016年12月14日

《北京晚报》2016年12月14日

成立国家林业局油松工程技术中心

北京林业大学申请建设的国家林业局油松工程技术研究中心日前通过评审。与会专家认为,油松是我国重要的乡土造林树种,组建这个中心对维护国家生态安全、保障木材供给、促进产业链升级、提高人民生活质量具有重要意义。这是北林大首个获批的国家林业局工程技术研究中心。

北林大教授贾黎明称,中心申报工作从2014年11月开始,由森林培育、林木遗传育种、生态等学科牵头申报。中心将联合我国主要的油松优势科研院校、良种基地、林业局及林场,聚焦多目标良种创制、优质种苗工厂化标准生产、困难立地森林营造、多功能森林高效抚育、高值化综合加工利用等5个核心研发方向,力争在25项关键技术上取得重大突破,建设成为我国油松政产学研用联合、协同创新的核心平台。

据悉,油松在我国的生态适应区覆盖14个省(区、市)、1/3国土面积,森林总面积251万公顷,在我国的十大造林树种中排第六位。北京林业大学从事油松研究已有60多年历史,是全国油松良种基地技术协作组组长单位,与10多个油松林培育核心基地、8个国家油松良种基地有长期、稳定的科研合作关系。

《中国科学报》2016年7月21日

《中国绿色时报》2016年8月1日

青青油松推动美丽中国建设

当人们知道什么是松树时,科技人员早就开始研究油松了。

当人们知道什么是油松时,国家林业局油松工程技术研究中心创立了。

7月中旬,北京林业大学申请建设的这个油松中心通过了专家评审,翻开了我国林业科技史的崭新一页。

专家评价说,建设这个中心对于维护国家生态安全、保障木材供给、促进产业链升级、提高人民生活质量具有重要意义,在建设美丽中国中将发挥更大的作用。

北京林业大学教授贾黎明称,油松中心将联合我国主要的油松优势科研院校、良种基地、林业局及林场等,聚焦多目标良种创制、优质种苗工厂化标准生产、困难立地森林营造、多功能森林高效抚育、高值化综合加工利用等5个核心研发方向,力争在25项关键技术上取得重大突破,建设成为我国油松政产学研用联合、协同创新的核心平台。

主要造林树种油松排老六

油松,高大挺拔,是我国北方地区生态建设、木材生产、林下经济、园林绿化等的重要树种。

有资料表明,我国现有油松林总面积251.33万公顷,占三分之一的国土面积,生态适应区覆盖14个省、市、自治区,在我国十大主要造林树种排位第六。

专家告诉记者,油松是荒山造林先锋树种,也是干旱、半干旱的"三北"地区屈指可数的主要造林树种之一。大力发展油松,对区域生态、经济和社会可持续发展有重要意义。目前,我国每年造林150-200万亩,对扩大国土绿化面积、促进美丽北方区域建设具有重要意义。

油松的生态意义十分凸显。我国油松林每年涵养水源40.40亿立方米,固土0.67亿吨,固碳0.09亿吨,生态服务功能总价值为每年1189.9亿元,单位面积价值为每年每公顷5.22万元。

在提高森林生产力、保障国家木材供应方面,油松饰演着十分重要的角色。油松是中国主要的商品材树种之一,是建筑上的优良材料,其木材的材性变化幅度较小,油松在适生区生长迅速,可以为国家木材安全提供有力支撑。

油松的高效综合加工利用,可以有力促进林业产业效益的提高。油松花粉、松蘑等非木质产品可以高效利用,林内富含芬多精,适合建立油松森林疗养基地,有较高的旅游服务功能等。

发展油松产业要有问题导向

油松天地广,发展大有为。越来越多的有识之士,把目光聚焦在了如何推动油松的发展上。

贾黎明教授告诉记者,油松的工程研究在国内外方兴未艾,主要集中在这样几个方面:

一是良种多目标的选育方式,多以种子园技术为核心;二是种苗工厂化生产,重点研发规范化技术措施以及机械化、自动化技术;三是高效栽培与抚育,包括精细造林整地、苗木保护、修枝间伐等;四是多功能森林培育方式,以充分发挥森林生态系统整体功能;五是产品高效加工利用技术,包括松花粉、林下菌类、松脂、木材等。

贾黎明教授说,油松产业目前亟待解决的问题归纳起来有:造林良种率低,不能实现适地适种;造林立地日趋苛刻,困难立地造林技术缺乏;防护林质量低下,森林提质增效抚育经营技术缺乏;用材林生产力不高,森林高产培育技术缺乏;产业链较短,高新产品缺乏。这些都是油松产业发展急需解决的难题。

油松研究哪家强?

据悉,油松中心申报工作从 2014 年 11 月开始,由北京林业大学的森林培育、林木遗传育种、生态等学科牵头申报。这三个学科都具有雄厚的实力。

森林培育学科是国家重点学科,拥有森林培育与保护重点实验室、国家林业局干旱半干旱地区森林培育及生态系统研究重点实验室、国家能源非粮生物质原料研发中心、国家国际科技合作基地等多个科研平台。

林木遗传育种学科也是国家重点学科,拥有林木育种国家工程实验室和林木、花卉遗传育种教育部重点实验室、树木花卉遗传育种与生物工程国家林业局重点实验室等科技创新平台。它还是全国油松良种基地技术协作组组长挂靠单位。

生态学科建有山西太岳山森林生态系统定位研究站,拥有 7 个覆盖全国油松分布区的大样地系统,在油松生态系统研究中居国内领先地位。

油松中心的建设得到了众多科研单位的支持:山西省林科院建立了六个油松人工林和天然林的森林生态定位观测站,拥有多个国家油松良种基地,在油松研究方面获得省部级科技奖励 5 项;西北农林科技大学承担过油松国家林业局公益性行业专项等项目,营建油松无性系种子园 2500 亩,实生种子园 500 亩,营造子代测定林 1500 亩;沈阳农业大学建立了多处油松种子园、母树林和试验林等良种基地。

油松中心前期研究扎实

早从 20 世纪 50 年代初期起,北林大就对油松进行了大量的科学研究,涵盖生态学、良种选育、种苗繁育、造林抚育、产品利用,在油松领域取得了一系列的科研成果:出版 24 部专著、发表 438 篇论文、获奖 42 项、制定 2 项行业标准,获得 1 项专利,为油松中心的建立奠定了扎实基础。

在油松的良种选育领域,该校一直是油松育种和良种基地协作组组长单位,主持和参加了 27 项国家和省部级课题。"六五"以来,取得 10 余项针叶树改良相关成果,多次获得国家科技进步奖、中国林学会"梁希奖"、省部级科技进步奖等,受到了国家"三委一部"、原林业部的表彰。

油松的苗木繁育研究起步于 20 世纪 50 年代,苗木快繁技术研发取得了可喜成果。目前,该校的专家主要致力于油松苗木对施肥、氮沉降和设施利用的响应研究,在构建油松工厂化育苗技术体系中发挥重要了作用。

科研人员在油松人工林营造方面取得的成果包括,人工林营造的"适地适树"理论、油松密度管理图和地位指数表、油松混交林营造理论与技术等;在油松抚育技术参数确定、林窗对更新影响、抚育效果评价等方面取得了系列成果,在高效抚育技术、固碳增汇技术等方面不断取得新进展。

该校是全国较早进行油松木材和非木质生物产品高效加工利用的研究单位之一,取得了一系列高新技术和高附加值产品。主要包括高软化点浅色松香系列产品研制与开发,功能性松香改性高分子材料的研制开发,松香基精细化工助剂的研制开发等。

油松工程化业绩突出

据了解,专家们选育出了优良家系和无性系 211 个,材积超群体均值 10% 以上。有 137 个家系超过 15% 以上,平均实现遗传增益 23.22%;建立了单亲子代和混合子代的分子辅助高世代种质选择技术;制定 4 类型种子园建设技术体系,制定《油松(松树)第二育种轮种子园建设技术规程》(草案),样板园改良预期增益 15% 以上,无性系数为初级园国标 80% 以上。

专家们研究建立了北京山区生态公益林抚育技术体系及模式,制定了《山区生态公益林抚育技术规程》。应用后,油松综合效益提高了 20%,建立了 342 个示范区,总面积达 33.6 万亩,工程区抚育效益净增 6.6 亿—9.9 亿元。有关技术在河北省平泉县油松抚育工程的 81 万亩面积上推广,提高林木生长量 37%—121%,直接增加林场财政收入 867 万—2361 万元。

在推动油松苗木产业发展上,专家们也作出了努力。建立了基于种子处理、育苗容器选择、基质处理、精准施肥、精准灌溉、光照调控、病虫害防治等技术的一套油松轻基质容器苗快速繁育技术,利用这一技术培育出了优质油松容器苗5万余株。

研究人员在油松的综合加工利用上大显身手。开发的"环保型人造板及胶粘剂制造技术"在企业广泛应用,生产环保型人造板3000多万立方米,为企业新增利税30多亿元;"低质速生材改性技术"在多家企业推广,产品附加值提高50%以上;"工程木制材料制造技术"在江苏省泰州市建成我国第一条年产6万立方米单板层积材生产线。

油松中心目标有多远大?

贾黎明教授告诉记者,油松中心的目标是创立鲜明的研究方向,创建国际一流的研发平台,打造国际知名的研究团队,建立高质量的示范基地,获得高水平的科研成果,培养高层次专门人才。

油松中心力图突破三个瓶颈。据称,通过中心的建设,突破选育瓶颈,研发一批具有多种应用目标的良种;突破培育瓶颈,研究形成困难立地造林、现有林抚育经营等的多功能高效森林培育技术体系;突破加工瓶颈,研究形成基于松材及非木质林产品高值化利用新技术及新产品。

经过反复论证,中心形成了五大特色鲜明研究方向:多目标良种创制、优质种苗工厂化标准生产、困难立地森林营造、多功能森林高效抚育、高值化综合加工利用。

中心将建成3个国际先进水平研发平台:在良种选育、森林营造和加工利用三个方面,打造国际先进水平的长期试验示范基地,建立中心的信息平台。

贾黎明教授充满自信地说,中心将形成大批高水平的工程技术研发成果:稳定获得5个核心方向的工程技术研发项目,每5年承担的省部级以上科研项目3—5项,每5年获得3—5项科研成果,申请良种2—5个,申报发明专利2—5项,制定相关标准2—3个,发表相关论文30—50篇。

中心重点研发蓝图绘就

贾黎明说,中心将常规与基因工程结合,加强油松多目标良种创制。研究优良种质资源发掘与构建技术、种质资源分子评价技术和杂交育种技术。完成3-4个油松初级种子园的无性系种子生产潜力和经济性状表型值和育种值的测定工作;研究建立第二代育种群体建立的分子辅助选择技术体系,筛选改良代种子园建设的优良种质,制定符合油松良种利用方向的高世代种子园规划设计原则,提出多类型改良代种子园建设的技术体系。

中心还将大田与设施结合,实现油松苗木工厂化标准生产。建立油松工厂化高效育苗技术、以城市绿化为目标的大规格苗培育技术、满足特定困难立地的强化育苗技术。攻克困难立地造林难关,扩大国土绿化面积。突破各适生地区微立地分类和评价技术,开展种子包衣新技术和飞机播种新技术研究;突破各类立地改良新材料和新技术,开展集水保墒新技术研发,创新造林新技术。建立油松飞机播种造林和困难立地人工植苗造林固定样地系统。

贾黎明表示,中心将致力于调整林分结构,促进油松防护林提质增效。建立基于FVS的抚育经营技术决策系统,编制基于立地承载力的合理林分密度控制表。研究以目标树经营技术为特点的近自然"恒续林"经营技术体系。开发油松人工林择伐与促幼更新技术。构建抚育经营对生态功能影响的评价指标体系。

中心的研究重点还有,通过加强抚育管理,提高油松用材林生产力水平。开展油松速生丰产林早期强度抚育技术研究。开展以合理密度调节为重点技术措施的中龄林抚育技术研究。构建以油松为近期培育目标、栎类为长期培育目标的大中径针叶材和大径珍贵阔叶材培育技术体系。

综合加工利用挖潜,促进产业整体效益提高,是中心的另一项任务。中心将开发一系列松花粉和松花粉提取物的高科技营养品、保健品、化妆品、药品。开发油松林下保健特色游憩产品。开发出基于松材的高值化木质产品。研制模块化"森林木屋"建造技术。

贾黎明说,中心将积极与政府、研发机构、良种基地、营造林企业、林产品开发企业等进行合作研发。建立油松合作共赢研发模式,借鉴美国佐治亚大学"PM-RC"模式,采取"走出去、请进来"合作模式。

中心积极为油松产业培养工程技术人员和工程管理人员,承接相关单位委托的工程技术规划、设计、研究和试验任务,整建制开办林业硕士专业学位研究生班。举办技术培训班,围绕油松最新技术及国内外技术进展进行培训。

贾黎明说,中心目前与美国、新西兰、加拿大、德国、法国等国家针叶树研发核心高校和机构已经建立起来的稳定合作关系的优势,继续拓宽合作国别,与在松树研发领域有优势的澳大利亚、瑞典等国开展合作交流;逐步形成国际智力及技术引进、合作研发核团队。

重点攻克七大关键技术

中心初创,任务繁重。贾黎明说,攻克六大关键技术是重中之重。

一是多目标良种创制技术。包括球花性别发育调控机制研究及雌雄球花性别比例调控技术,具较宽遗传基础和优良综合性状的油松高世代种子园建设技术,基于第二代育种群体的分子辅助选择育种技术体系等。

二是工厂化标准育苗技术。努力研发具成本竞争力的油松工厂化高效育苗技术,油松容器苗稳态营养加载技术,油松容器苗精准灌溉速测与节水技术,城市绿化大规格油松苗木快速低成本培育技术,以及困难立地的油松强化育苗技术等。

三是困难立地造林技术。包括微立地分类和评价技术,飞机播种造林油松种子包衣新技术,抗逆造林新材料及集水保墒新技术,扰动与自然力结合的困难立地造林新技术等。

四是防护林提质增效技术。科研人员将重点研究合理林分密度控制表的编制技术,基于信息技术的油松防护林抚育经营决策技术,近自然"恒续林"经营技术体系,油松防护林人工促进天然更新技术,油松林固碳增汇抚育技术等。

五是用材林集约抚育采伐技术。涉及油松大径材速生丰产林早期强度抚育技术,油松低效中龄林提质增效抚育技术,地带性松栎混交林多目标高效培育技术,油松主伐更新技术等。

六是高值化综合加工利用技术。早日研发出油松花粉高效采摘收集技术,油松林下林菌仿野生种质技术,油松木材功能性提质增效精加工技术等。

七是基于油松强化结构材的森林木屋建设技术。

贾黎明说,良种生产、绿化大苗培育、木材生产将带来巨大的经济效益,其中松材木结构房屋将成为消费时尚。通过促进林下经济、森林游憩等相关产业发展,预计每年农民采集松花粉的收入可达5000万—7500万元。

在美丽中国建设中,油松将发挥出更大的作用!

《绿色中国》2016年第8期

农村林业改革发展研究基地落户北林大

4月28日,农村林业改革发展研究基地在北京林业大学成立。

基地成立后,国家林业局与北京林业大学将充分发挥各自优势,共同创造条件,积极探索以人才为基础、科技为依托、基地为主体、项目为载体、改革发展为目标的政产学研用相结合的新机制,在人才培养、智囊机构建设、科技成果转化、科学研究、科技创新平台建设、产业发展平台建设和宣传工作等领域开展全面合作,促进中国集体林经营管理水平提升和农村林业改革发展。

国家林业局农村林业改革发展司司长刘拓和北京林业大学校长宋维明共同为基地揭牌。揭牌仪式后,中国农村林业改革与发展专家座谈会举行,专家们就农村林业发展的热点问题进行了交流和讨论。他们认为,农村林业是美丽中国建设的根基,是农民赖以生存的重要生产资料和基础保障,是解决我国木材战略安全的重要载体,是农村社会安定和谐的稳定器,当前农村林业改革存在的问题需要继续加强研究、有效解决。

专家提出,要明确农村林业改革的目标。在发展农村林业中,要坚持保护与发展并重,大力发展林下经济,帮助农民增收致富;提高社会化服务体系,推进深化集体林权制度改革;要创新机制,将林地的权属落在实处,优化林业资源产权和权益分配;盘活林业资源,积极引入社会资本。新常态下要提高林业生产效率,提高林农的经济效益和社会地位。

《中国绿色时报》2015 年 5 月 12 日

《中国科学报》2015 年 5 月 14 日

我国首个风景园林院士工作站成立

8 月 16 日,我国首个风景园林院士工作站在江苏省苏州市成立。工作站由孟兆祯院士领衔,重点开展苏州园林传承与创新及香山帮研究。

孟兆祯院士长期从事风景园林的教学、设计与科研工作,是我国风景园林规划与设计领域唯一的院士。据北京林业大学副校长李雄介绍,该校与苏州园林设计院在人才输送、学术交流等方面有着密切合作的传统,院士工作站的成立,将进一步深化产学研合作,充分发挥院士、专家们的人才优势、资源优势,更好地继承和发展苏州传统园林文化,在低碳、生态、集约型园林、城乡生态环境修复与合理利用等领域加强研究与创新,为新时代苏州园林的传承与发展作出贡献。

《中国绿色时报》2016 年 8 月 23 日

《中国科学报》2016 年 8 月 25 日

《中国花卉报》2016 年 9 月 1 日

我国首个自然资源与环境审计研究中心成立

1 月 9 日,我国第一个自然资源与环境审计研究中心在北京林业大学成立。这是该校主动适应我国生态文明建设需要采取的举措之一。该中心将整合、集中全校的学科、专业、人才等优势,紧密结合试点开展创新性自然资源和环境审计研究,有效推进我国自然资源和环境审计制度的实施。

党的十八大三中全会提出,建设生态文明,必须建立系统完整的生态文明制度体系,用制度保护生态环境。探索编制自然资源资产负债表,对领导干部实行自然资源资产离任审计。北京林业大学校长宋维明说,自然资源资产离任审计是新兴的交叉学科研究领域,是环境审计与经济责任审计相互融合的产物,是具有中国特色的自然资源资产监督管理的制度设计。无论在理论上还是方法上,都有很多需要探索和研究的内容。

据悉,该校绝大部分学科都涉及自然资源,为自然资源资产审计研究奠定了强有力的基础。

《中国科学报》2016 年 1 月 11 日

《中国绿色时报》1 月 14 日

《中国教育报》2015 年 1 月 25 日

《中国花卉报》2016 年 1 月 28 日

教育基金会总收入1.4亿多元

《中国绿色时报》记者从 9 月 11 日召开的北京林业大学教育基金会换届大会上获悉,10 年来,基金会逐步发展壮大,最初的原始基金仅为 200 万元,如今总收入已达 1.4633 亿元。基金会奖励和资助的师生达 13276 人次,同时获得了 4600多万元的财政配比资金,有力地支持了学校的发展和建设。

北京林业大学教育基金会是 2006 年 11 月 23 日注册成立的。目前,基金会主要开展了六大类项目:奖学助学、奖教助教、基础设施建设、科研与学术交流、校园文化建设、专项基金。项目主要有卓越人才培养基金、新生专业特等奖学金、新科鹏举千人奖励计划、爱生助困基金、就业基金、KDT 助教基金、圣海林自然保护基金、关君蔚奖励基金、沈国舫森林培育奖励基金、家骐云龙青年教师教学优秀奖、董乃钧林人奖、东方园林奖学金、经管学院方然发展基金、迪奥比材料学院实验室建设基金、奥林高尔夫教育与研究基金、弘通校园文化发展基金、阳光优材工程专项基金以及北京林业大学发展基金等。

与此同时,基金会不断扩大社会影响力,借助校友及社会力量广泛筹资,并提炼出了"施不骄傲,受不自卑,感恩于心,回报于行"的理念。

《中国绿色时报》2016 年 9 月 18 日

本科新生实施新培养方案

今秋,北京林业大学本科新生开始了大学生涯。所不同的是,他们将在学校制定的新版人才培养方案中成长。分类分层培养、重视个性发展、强化实践环节、增加网络课程等改革举措,将使这些学生成为新培养方案的直接受益者。

本科专业人才培养方案是高校本科教学工作的重要指导和依据,也是提高人才培养质量的重要基础和保证。北林大教务处处长于志明介绍说,学校将进一步推行"分类分层培养",打通专业壁垒,整合资源优势,注重素质教育,强化学生学科基础能力,培养专业领域更广、适应社会能力更强的专业人才。

据悉,今年北林大在原有林学类,生物科学类,设计学类按类招生、培养的基础上,又新增设了林业工程类、计算机类两类,经济管理类专业的教学计划也按照大类培养模式整体进行了调整。此外,部分专业在分类培养基础上,开设了创新实验班,选拔部分学生进入拔尖创新型人才培养平台,实行分层培养。

新方案充分考虑学生个人兴趣,打通专业选修课壁垒,实现跨专业、跨年级选课。在压缩"套餐"基础上增加了"自助餐"比例,引导学生广泛学习,增加知识广度,体现个性化培养。注重学科交叉与融合,实施通识教育基础上的宽口径专业培养模式。

新的培养方案呈现出选修课种类多元化、模块设置科学化的特点。目前,选修课从课程体系上可分为专业选修课、公共选修课,授课形式分为面授课和视频课。新方案中,有94%的专业对专业选修课进行模块划分。其中,41%的专业按照专业知识层次进行模块划分,形成层次清晰、逐层拓展的课程体系;53%的专业按照课程类型群进行模块划分,引导学生按照个人兴趣及发展方向进行选课。

新的培养方案进一步强化了实践教学环节,提高了必修实践环节比重。74%的专业必修实践环节的学分所占比例均有所提高,其中,部分专业的必修实践环节学分提高了5学分以上。整合课程实习,推行实验课、实习课独立设课,单独考核。新方案中,超过16学时的实验课、超过0.5周的实习课中单独设课的课程达96%。

加强优质教学资源的利用,增加网络视频课程,是新方案的特色之一。新方案在课内总学时相对稳定的基础上,适当增加课外学时,加大课程资源信息化建设力度,加强优质教学资源平台建设和利用,增加网络平台选修课程,认定学分,为学生自主选择课程及专业发展方向提供多元化的选择途径和发展空间。

　　据了解,北林大在"卓越农林人才培养计划"相关专业中实施拔尖创新型和复合应用型培养模式。实施拔尖创新型培养模式的专业,在课程体系设置上着重加强与研究生教育的有机衔接,探索"本研贯通"培养机制,组织高水平师资开设本科生研讨课或学术讲堂,强化科研与创新;实施复合应用型培养模式的专业,在课程体系设置上重点加强与社会、行业、企事业实际需求的有机衔接,强化学生在基层建功立业的精神培育和就业创业能力培养。

《中国绿色时报》2015 年 10 月 10 日

梁希班创新人才培养常态化

　　以著名林学家梁希先生命名的实验班,在北京林业大学校园里无人不晓。记者日前从北林大召开的有关会议上获悉,在本科新生中选拔优秀学生开办的实验班,经过 7 年探索与实践,已形成了选拔制、学分制、导师制等系列富有特色的改革和运行机制,在拔尖创新人才培养上取得了丰硕成果。

　　北林大的梁希实验班目前已涵盖林学、水土保持与荒漠化防治、园林、风景园林、观赏园艺、林产化工、木材科学与技术、农林经济管理等多个优势专业。学校组织专家对资格审查通过的学生按学科方向进行测试、优中选优,重点选拔综合素质优秀、具有创新思维和科研培养潜力的学生进入实验班。

　　7 年来,已经有 4 届实验班学生毕业,为国家林业和生态环境建设储备了一批后备拔尖创新人才。学生们在课程学习、学术科研、学科竞赛等方面取得了优异成绩,多次被评为全国、北京高校先进班集体。在各类学科竞赛中,获国家级奖 32 项、省部级奖励 43 项;获批国家级、北京市级大学生创新创业训练项目 57 项;发表学术论文 100 多篇,8 篇被 SCI 收录。重要的是实验班发挥了在本科人才培养中的示范和辐射功能,促进了全校整体教学质量的提升。

　　按照"加强基础、淡化专业、因材施教、分流培养"的方针,学校多次修订了专门的培养方案,采取一系列举措培养实验班学生的创新思维。不但实行学分制管理、专业选修课通选,而且强化外语教学,加大双语教学授课比例,积极使用外文原版教材。同时拓展思想政治类课程授课内容,注重培养时代精神,增加国际形势分析,开拓学生的国际视野。加强了实验、实习等教学环节,以培养学生的实践创新能力。还把"梁希学术大讲堂"纳入教学计划,定期邀请院士、教学名师、知名学者与学生们面对面交流,从更高层次、更宽领域拓展他们的视野,激发他们的专业热情和自主学习的积极性。

实验班实行导师制,坚持因材施教,导师从思想品德、专业学习等多方位指导、教育学生。学校积极为实验班搭建科研平台,建立学生科研创新活动的保障体系、激励机制。实验班的学生优先进入实验室。学校还单独设置各级科研训练项目名额,提高学生参加科研项目的比例。学生们在导师的指导下参与科研项目,在科研中提升自己。梁希 10 - 2 班吴维妙开展的癌症干细胞研究,发表了影响因子达到 6.7 的 SCI 学术论文,本科毕业后被美国哈佛大学录取。

《中国绿色时报》2015 年 1 月 9 日

构建特色专业精英教育模式

经过激烈角逐,北京林业大学百名优秀新生入选 2015 级梁希实验班。其中林学与森保、水土保持与荒漠化防治各 20 人,农林经济管理和木工与林化各 30 人。

为从众多报名者中选拔出最优秀的学生,北林大组织各领域专家命题,试题共包括自然科学、社会科学、专业兴趣与能力、英语能力测试 4 个模块,主要考察学生的综合素质和对相关领域的关注度。学校组织林学院、水保学院、经管学院和材料学院的资深专家对进入复试的学生进行面试,主要考察学生的逻辑思维能力、口头表达能力和随机应变能力,重在发掘最具发展潜力的学生。

梁希实验班是北林大开展拔尖创新人才培养的试点班,2007 年设立,按照"加强基础、淡化专业、因材施教、分流培养"的原则,选拔有志于投身林业事业的学生。梁希实验班单独制订人才培养方案,实施导师制,建立了一系列富有特色的管理和运行机制,形成了培养方向涵盖林学、水土保持与荒漠化防治、林产化工、木材科学与工程、园林设计、园林植物、农林经济管理等特色专业的精英教育模式。

目前,北林大梁希实验班已培养毕业生 286 人。2015 年,学校选派 4 名 2013 级实验班优秀学生赴加拿大英属哥伦比亚大学进行 10 个月的交流学习,拓展他们的国际视野。

《中国绿色时报》2015 年 10 月 16 日

国家级精品园林视频课免费开放

　　国家级精品视频公开课"园林艺术"日前正式上线,面向社会公众免费开放展示。该课程顺利通过了教育部与高等教育出版社审核,在中国大学视频公开课官方网站"爱课程"网上线,中国网络电视台、网易公开课同步展示。课程由北京林业大学园林学院李雄教授、王向荣教授和薛晓飞副教授主讲。

　　园林艺术课程创建于北林大园林专业创办之初。北林大是我国第一个开办园林专业的高校,也是率先开设园林艺术课的高校。我国园林专业创始人汪菊渊院士、孟兆祯院士以及孙筱祥教授、唐学山教授等多名著名专家学者都走上讲台执教此课。

　　"园林艺术"是帮助学生建立风景园林学科基本专业概念、了解学科一般理论、训练基本设计方法的课程,是风景园林、园林专业本科生的学科基础课。其主要内容包括:风景园林专业的概念、世界传统园林艺术、当代园林艺术概述、园林设计步骤与方法、园林空间构成、风景园林空间要素、空间中的形式、园林与自然系统、园林与社会等。

　　国家级精品视频公开课是"十二五"期间教育部精品开放课程建设的重要内容,通过采用现代多媒体技术手段,面向社会免费开放科学、文化素质教育网络视频课程或学术讲座。

《北京考试报》2015 年 7 月 6 日

《科技日报》2015 年 7 月 7 日

《中国绿色时报》2015 年 7 月 21 日

《园林科技》2015 年 7 月 23 日

《中国花卉报》2015 年 7 月 30 日

第 7 门国家级精品视频课向社会开放

　　8 月 20 日,北京林业大学第 7 门国家级精品视频公开课一经上线,就引起了网民们的点赞。与该校其他上线的精品课所不同的是,这门课不以林业专业特色见长,主讲者娓娓道来的是《英语语言基础知识》。

　　据了解,这门课程虽然是英语、商务英语、翻译等专业的基础课程,但目前国内开设这一课程的高校十分少见。北林大率先开设此课程 10 多年来,一直受到学生的好评。课程的主要特色在于,整理、归纳了大学英语学习中必要的语言知识,可以有效提高英语学习的效果。该课程的主讲人为该校外语学院院长、北京高校教学名师史宝辉

《中国科学报》2015 年 8 月 27 日

7 门视频公开课获北京专项经费支持

近日,北京林业大学 7 门"精品视频公开课"建设项目获得 2015 年"北京市支持中央在京高校共建项目"专项经费资助,被列为北京市精品视频课建设项目。

这些课程分别是韩海荣教授主讲的《森林与生态环境建设》、丁国栋教授主讲的《沙漠化及其防治》、刘俊昌教授主讲的《森林、产品及服务设计》、温亚利教授主讲的《破解生态文明社会建设中的资源与环境约束》、王毅力教授主讲的《污染问题诊断方法之环境化学》、岳瑞锋副教授主讲的《不可思议的数学——趣谈数学悖论》和李芝副教授主讲的《英语话中华:中国古代和当代社会与文化》。

"十二五"以来,北林大主动适应网络技术在教育领域广泛发展的新形势,积极研究以精品视频公开课等为基础的慕课开发与制作,探索基于开放课程的"翻转课堂"教学模式,不断推动精品开放课程资源建设。2014 年,学校牵头成立全国林业高等院校特色网络课程资源联盟。2015 年,学校依托外语学院,建成网络课程制作中心并正式投入使用。此次 7 门课程得到北京市共建项目资助,将对北林大精品开放课程建设起到引领示范作用,促进学校精品课程资源建设不断发展。

目前,北林大已获批 7 门国家级精品视频公开课、3 门国家级资源共享课和 8 门北京市级精品视频公开课,其中 5 门国家级精品视频公开课和 3 门国家级精品资源共享课已正式上线。

《中国绿色时报》2015 年 5 月 29 日

加速建设优势网络课程

3 月 20 日,北京林业大学网络课程制作中心揭牌。北林大将充分利用这个制作中英文网络课程的平台,优先启动一批彰显学校特色专业和优势的网络课程资源建设项目。

中心的成立有利于促进网络信息技术与教育教学的深度融合,有利于教师在信息技术飞速发展的"微时代"不断更新教学理念,掌握现代教育教学方法,把传统和创新做到有机融合,将学校教育教学工作推向一个新的高度。

近年来,以微课、慕课、公开课为代表的教育技术创新应用备受瞩目。

北林大牵头成立全国林业高等院校特色网络课程资源联盟,主持首个亚太地区林业院校慕课开发项目,阶段性成果得到国际同行的充分肯定。

《中国绿色时报》2015年4月7日

新增北京高校实验教学示范中心

北京市教委近日公布北京市高校实验教学示范中心名单,北京林业大学林学实验教学中心榜上有名。这是该校第六个市级实验教学示范中心,此前获批的分别是生物学、经济管理、木材科学与技术、计算机、林业工程装备与技术实验教学中心。

据该中心主任韩海荣介绍,该校的林学实验教学中心成立于2005年,除拥有11个教学实验室外,还有大学生创新实验室和学科交叉创新平台,建有24处野外实践教学基地。中心承担着林学、园林、水保和自然保护区学院的20个专业、99门以林学为核心的实验课程教学任务,为大学生创新活动及青年教师提供了实验平台。

据了解,该中心围绕拔尖创新人才的能力与素质培养目标,突出自主、合作、探究、创新的教学理念和林业类专业实践能力培养,构建了层次分明、整合统一、多途径、模块化的实验教学体系,形成了以生态学为基础、以林学为特色的教学内容,实施了以"以研促教"理念为先导、以优势学科科技创新资源为支撑的研究型教学方法,建立了以学生为本的大学生创新实验室特色创新平台,注重人才培养质量目标考核和实验教学过程质量考核。

这次北京市高校实验教学示范中心评选是在间隔4年后开展的,共有39个实验教学中心获批。

《中国绿色时报》2016年4月5日

《中国花卉报》2016年4月14日

园林实验教学中心着力培养新人才

不断变化的园林界呼唤新型人才。如何适应中国园林事业发展对人才的需要？北京林业大学园林实验教学示范中心做出了新探索。日前,中心负责人向记者披露了中心快速发展、培养新型人才的奥秘。

这个中心是 2012 年教育部批准的国家级实验教学示范中心。中心由园林工程实验室、建筑模型实验室、花卉实验室、仿古建筑、温室苗床和植物展示区等 6 个部分组成。南式仿古建筑、北式仿古建筑、垂直绿墙和室内绿化等基础设施完备。中心的建设和运行为改革我国的园林实践教学提供了重要的硬件支撑,是提升学生专业技能和创新能力的重要平台。

据副校长李雄教授介绍,中心以国家级园林特色专业人才培养方案为指导,从教学改革需要出发,构建"实验资源高度整合、学校企业深度融合、教学科研紧密结合"的园林人才培养实验教学新模式,为培养专业技能强、职业素质高、创新能力强的人才提供成长环境。这在我国园林教学中起到了开创性的作用。

据了解,中心转变传统的实验教学理念,突出"强化专业技能、深化职业训练、培养创新能力",重在培养学生创新能力和就业竞争实力。构建了以能力培养为主线,专业基本技能、职业综合技能和科研创新能力 3 个层次相互衔接的科学系统的实验教学体系。这一体系既与理论教学有机结合,又相对独立,实现了理论与实践、教学与科研、学校与企业、基础与前沿、传统与现代的有机结合。

以"园林要素"为主导,中心构建了强化专业基本技能的实验体系。过去以课程为主导的实验课,如今改革为以园林要素为主导的 5 个实验模块。通过一个实验,就可以接触多门理论课程的背景知识。该实验体系主要包括园林植物、园林工程、园林建筑、园林设计、园林艺术等 5 个实验模块。为了使这 5 个模块内容有机融合,还开设了园林综合实验和南北方综合实习课程等。

中心以"企业融合"为主导,积极构建培养职业综合技能的实验体系,鼓励学生将自主学习与社会实践、就业实践相结合。与园林上市企业紧密合作,以知名企业为平台,开展产学研相结合的职业训练。

中心以"科技创新"为主导,构建培养科学研究型的实验体系。依托大学生创新性实验计划,根据现有学科领域和研究方向,开展教学科研相结合的实验,为培养拔尖创新人才夯实基础。

中心积极整合分散建设、分散管理的实验室和实验教学资源,拓展建设新的实验室、校外人才培养基地和大学生就业实践基地,建设成为面向多学科、多专业的实验教学中心。整合园林工程实验室、园林植物综合实验室、插花盆景制作室、园林植物组培实验室、实习林场、实习苗圃等资源,同时加强校外人才培养基地建设。

中心根据不同性质的实验教学体系,分别制定了相应的实验教学方法。改革完善传统的实验技术方法,加强学生自主设计、团队合作、创新性实验教学方法,提高学生自主学习、合作学习、研究性学习的能力。

中心以院士和学术带头人为核心,构建了教学实验团队、教学拓展团队、科研创新团队等3种类型的实验教学团队。不断优化团队结构,提高团队教师的实验教学水平和学术创新能力。同时开展精品实验课程和网络视频实验课程建设,组织编写了17部重点实验课程教材。

《中国绿色时报》2016 年 7 月 5 日
《中国花卉报》2016 年 7 月 21 日

建立农林经管虚拟仿真教学中心

把林场搬进校园,在实验室营造农林商业环境,建立农林经营的"虚拟社区"……在北京林业大学农林业经营管理虚拟仿真实验教学中心里,这一切都变成了现实。日前,这个中心跻身教育部新公布的国家级虚拟仿真实验教学中心行列。

由于林场面积较大不易现场观察、林区交通不便使得实地调研难度大、林木及林下经营时间较长不易现场组织教学与实习等特点,北林大经济管理学院从1999 起开始探索利用信息技术进行模拟教学。经过多年建设,中心积累了世界范围内大量的林业经营管理大数据,实现了对农林经营管理的高度虚拟仿真。

中心主任陈建成教授告诉《中国绿色时报》记者,中心建有 10 个实验室,开设实验项目 177 个。中心还拥有农林业经营管理虚拟仿真实验平台、股票证券模拟实验系统、保险业务模拟实验系统、商业银行综合业务模拟实验系统、项目管理模拟实验系统、企业竞争模拟系统、市场营销模拟系统、人力资源测评模拟系统等 30多个模拟教学平台。

在全国研讨集体林权改革的背景下,林业政策学、林业经济学、资源经济学等课程需要模拟在不同政策下林业经济的发展趋势。为此,以林业统计、林业企业信息化资源为载体,中心建设了具有社会服务功能的林业经济信息数据平台,为借助计量模型模拟政策奠定了良好基础。

中心借助沙盘推演和情景模拟进行农林经营管理教学仿真。"企业资源计划"沙盘用以模拟仿真农林经营的资源规划,协助林农经营的决策;"营销管理"沙盘的改造,用以模拟仿真农林产品的销售,增加农超对接等环节,协助农林产品的销售;借助 GIS(卫星遥感)技术,以陕西秦岭为切入点,对林业资源与政策进行教学仿真,使得教学更为直观。

中心每次可供 100 名学生参与,通过给定的农林业政策(如小额信贷、森林保险、科技创业等),模拟银行、保险、咨询机构等经营环境,实现农林业经营中的市场预测、政策分析、农林产品种植、农林产品的销售(如农超对接)等全过程的模拟仿真。

《中国绿色时报》2015 年 2 月 13 日

经管实验中心把林场搬进课堂

从日前举行的农林业经营管理虚拟仿真实验教学研讨观摩会上传出消息,北京林业大学经济管理实验中心运用虚拟仿真手段模拟林场经营的"虚拟商业社会",把林场搬进了课堂。

据悉,该中心的实验实践数据均来自一线林场。在模拟实践教学中,百名学生分成 10 个企业化运作的经营体或农林合作组织,由学生扮演 CEO、营销经理、财务经理等角色。10 个经营体间进行经营和竞争,通过给定的农林业政策(如小额信贷、森林保险、科技创业等),模拟银行、保险、咨询机构等经营环境,实现农林业经营中的市场预测、政策分析、农林产品种植、农林产品的销售、生态旅游、碳汇交易等全过程的模拟仿真。

《中国科学报》2015 年 8 月 20 日
《中国绿色时报》2015 年 9 月 11 日

新增八门研究生精品课

北京林业大学研究生课程中新增 8 门精品课程近日揭晓,《花卉品种分类学》《森林生态系统理论与应用》《土壤侵蚀动力学》《组织与人力资源管理》《区域经济学》《艺术原理》《硕士生英语一外》《口译理论与技巧》榜上有名。目前,该校已有 16 门研究生课程进入精品课行列。

《花卉品种分类学》课程1979年为研究生开设,2001年课程教材正式出版,并获中国林业教育学会优秀教材一等奖。该课程一直是园林植物与观赏园艺专业学位课,也是深受其他专业学生欢迎的选修课。因课程内容不断补充完善,教师讲授生动,注重理论联系实际,受到了业界专家肯定和学生好评。

《土壤侵蚀动力学》是水土保持与荒漠化防治学科的专业基础课程,主要面向水保、林学等专业的研究生,涉及水力学、水文学、土壤学、气象学、生态学和岩土力学等内容。经过10多年的教学积累,形成了鲜明的教学特色,教学效果显著,目前已有完善的课下网络教学系统。

《森林生态系统理论与应用》课程紧密结合林业行业特点,突出林业硕士教育的特殊性原则,重点强调实践能力的培养,体现了知识性与实践性并重、专业复合与先进技术并重的特色。

《中国绿色时报》2016年2月18日

400多万资助研究生课程

日前,北京林业大学投入了400多万元资助107个研究生课程项目的建设。

据介绍,刚刚公布的资助名单中,共有17项高水平全英文研究生核心课程、33项优质研究生核心课程目、18项专业学位研究生课程案例库课程、4项公共创新基础平台课程、13项研究生课程教学研讨和22项课程教材建设。

其中,该校大力倡导的高水平全英文研究生核心课程建设,通过引进并使用国内外优秀教材、原版教材等方式,开展全英文研究生课程建设,以实现课程教学的国际化。

《新京报》2016年1月18日
《中国绿色时报》2016年2月26日
《中国科学报》2016年3月3日

研究生教育改革带来新变化

2015年,北京林业大学新增了湿地生态学、计算生物学与生物信息学、生态环境工程3个学科,不但使研究生培养学科结构进一步优化,还成了科技创新与高层次人才培养新的增长点。这是北林大实施研究生教育改革方案取得的成效之一。

北林大研究生院常务副院长张志强教授日前披露,2014 年北林大的研究生就业率为 98.69%。全日制研究生招生规模有所增加,在职攻读博士学位的比例比上年明显下降。按照"学科试点、稳步推进"的原则,2015 年首次以林学院的生态学、森林培育和森林保护学 3 个学科为试点,以"申请-审核"方式招收博士研究生。

据了解,北林大积极构建以导师任职能力和学科培养能力为主导的新的管理模式,严格导师遴选标准和导师招生资格审核制度。新出台了招生计划配置办法,突出对学科人才培养条件、培养能力、培养条件和培养质量在招生计划动态调整中的作用。

据悉,研究生院完成了 63 个学术型硕士研究生学科、20 个专业学位硕士研究生类型及 28 个学术型博士研究生学科培养方案的修订工作。进一步明晰研究生培养目标定位,深化统筹培养与分类培养的有机结合;通过凝练学科专业方向,体现和强化特色化培养;通过改革课程体系、加强课程建设,提升课程教学在研究生培养中的重要作用;通过突出培养过程环节考核,大力强化研究生科技创新和实践能力培养。硕博连读比例创历史新高,专业学位硕士研究生纳入硕博连读选拔,人数较上年增加 7.8%。

研究生科技创新计划项目整体水平有所提高。2014 年新立项 21 个,学科覆盖面较前几年有较大的增加,项目产出高水平论文数量增加;研究生发表 SCI、EI 收录论文分别比上年增加 7.4% 和 4.59%,发表影响因子 ≥5.0 的收录论文增加 13 篇。

学校资助了大批研究生参加国内外学术交流,派出 31 名研究生联合培养或攻读博士学位,邀请欧洲地理学会主席等近 200 位知名专家学者讲授学科前沿性课程和高水平学术报告;启动了京津冀林业及生态环境建设产学研联合培养研究生基地项目和 11 个全日制专业学位建设项目。

在改革中,北林大严格落实学位授予与研究生教育质量保障措施,严格规范答辩资格审核、论文查重、预答辩、预审查、隐名送审、答辩等各环节管理,全面保证学位论文质量,加强硕士学位论文抽检,抽检结果与招生实质性挂钩,并初步建立了学位论文评审和答辩专家库。

北林大还在行业学位与研究生教育中发挥了推动作用。北林大作为全国林业专业学位研究生教育指导委员会秘书处,进一步完善了《林业硕士专业学位基本要求》《林业硕士培养质量评估指标体系》;资助了 5 个专业实践基地和 6 门课程案例库建设;启动了首届林业硕士优秀学位论文评选。此外,秘书处还在中国学位与研究生教育学会下设了林业专业学位工作委员会;组织完成了《林业硕士专业学位论文基本要求》及《林业硕士学位论文类型、要求及评价指标》;制订了《2014 年林业硕士专业学位授权点专项评估工作方案》,并计划于 2015 年对 15 个林业硕士专业学位授权点开展专项评估。

《中国科学报》2015 年 2 月 5 日

《中国绿色时报》2015 年 2 月 6 日

《北京考试报》2015 年 8 月 12 日

我国林业硕士培养重案例教学促专业实践

据 7 月 20 日召开的全国林业专业学位研究生培养研讨会透露,目前我国已基本建成了 6 门林业硕士课程的案例库,有 5 个专业实践基地建设受到了资助。

全国林业专业学位研究生教育指导委员会副主任委员、北京林业大学副校长骆有庆介绍说,2013 年以来,教指委以项目的形式来推动案例教学和专业实践基地建设,各培养单位积极申报。截至今年 7 月,教指委初步完成了《森林生态学》《森林有害生物防治》等 6 门课程的案例库,收入教学案例 107 个,遴选并资助建设了东北林业大学 – 黑龙江省平山林业制药厂、北京林业大学 – 北京市林业保护站等 5 个优秀专业实践基地。下一阶段将进一步筛选优质案例入选"中国专业学位教学案例中心",研究制定《林业硕士专业学位研究生专业实践基地建设指导意见》。第二批案例库和专业实践基地建设也即将启动。

研讨会上,18 个培养单位和专业实践基地的 60 多名代表们讨论制定了《林业硕士专业学位研究生课程教学案例撰写规范》。该规范明确了案例和案例说明的结构及要求。

《中国绿色时报》2015 年 7 月 31 日

林业硕士指导性培养方案修订

日前,全国林业专业学位研究生教育指导委员会委员们齐聚北京林业大学,讨论修订《林业硕士指导性培养方案》。据悉,经过多年努力,我国已经建立起了定位准确、具有特色的林业硕士培养体系。

据悉,我国是从 2011 年开始设立林业硕士专业学位并招生的。现有 18 个培养单位,已经毕业的学生达 1250 人。北京林业大学校长宋维明说,林业硕士专业学位的设置适应了国家对林业高层次人才队伍建设的需求,推动了林科研究生教育培养模式机制改革和结构调整。据了解,教指委作为专家组织,发挥着重要的指导和监督作用。教指委在工作研讨与学术交流、评优工作、课题研究、探索性工作、规范性工作和组织机构建设等方面开展了大量工作,引导各培养单位在培养方案与课程体系建设、专业实践基地建设、师资队伍建设等方面进行探索和创新。有关负责人称,国家林业行业对高层次专门人才的需求越来越大,为林业硕士专业学位发展创造了更大的空间,也提出了更高要求。

《北京晨报》2016 年 12 月 1 日
《北京考试报》2016 年 12 月 19 日

我国基本建成应用型林业专硕培养体系

　　11 月 23 日,记者在北京林业大学召开的第二届全国林业专业学位研究生教育指导委员会第一次会议上获悉,经过 5 年努力,我国已基本构建了一个定位准确、特色鲜明的应用型高层次林业人才培养体系。“十三五”期间,我国将大幅度增加专业学位研究生招生,减少学术型学位研究生。

　　专业学位是相对于学术型学位的学位类型,以培养应用型高层次专门人才为目标。我国于 2011 年 1 月成立全国林业专业学位研究生教育指导委员会,秘书处挂靠在北京林业大学。林业专业学位研究生自 2011 年开始招生。目前,全国有林业专业学位硕士培养单位 18 个,累计招生 2410 人,授予学位 1250 人。

　　教指委成立以来,积极探索我国林业专业学位研究生培养的方式方法,并致力于构建科学完善的研究生培养体系。北京林业大学校长宋维明认为,林业硕士专业学位的设置适应了国家对林业高层次人才队伍建设的需求,推动了林科研究生教育培养模式机制改革和结构调整。

　　教指委作为专家组织,发挥着重要的指导和监督作用。教指委在工作研讨与学术交流、评优工作、课题研究、探索性工作、规范性工作和组织机构建设等方面开展了大量工作,引导各培养单位在培养方案与课程体系建设、专业实践基地建设、师资队伍建设等方面进行探索和创新。

　　教指委确定了我国林业硕士专业学位的发展模式,指导、规范各培养单位的林业硕士培养方案,加强质量保障体系建设,开展了师资培训,调研了国外林业硕士专业学位研究生教育工作,建成核心课程的案例库,并在福建农林大学、江西农业大学、东北林业大学、南京林业大学、北京林业大学建立 5 个优秀林业硕士专业实践基地。

　　会议当日,第二届教指委委员们评出了全国林业硕士专业学位研究生优秀学位论文,《北京山区山洪沟道特种及山洪预警技术研究》等 15 篇论文入选。同时,《北京首云铁矿废弃地生态恢复》等 10 篇教学案例获评优秀案例,被收入中国专业学位教学案例中心林业硕士案例库。

《中国绿色时报》2016 年 11 月 30 日

风景园林专业学位教学案例库建设启动

　　12 月 5 日－6 日,我国高校风景园林专业学位教学案例库建设工作会召开。与会者深入研讨教学案例库建设规划、编写规范、入库标准,对首轮征集的风景园林专业学位教学案例进行初选。这次会议是由挂靠在北京林业大学的全国风景园林专业学位研究生教育指导委员会组织的。

　　据教育部学位与研究生教育发展中心负责人介绍,过去一年我国高校教学案例库建设取得了显著成绩,风景园林专业学位教学案例库有望成为第七个中国专业学位教学案例中心上线案例库。

　　与会专家结合风景园林专业学位教学案例库编写规范、入库标准,对首轮征集的 54 个教学案例进行了评审,提出了修订意见。内容涉及风景园林规划与设计、风景园林工程与技术、风景园林植物应用、自然资源与遗产保护、风景园林经营管理等 5 个方面。

　　据悉,全国风景园林专业学位研究生教育指导委员会于 2014 年同教育部学位与研究生教育发展中心签订共建风景园林专业学位教学案例库协议,在 2015 年先后编制《风景园林专业学位教学案例库建设规划》《风景园林专业学位教学案例编写规范和入库标准》,今年 5 月起面向全体培养单位开展首轮风景园林专业学位教学案例征集工作。

《中国绿色时报》2015 年 12 月 22 日
《中国花卉报》2015 年 12 月 24 日

风景园林专业学位案例库上线运营

记者从 3 月 28 日闭幕的全国风景园林专业学位案例教学研讨会上获悉,我国风景园林专业学位案例库已经上线运营,标志着该专业学位培养模式改革进入实质性阶段。

据风景园林教学指导委员会秘书长、北京林业大学教授李雄介绍,该案例库是中国专业学位教学案例中心的第七个案例库,也是目前唯一入选的设计类子库。案例库包括风景园林规划设计、风景园林工程施工、风景园林经营管理、园林植物设计应用、自然资源与遗产保护等 5 个子库,首批入库的案例有 21 个。

案例教学和案例库建设是风景园林专业学位研究生教育改革的核心。2014年年初,风景园林教学指导委员会成立了案例中心建设与实践教学推进组,专门负责该专业学位教学案例库建设。

《中国绿色时报》2016 年 4 月 20 日

我国林业院校迎来首届 MPA 学生

日前,北京林业大学首届 MPA 开学。这是我国林业院校首次开设 MPA 专业,填补了林业教育格局的一项空白,标志着林业院校的人才培养类型更加完整、体系更加完善。

据了解,MPA 是公共管理硕士专业学位的英文简称,是以公共管理学科及其他相关学科为基础的研究生教育项目,其目的是为政府等公共机构培养高层次、应用型专门人才,与工商管理硕士(MBA)、法律硕士(JM)同称为文科高层次职业研究生教育的三大支柱。

北京林业大学校长宋维明表示,我国林业院校的 MPA 教育虽起步较晚,但规范化和特色化并重的方向明确。北林大将充分利用生态文明建设与管理领域的最新成果,着力培养集生态文明建设和公共管理知识、能力、方法于一身的高层次、应用型、复合型专门人才。

据 MPA 中心主任严耕介绍,该校的 MPA 教育与其他院校的不同之处在于,基于北京林业大学的学科特色,研究方向彰显绿色教育的特色。该专业目前设有绿色行政、生态文明评价、生态法治、绿色传播与新媒体管理、公共政策分析、绿色审计等方向。

我国第一个哈佛大学 MPA 学位获得者、第一个提出引进 MPA 学位制的学者、96 岁高龄的"中国 MPA 之父"夏书章，得知北林大新设这个专业后，欣然命笔，写下了"知山知水知现代治理，树木树人树绿色新风"的寄语，并亲自到邮局寄送。

为了确保培养质量，除了拥有雄厚的校内导师队伍外，该校还聘请了一批校外导师。在开学典礼上，宋维明向中国绿色时报社党委书记、总编辑厉建祝颁发聘书，祝贺他首批获聘校外导师。

《中国科学报》2015 年 9 月 17 日
《中国绿色时报》2015 年 9 月 18 日
《光明日报》2015 年 9 月 29 日
《教育周刊》2015 年 9 月 29 日

给绿色 MBA 教育插上国学的翅膀

北京林业大学不但创办了国内富有特点的绿色 MBA 教育，还在国内率先将国学教育引入绿色人才培养体系，取得了显著成效。学校将国学教育融入 MBA 人才培养体系中，融入日常的教学和实践中。通过国学教育让学生领悟国学文化精华，感受国学文化魅力，接受国学文化洗礼，深刻认识到中华优秀传统文化的源远流长和博大精深，为他们的思想意识、价值观念、行为模式注入正能量，提高了 MBA 人才培养质量，形成了独具特色的 MBA 人才培养体系。

自 2012 年开办 MBA 教育以来，该校确定了"弘扬民族传统文化精髓，领悟中国国学思想真谛，培育企业家完美人格"的国学教育培养目标，专门成立了 MBA 国学教育中心，创造性地将国学教育纳入了 MBA 人才培养方案和教学体系，采取了一系列措施，不断将国学教育科学化、规范化和制度化。

实践证明，这不但有效地提升了 MBA 教育教学质量，还使得该校的 MBA 教育后来居上，形成了鲜明的特色，迅速在全国 MBA 教育中崭露头角，连续获得中国 MBA 领袖年会第八届"中国十佳 MBA 特色商学院"奖、第九届"特别贡献奖"，跻身"中国最具价值 MBA－TOP40"等。在此基础上，学校还积极将国学教育向本科生和其他专业的研究生辐射，使更多的学生受到熏陶、感染、教育，成为北京林业大学文化建设中一道靓丽的风景线。

MBA引入国学教育的四大理由:

该校MBA中心主任陈建成教授告诉记者,开办MBA教育之初,正值全国深入贯彻落实中央关于培育和践行社会主义核心价值观的意见要求,认真学习宣传习近平总书记关于弘扬中华优秀传统文化系列重要讲话精神之际。学校创造性地将国学教育引入MBA人才培养体系,主要出于以下四个方面的考虑。

理由一:国学教育是中国特色社会主义大学的责任义务。习近平总书记指出,"宣传阐释中国特色,要讲清楚中华优秀传统文化是中华民族的突出优势,是我们最深厚的文化软实力。"学校认真学习了习总书记的有关讲话精神,深刻认识到,加强国学教育,继承和发扬中华传统文化,不但是促进社会主义先进文化建设和增强国家文化软实力的重要途径,还是中国特色的社会主义大学应该承担的责任和义务。通过开展国学教育,对于培养中国特色的社会主义建设者和接班人具有十分重要的意义。国学教育不仅仅是让学生读几句古诗、看几本经典、说几句之乎者也,而是引导从中国优秀传统文化中汲取丰富的营养,增强民族自信心,陶冶情操、涵养心灵、浸润思想、提升境界、丰富生活,不断提升对社会主义核心价值观的文化自觉和精神共鸣,进一步增强对伟大祖国、对中华民族、对中华文化、对中国特色社会主义道路的认同。

理由二:国学教育是加强社会主义核心价值观教育的重要载体。在人才培养中要强化社会主义核心价值观教育,而优秀的传统文化是凝聚着一个民族自强不息的精神追求和历久弥新的精神财富,是社会发展的深厚基础,是建设共有精神家园的重要支撑。以传承优秀传统文化为内核的国学教育,渗透到人才培养的各个环节具有重要的现实意义。国学教育的价值导向弥补了通识教育中忽略或较为薄弱的重要环节。通过教育增加学生对历史的了解、对传统文化的吸收,培养学生民族自豪感等。把国学教育作为涵养社会主义核心价值观的重要载体,通过课堂教学、搭建平台、丰富载体,传承中国优秀的传统文化,是学校的重要任务之一。一方面可将社会主义核心价值观教育落到实处,另一方面也可丰富社会主义核心价值观教育的内容。

理由三:国学教育是加快MBA人才培养的有效途径。在市场竞争加剧和全球市场的高度开放,企业在发展过程中遇到的瓶颈日益凸显。在此背景下,给MBA的人才培养提出了新的更高的要求。作为优秀的企业高层管理者不但要具备先进的管理理念、科学的管理方法,还需要有一定的国学修养、文化素质和人文情怀。这就需要积极开展国学教育,将中华五千年的优秀传统文化融入教育过程中,大力培养兼具国学修养、文化素质和人文情怀的企业家,以更好地满足企业转型升级发展的需要。培养和教育新型的企业管理者,紧密结合中国历史悠久的商业积淀和复杂多变的商业环境,引导企业管理者祛除片面的利益观、摒弃小农经济意识、强化社会责任感等,克服阻碍企业长远发展的因素,使企业实现科学的、可持续的发展。

理由四:国学教育是学校实现特色发展的重大举措。当前我国 MBA 教育的发展日益壮大和完善。特色发展已成为提升竞争力、谋求发挥比较优势,赢取尽可能多的社会教育资源的必然选择。北京林业大学是具有鲜明特点的行业院校,大力加强国学教育,是学校 MBA 教育特色发展的重要切入点,也是发挥后发竞争优势的重要突破口。学校将加强国学教育作为特色发展的重大举措,探索和推进国学教育与 MBA 教育的有机融合、深度融合。

在短短 3 年中,该校逐渐探索出了一套特色鲜明并行之有效的国学教育模式,绿色 MBA 教育取得了长足发展,跻身我国 MBA 教育的先进行列。这充分证明了国学教育在该校 MBA 教育特色发展中起到了重要作用。

国学教育落到实处靠得力措施:

陈建成教授说,北京林业大学不是将国学教育停留在口号上和一般性的要求上,而是具体落实在了体制机制、软硬件保障和具体有效的实施之中。学校专门建立了 MBA 国学教育中心,投入了 50 万专项经费,将国学列入教学计划,规定了学分,策划组织实施了一系列的活动,有效地保证了国学教育落到实处、见到实效。

措施一:建立 MBA 国学教育中心,投入专项经费。学校在全国率先成立了MBA 国学教育中心,首创致力于"弘扬民族传统文化精髓,领悟中国国学思想真谛,培育企业家完美人格"MBA 国学教育新模式。学校聘请国内著名书画家担任MBA 国学教育中心主任,依托国家级相关组织,发挥纽带和桥梁作用,广泛联系书画家、艺术鉴赏家与工商界精英、企业家、社会名流等,具体组织实施国学教育。MBA 国学教育中心的成立搭建了学校与专业机构、师生与专家学者、专业教学与国学传播之间的互动交流平台,为广泛深入开展国学教育奠定了坚实的基础;学校为 MBA 国学教育投入了 50 余万元的专项经费。专门开辟了 80 余平方米的国学书画室,购置了必要的教学教具,为国学教学活动提供了便利。MBA 国学教育中心在 3000 多平方米的教学环境中,精心地营造浓郁的国学文化氛围,展览国学大师的优秀书法作品和绘画作品,引导学生书写、阅读和传承传统文化的经典,使其在潜移默化中陶冶情操、提高兴趣、开阔视野、提升素养。

措施二:把国学教育纳入培养体系,建立长效机制。该校在 MBA 教育培养方案中明确了国学教育的地位和作用,提出了具体的目标,开设了系列国学方面的特色课程。开设国学系列前沿专题等课程共 32 学时、2 学分;教学考核中采取提交相关课程作业、国学讲座谈心得体会、国学相关基础知识考查等考核形式,将国学教育真正融入规范的 MBA 教学模式中。通过国学教育环节的培养,激发了学生不断提高国学素养的积极性;在 MBA 国学教育中创造性地专门设置了国学导师。在导师遴选上严格要求、精益求精,聘请了一批德艺双馨的兼职教授,特邀 50 多位当代中国书画名家、文学大师执教、参与教学,使国学教育的学习与传播更加具有感召力、影响力和渗透力,从引导学生爱好和兴趣的层面,逐步提升到了教学和育人高度。

措施三:国学教育活动持续开展,形成特色鲜明的教学模式。MBA 国学教育中心充分挖掘传统文化中极具人文特色的文化内容,从书法、国画、篆刻、诗词歌赋入手,借用古人的智慧和古法的技艺,熏陶现代企业家"海纳百川"的人文情怀和"天人合一"的现代管理理念。让企业家近距离接触国学的同时,体悟到传统文化的魅力、古人的智慧与哲学的思考,进而领会现代管理的真谛,寻找企业经营管理的方法,以促使 MBA 学员形成积极正确的世界观、人生观和价值观,从而达到培养具有国学素养的现代新型企业家的目标。

记者了解到,该校在具体的国学教育实施方面,探索出了一套行之有效的教学模式。其中包括:

教学专题。开设"入门"系列教学专题课程。如解决国学学习动机的《艺术鉴赏与人生》,领略汉字魅力的《汉字与书法》等 20 余门国学知识教学专题课程。

主题沙龙。为保证国学教育教学质量,鼓励学员参与到国学实践活动中,打通理论与实践相结合的环节,举办了精英化、主题化、分众化的 20 多场沙龙活动。如"教你赏国画"主题沙龙、弘扬传统文化的"重读古典文学"分享沙龙等。

艺术品鉴会。举办了系列"书画名家艺术品鉴会""当代名家字画赏析"等优秀的名家真迹和古典诗词大型艺术品鉴会,让学生与国学大师零距离对话,提升学生的艺术修养,提高学生对中国文化艺术品的鉴赏能力,引导学生从书法绘画中汲取中国传统美学思想的精髓。

高端论坛。MBA 国学教育中心每年举办国学高端论坛,以近距离的思辨式、探讨式的形式,努力实现"教学相长",促进学生践行传统文化与当代企业家精神的有机结合。中心举办了"艺术修养与企业家情怀"高端论坛、"新背景下的艺术走向和艺术市场"高端论坛等。近千人次的学生分享了当代国学大师的思想,了解国学在新时期的发展方向和国学研究前沿知识。

名家笔会。MBA 国学教育中心对学生的教育注重理论联系实际,以重大传统节庆活动为契机开展笔会活动,营造传统礼仪文化的认同感和归属感。举办"贺十八大名家笔会""MBA 教育中心书法笔会"等,以"笔会"方式让学生观摩各个流派的书法艺术作品,聆听国学大师现场讲解,启迪了自身学习国学文化的思路,巩固了理论学习的成果。

国学雨露滋润 MBA 人才成长:

记者了解到,北京林业大学将国学教育引入 MBA 人才培养体系,做了大量深入细致扎实的工作,取得了显著成效。

一是丰富了 MBA 教育的内涵,创新了 MBA 人才培养模式。陈建成教授说,该校的 MBA 国学教育致力于挖掘中华优秀传统文化的精髓,助力现代新型企业家的培养,引导其在中国优秀传统文化中领略为人之道、从商之道。在 MBA 教育中,将管理的真谛和国学的精髓打通,通过对中华优秀传统文化的阐释和品鉴,进一步增强了学生的文化素养和人文情怀,促使学员在企业管理和经营中更好地认识问题、分析问题和解决问题。在 MBA 国学教育中传承和发扬中国优秀传统文化的探索,为我国的 MBA 教育注入了新的教育内容,提供了新的发展模式。

二是提升了 MBA 学生的文化素养,塑造了企业家人文情怀。据介绍,该校的 MBA 国学教育十分注重对学生进行企业家人文精神的培养和文化素养的修炼,坚持用社会主义核心价值观引领学生。通过开展丰富多彩的国学教育活动,使 MBA 学员体味了中华文化的博大精深,感受了中华优秀传统文化的生机魅力,促使其从注重个人发展到树立"修身、齐家、治国、平天下"的志向,讲求"兼济天下""兼容并蓄"的胸怀,致力追求"天人合一""道法自然""止于至善"的境界。学生们认识到,在企业经营中不仅要注重个人专业技能的提升和个人财富的积累,更要注重培养对社会深切的人文关怀。通过研读国学精髓与企业经营的内在关系,启迪学员从实际出发,寻找事物间的共通联系,透过形式上的不同,寻找本质上的一致性,从而提升了哲学思辨能力。

三是创新了教育教学方法,推动了教师教学水平的提升。陈建成教授告诉记者,在教学教育方面,该校的 MBA 国学教育倡导"不教而教,不为而为"的理念,由以教师的讲授为主,转变为教师的引导与学生的自身体会相结合。教师用"不教而教"的理念,通过自己的教学使学生自己能够认识问题、分析问题、解决问题;以"不为而为"的理念在教学中追求一种更高的境界,即"修德、博学,有所为、有所不为",摒弃只讲授、只解释有关问题的做法。教师引导学生以宁静的心态去体会经典,诸如庄子"天地与我并生,万物与我为一"的齐物论,"心斋""坐忘"以达到精神自由的"逍遥游"等,使学生可以获得切实的生活启示,更加通达人生、更加理智和健康地生活。在开展国学教育中,教师立德树人的思想进一步得到了强化,教学水平也不断提高。

四是形成了国学研习热潮,促进了校园文化建设。学校有关负责人说,随着

MBA 国学教育的深入开展,研习国学、重温经典的热潮不仅在 MBA 学生中持续传播,也逐步辐射到了本科生、研究生,引领和推动全校的国学教育不断深入。通过国学讲座、国学论坛、国学沙龙、国学品鉴会等系列活动的开展,国学教育已成为北京林业大学校园文化建设的重要组成部分。MBA 国学教育以其春风化雨、润物无声的特点辐射校园文化,发挥其在文化育志、育才和导行中的积极作用,成为北京林业大学校园文化建设的新亮点。不同的学生群体在国学的研习和体验中,身心得到熏陶,情操得到升华,人格得到完善。

《绿色中国》2015 年第 8 期

绿色 MBA 获特别贡献奖

在日前召开的第九届 MBA 领袖年会上,北京林业大学 MBA 中心获"特别贡献奖"。颁奖者称,该中心秉承绿色与生态教育理念,在绿色 MBA 领域作出了较大贡献,得到了各界肯定与认可。

北京林业大学 MBA 教育 2012 年创办之初,就将"绿色、生态"两大主题融入教育教学体系中,将宏观概念具体细化,开辟出一条创新的 MBA 教育之路。在快速发展中,中心在办学理念上始终坚持以绿色发展为主旨,致力于引导学员关注生态环境、树立绿色理念。学校不但开设了相应的课程,还出版了全国第一套绿色 MBA 系列教材,包括《绿色管理》《绿色战略》《绿色营销》等,填补了我国 MBA 领域内关于绿色教育的空白。

绿色教育不但有效地提升了北京林业大学 MBA 教育教学质量,还迅速形成了鲜明的特色,在全国 MBA 教育中崭露头角。短短几年间,北林大 MBA 中心已经获得了中国 MBA 领袖年会"中国十佳 MBA 特色商学院"奖,跻身"中国最具价值 MBA – TOP40"等。

《中国绿色时报》2015 年 6 月 4 日

"一带一路"奖学金惠及风景园林硕士留学生

北京林业大学英文授课的风景园林硕士专业,刚刚入选了北京市外国留学生"一带一路"奖学金资助项目,明年起开始实施。

据悉,"一带一路"奖学金今年首次接受申请。在提出申请的 106 个项目中,有 32 个项目获首批立项。北林大风景园林英文授课硕士专业名列其中。

这一项目的经费用于"一带一路"沿线国家留学生来京攻读本科及以上全日制学历的学费。每位硕士生每学年资助额度为 3 万元人民币，直到学段结束。学校每年为获奖学金的外国留学生配套提供校内住宿。

北林大副校长李雄教授称，北林大是我国培养风景园林高层次人才的重要的教学基地。这项奖学金的设立，有利于为"一带一路"战略实施提供人才，树立风景园林学教育"留学中国"的品牌，促进沿线国家之间风景园林专业人才的交流，共建绿色丝绸之路。

据称，该项目计划每年招生 8 人到 10 人，面向招生对象为"一带一路"沿线发展中国家的风景园林、园林、城乡规划、建筑学、观赏园艺、环境设计等相关专业的、具有大学本科学历的人员。

项目的主要培养方向为风景园林历史与理论、规划与设计、景观规划与生态修复、园林植物应用、园林工程与技术、风景园林遗产保护、园林建筑。培养过程由课程学习、实习实践、学位论文 3 个主要环节组成，实行导师负责制，采取案例教学和启发式教学方法。

这一项目在实施中，依托该校风景园林硕士的培养模式，为留学生提供中国生态文明建设的最佳学习与体验环境，以培养具有国际视野、多语言的风景园林规划、设计、建设、保护和管理工作的高端人才。

据悉，北京林业大学风景园林专业注重国际化的办学方向，已开展核心专业课程和骨干课程的全英文授课及双语授课的建设和实践，硕士论文也以全英文撰写和答辩。北林大具备了在"一带一路"国家开展国际研究生教育的招生基础。学校与泰国、越南、马来西亚、俄罗斯、波兰、捷克等国家高校签订校际合作协议，为在这些国家开展招生工作提供保障，且每年均通过国家政府奖学金等项目招收和培养来自"一带一路"沿线国家的留学生，留学生毕业回国后成为风景园林行业的精英。

据了解，改革开放以来，我国经历了世界历史上规模最大、速度最快的城镇化进程。作为人居环境重要支柱的风景园林学，在我国建设管理、规划设计、科学研究、人才培养等方面也取得了非凡的成就。"一带一路"沿线国家需要大规模的城市建设、基础设施建设和生态环境治理，我国的理念和技术可为这些国家提供借鉴。

《中国绿色时报》2016 年 12 月 21 日
《北京考试报》2016 年 12 月 21 日

两博士后流动站获评优秀

人力资源和社会保障部、全国博士后管理委员会近日公布了 2015 年度博士后综合评估结果。北京林业大学林学、林业工程两个博士后科研流动站在评估中获得优秀,生物学、农林经济管理、风景园林学 3 个博士后科研流动站获良好。

北京林业大学的林学博士后科研流动站设立于 1995 年,招收博士后的二级学科包括林木遗传育种、森林培育、森林保护学、森林经理学、野生动植物保护与利用、园林植物与观赏园艺、水土保持与荒漠化防治等。流动站设立 20 年以来,已有 93 名博士后研究人员期满出站,目前在站博士后 33 人。林业工程博士后科研流动站设立于 2003 年,招收博士后的二级学科包括森林工程、木材科学与技术、林产化学加工工程、林业信息工程等。流动站设立以来,共有 17 名博士后研究人员期满出站,目前在站博士后 18 人。

全国博士后流动站综合评估工作每 5 年开展一次。2015 年,对 2012 年前设站的 2148 个博士后科研流动站和 2079 个博士后科研工作站进行评估,主要从管理水平、在站人数、人才培养成效、科研项目及成果等方面进行考核,优秀率仅为 13.8%。

《中国绿色时报》2016 年 1 月 5 日

老师教英语也有绝招

娴熟地掌握英语已成为当今林业大学生的基本素质。8 月 18 日,北京林业大学第七门国家级精品视频公开课刚一上线,就引起了广大网民的热捧和点赞。与该校其他上线的课程所不同的是,这门课不以林业专业特色见长,主讲者娓娓道来的是《英语语言基础知识》。

这门课程虽然是英语、商务英语、翻译等专业的基础课程,但目前国内开设这一课程的高校十分少见。北林大率先开设此课程 10 多年来,一直受到学生的好评。课程的主要特色在于整理、归纳了大学英语学习中必要的语言知识,可以有效提高英语学习的效果。课程以现代语言学为指导,深入浅出,通俗易懂,与英语学习紧密结合,侧重点在语言描述,不涉及语言理论和过多的术语,可为各类学生在英语学习中提供指导,适用面广。这次作为国家级精品视频课面向社会开放,无疑是广大英语爱好者的福音。

主讲人是被学生称为"宝哥"的史宝辉教授。他是北林大外语学院院长、国家级特色专业建设点和教育部大学英语教学改革示范点建设项目负责人、北京高校教学名师。他长期从事英语教学和语言学研究,不但有大量论著发表、出版,还有丰富的教学经验和娴熟的授课技巧。他注重与学生互动,课堂气氛十分活跃。

国家级精品视频公开课是教育部课程建设的重要内容,是面向社会提供的优质网络视频课程。只有通过教育部与高等教育出版社严格审核之后,才可在中国大学视频公开课官方网站"爱课程"网、网易公开课同步向社会开放。

《中国绿色时报》2015 年 9 月 6 日

林业院校继续教育网络课程联盟成立

5 月 16 日,全国林业院校继续教育网络课程资源联盟在北京林业大学成立。首批加入联盟的单位有 41 家,包括林业院校的继续教育学院,林业高职、中专技校,林业企业的教育机构等。

据联盟理事长、北林大副校长骆有庆介绍,联盟将通过对各成员单位资源的优化和整合,聚集优质教师和专家的继续教育课程资源和专题资源,建立林业继续教育优质资源库,实现优质教学资源的互补与共享;实现优质资源在联盟成员之间的交流和共享,并对社会公众开放;协助各林业院校继续教育学院,建立各自的网络教育平台;通过学分互认机制,实现课程互选、学分互认、联合办学;组织研讨交流活动和相关培训,推进继续教育网络化的进程;总结继续教育网络化的成功范例,推广成功经验;通过多种途径开展宣传工作,使优质资源服务不同群体,促进各林业类院校为生态建设人才培养和林业信息服务作出更大贡献。

《中国绿色时报》2016 年 5 月 19 日
《中国科学报》2016 年 5 月 19 日
《中国花卉报》2016 年 5 月 30 日

生态学人 e 行动计划"翻转"林业课堂

5 月 16 日,全国林业院校继续教育慕课联盟在北京成立,使"生态学人 e 行动计划"的实施进一步深入。

　　"生态学人 e 行动计划"由全国林业高校的特色网络课程资源联盟、继续教育慕课联盟两大部分组成,其成员覆盖了全国的林业院校、各级各类林业中高职学院和林业企业教育机构。

　　北京林业大学继续教育学院院长张劲松告诉记者,传统的教育方式难以满足和适应现代人才培育的新需要。以慕课、翻转课堂、微课程为代表的基于互联网的教学模式,突破了学习者学习的时间和空间限制,便于个性化的在线学习。"生态学人 e 行动计划"的目的在于,搭建林业教育网络资源共享平台,探索优质资源共享机制,共建共享继续教育优质资源,促进林业院校教育现代化,提升林业院校服务国家生态文明和社会发展的能力。

　　据介绍,"生态学人 e 行动计划"服务生态文明、美丽中国、一带一路、京津冀协同发展等国家发展战略,立足林业事业,促进国有林区改革、突破林业人才培养的瓶颈,整合林业院校优势学科、教学资源、育人平台、实践教学等方面的优势和特色,全方位地为基层林业教育服务,以实现合作共赢和协同发展。

　　2014 年 5 月,全国林业高校特色网络课程资源联盟成立,标志着这一计划的正式启动。两年来,联盟成员多次研讨,制定了"生态学人 e 行动计划"的实施方案,确定了课程认证方式、课程质量评价体系、课程共建与学分互认、共建课程知识产权归属和效益共享等。

　　联盟的课程资源来自各成员高校,包括了林科基础课程、选修课程,具有一定影响力和知名度的报告、讲座等。学习者利用网络课程资源学习,不收取任何费用。如希望获得学习证明或学分时,才收取一定的费用。

　　已建成的树人网络教学平台,作为资源课程的统一共享与播出平台,承担了课程上传、存储、访问、直播、互动等功能。

　　刚刚成立的全国林业院校继续教育网络课程资源联盟,目前已承担了北京林业大学与河北省雄县建设的生态研究院的培训项目,与中国南北方林业职业集团合作的网络课程建设、资源共享工作。联盟还致力于与内蒙古森工集团共同破解林学相关专业技术岗位人才短缺、人才引进困难、教育资源匮乏等问题。

　　作为牵头高校,北京林业大学制定了联盟统一的课程建设规划,分期分批推进网络课程建设。

　　北林大还积极构建校地合作办学长效机制,加快科技成果转化,缩短林业人才孵化周期。

　　针对大兴安岭偏远地区的教育扶贫,北林大继续教育学院与大兴安岭林管局合作,开发了符合林区林业产业特点的、帮助农民创业脱贫的网络资源课程,目前已通过网络培训平台免费开放护林员培训、苗木种植培训等相关网络课程。

　　北林大还积极构建了适合花木企业实际的电商运营体系,制定了培训规划和针对不同层次需求的在线培训方案。北林大计划通过在线学习形式,对2.5万人次开展电子商务基础知识培训,帮助企业人员掌握网上销售操作。此外,北林大还计划针对2000人次的乡村镇干部开展电子商务基本政策普及和基础知识培训,通过翻转课程等,计划培训500名电商企业精英、2000人次的大学生村官、退伍军人等。

　　在计划的实施中,亚太地区林业院校网络资源的开发与合作取得了可喜进展,在助力"一带一路"中发挥了积极作用。这个项目由亚太森林组织立项资助,由北林大、加拿大不列颠哥伦比亚大学、澳大利亚墨尔本大学、马来西亚普特拉大学和菲律宾洛斯巴诺斯大学等共同执行,合作开发林业网络公开课程,通过在线课程学习、实地培训、经验与研究成果共享等创新性教学手段,促进亚太地区林业教育的发展。

《中国绿色时报》2016年6月6日

设立农村学生单招"树人"计划

为了给农村学生创造更多的学习机会,北京林业大学设立了农村学生单独招生"树人"计划,主要招收边远、贫困、民族等地区县以下的勤奋好学、成绩优良的高中农村学生。目前网上报名工作已经开始,将于5月5日结束。

来自该校招生办的消息说,该计划今年招生68人,占本科招生计划总数的2%。招理科考生,专业有林学类、草业科学(草坪科学与管理方向)、园艺(观赏园艺方向)、野生动物与自然保护区管理、水土保持与荒漠化防治、生物科学类、食品科学与工程、环境科学、环境工程、林业工程类等。

通过资料初审、复试和资格确认之后,获入选资格的考生须参加全国统一高考。高考成绩达到其所在生源省份第一批本科控制分数线,且体检符合要求,经省招办批准,由学校审查录取。

"树人"计划不占该省招生计划,北林大将根据考生高考成绩、各专业招生计划、各省市报名人数,及往年在当地的录取情况等给考生安排专业。"树人"计划考生单独排队,按照专业级差的方式确定专业。未能满足所报专业志愿的考生,可在规定的招生专业范围内调剂。

校方称,家庭经济困难考生,符合贫困标准的,可向学校申请路途和住宿补助。

《中国青年报》2015年4月16日
《中国绿色时报》2015年4月20日
《北京考试报》2015年4月29日

以绿色低碳类专业吸引考生

2015年,北京林业大学将以绿色、低碳、环保等特色专业吸引考生报考,为我国生态文明建设培养更多更好的人才。6月3日,《中国绿色时报》记者从学校举办的本科招生新闻发布会上获悉,北林大今年在31个省(区、市)招生,计划总数为3400人。

今年,北京林业大学的招生专业和专业方向达到59个。为增加考生的选择权,学校按类招生专业群在林学类、生物科学类的基础上,新增加了林业工程类和计算机类。其中,林业工程类下设木材科学与工程、家具设计、林产化工、制浆造纸等专业及专业方向,计算机类下设计算机科学与技术、物联网、数字媒体技术及网络工程等专业及专业方向。学生入学统一进行基础平台教育,第二或第三学期开始按专业方向培养。之前只招理科生的自然地理与自然环境、商务英语专业,只招文科生的英语专业,调整为文理兼招,进一步扩大考生的选择范围。对有政策性加分的考生,北林大将实行"一加到底"的政策,在提档和录取进专业时均按加分后的分数计算。

北京林业大学的林学、风景园林学在教育部一级学科评估中排在全国之首,园林、园艺等专业依托的学科是国家级重点学科,生物科学专业是教育部的国家生物学理科基地;林业工程类专业、食品科学与工程专业等,研究和利用的对象是生物质材料和绿色低碳材料。学校野生动物与自然保护区管理、环境科学、环境工程等特色专业对考生有很大吸引力;水土保持与荒漠化防治、土木工程、生物科学、观赏园艺、城市规划、风景园林、园林、城市规划等优势专业的供需比例为1:10,培养的毕业生深受用人单位的好评。

《中国绿色时报》2015 年 6 月 10 日

博士生审核制试点学科扩至 13 个

以往凭借统一入学考试成绩录取的博士生招生办法正在发生改变。北京林业大学博士研究生招生试行"申请－审核"的新制度,试点学科已扩大到 13 个。

北林大研究生院招生办公室 10 月 12 日发布消息,在 2015 年生态学、森林保护学及森林培育 3 个学科试点的基础上,明年试点的范围将进一步扩大,新增植物学、微生物学、细胞生物学、生物化学与分子生物学、计算生物学与生物信息学、森林生物资源利用、林木遗传育种、园林植物与观赏园艺、野生动植物保护与利用、湿地生态学等学科。

"申请－审核"制的招考方式取消了以往学校统一组织的笔试,改由学科根据审核考生的申请材料,直接确定进入复试的考生名单。在复试阶段,对申请者的科研能力及综合能力进行全面考查后择优录取。这一改革打破了传统的由"入学统一考试成绩决定录取"的限制,强化了导师、学科和学院在博士研究生选拔录取中的自主权,增强导师和学生双向选择的透明度和匹配度,有利于学科选拔出具有科研潜力的考生。

目前,13 个学科的审核制招生简章正式发布,已获全日制硕士学位或全日制应届硕士毕业生均有资格报名。各学科侧重审核报名者的专业基础、科研能力和学术潜力,对第一作者发表的论文数量、科研成果等均有相应要求。

《中国绿色时报》2015 年 10 月 15 日

特殊类型招生启动

北京林业大学 2016 年特殊类型招生工作近日启动,面向全国招收设计类新生 180 人、高水平艺术团 34 人。高水平运动员招生简章也将于近期公布。

《中国绿色时报》记者从北京林业大学招生办了解到,设计学类招生将在 7 个省(市)组织 9 场专业考试,其中北京校本部举行 3 次考试。学校根据校考成绩,按 4:1 的比例做分省计划,文化课成绩(折合成百分制)和专业课成绩各占 50% 计算出综合分数,不分文理科,按分数高低择优录取。高水平艺术团招生项目包括民乐类、管弦乐类、舞蹈类、声乐类、播音主持等五大项。最终认定合格者可享受高考成绩低于学校调档分数线 20 分,且不低于其所在省(区、市)第一批本科控制分数线的优惠政策,特长水平特别突出者可享受降至一本线录取的政策。

《中国绿色时报》2016 年 1 月 15 日
《北京晚报》2016 年 1 月 20 日

2016 年自主招生 170 人

北京林业大学日前公布 2016 年自主招生简章,面向全国招收具有学科特长和创新潜质的高中毕业生,招生计划的上限为 170 人。

北京林业大学将自主专业分为林学类、生物类、工学类、园林类、外语类等,考生可根据自身兴趣及学科特长选择其一报考。获得自主认定的考生,可获得降至第一批本科控制线或第一批次本科模拟投档线录取的优惠政策。

考生通过"试点高校自主招生报名系统"报名,并邮寄书面申请材料。学校将组织专家组对考生材料进行审核,4 月 30 日前公布初审合格名单,并报教育部阳光高考平台公示。复试于 6 月 12 日举行,分为笔试和潜能测试。复试全面考察考生的理想、品德、诚信等素质,侧重考查学生的学科特长和创新潜质。6 月 22 日根据相关测试成绩公布认定自主招生资格的考生名单并进行公示。

学校招生部门提醒考生和家长,自主招生的定位是选拔具有学科特长和创新潜质的考生,并不是所有成绩好、综合素质高的考生都适合报考自主招生。自主招生的附加材料要能佐证自己在某个学科的特长和专业兴趣,如参加相关学科竞赛、实践活动或者研究性的学习等;获自主招生资格的考生,在高考志愿的自主批次报考,只能报考通过条件里的专业,不能跨条件报考专业,并选择是否服从专业调剂。不服从专业调剂的考生,如所报专业都未满足,学校将予以退档。

《北京晚报》2016 年 3 月 18 日

《中国绿色时报》2016 年 3 月 23 日

《中国科学报》2016 年 3 月 24 日

为农村考生开辟绿色通道

《中国绿色时报》记者日前从北京林业大学获悉,今年,北林大本科招生计划总数的 2%,将用来专门招收贫困、边远和民族地区的农村考生。

为促进义务教育均衡发展、畅通农村和贫困地区学生纵向流动渠道,北林大启动了农村学生单独招生"树人"计划,招生数量为 68 人。招生对象为在边远、贫困、民族等地区县(含县级市)以下高中里的勤奋好学、成绩优良的农村学生,具体实施区域由所在的省(区、市)确定。申请的考生需同时具备符合统一高考报名条件;本人及父或母亲或法定监护人户籍地在农村,具有当地连续 3 年以上户籍;本人具有户籍所在县高中连续 3 年学籍并实际就读等 3 项条件。

该计划今年招收理科考生。专业包括林学类、草业科学(草坪科学与管理方向)、野生动物与自然保护区管理、水土保持与荒漠化防治、食品科学与工程、环境科学、环境工程、林业工程类、机械设计制造及其自动化、车辆工程等。考生高考成绩达到所在地第一批本科控制分数线,且体检符合要求,经省级招办批准后,由学校审查录取。家庭经济困难考生符合贫困标准的,可向学校申请面试所需的路途补助及住宿补助。

据悉,有关部门将对申请材料进行资格初审,结合当地资格审核情况、考生报名材料确定名单,于 5 月 30 日前公示。初审合格考生到校参加复试,测试形式为笔试和面试。笔试内容为数学;面试重点考察学生培养潜质和综合素质。取得入选资格的考生须参加全国统一高考,农村学生单独招生填报志愿方式及填报时间等以当地省级招生考试机构规定为准。

《中国绿色时报》2016 年 4 月 8 日

新增木结构材料专业

北京林业大学今年新增设的木结构材料与工程专业开始招生。这个专业是顺应国家大力发展绿色建材及装配式建筑的理念,重点针对木结构材料、木结构设计、木结构工艺及工程等领域而开展的人才培养和科学研究,是国内新兴的专业方向。

另据了解,该校有几个专业改为按大类招生。信息管理与信息系统(管理信息方向)、电子商务这两个专业按照"管理科学与工程类"招生;工商管理、市场营销、人力资源管理、物业管理4个专业按"工商管理类"招生;包装工程专业纳入林业工程类招生。这是为了适应新的招生考试制度改革,在厚基础、宽口径的原则上,实现低年级大类培养、高年级分专业培养。

新生入学后有两种转专业的方式:一是参与梁希实验班的选拔;二是高考分数高出本省重点线100分(750分制)以上的考生入校后可在相应科类招生专业中重新选择,但分数要达到所选专业在考生所在生源省录取的最低分。

学生大一学年后有两种转专业的方式:一是大一学习成绩名列本专业前1/3者(含1/3)有资格提出转专业申请;二是大一学年结束后,在同一生源省份,高考分数不低于拟转入专业当年录取最低分数线者有资格提出转专业申请。

学校和加拿大不列颠哥伦比亚大学(UBC)自2013年起联合实施生物技术、木材科学与工程专业本科教学项目,学制五年(学生前三年在北京林业大学就读,后两年在UBC大学学习)。学生毕业后可获得两个学校相应的本科学位。这两个专业放在统招专业里,只录取有专业志愿的考生。

有关负责人介绍,在单科成绩方面,该校有两个中加合作办学项目——生物技术、木材科学与工程专业要求考生英语成绩达到100分以上。其他专业没有作单独要求。

《中国绿色时报》2016年4月27日
《中国花卉报》2016年5月20日

2016年按类招生扩为七大类

北京林业大学推出志愿报考的个性化指导。学校承诺,将与每一位咨询的考生、家长有针对性地交流,帮助其全面了解情况,详细解读招生政策,探讨志愿填报。咨询月活动将于6月30日结束。

6月2日,北林大在北京举办招生咨询新闻发布会,向社会发布今年高考招生信息,全面解读了招生政策、计划投放、优势专业、办学特色等情况。今年,该校本科计划招生3400人,招生专业和方向为60个。

考虑到考生报考时对专业了解不够、认识不足,北林大稳步推进按类招生。每大类在一年级时打通基础课,帮助学生对专业有较全面的了解后,二年级选择专业。今年新增加了工商管理类、管理科学与工程类两个招生大类,使按类招生专业扩展到7类。工商管理类下设工商管理、市场营销、人力资源管理和物业管理等4个专业;管理科学与工程类下设信息管理与信息系统(管理信息方向)、电子商务两个专业。此前推出的招生类别有林学类、生物科学类、计算机类、林业工程类、设计学类。

今年招生的另一个变化是,新增设了木材科学与工程(木结构材料与工程方向)专业,在林业工程类进行大类招生。包装工程专业也并入此大类招生。有关负责人称,新增的专业是为了顺应国家大力发展绿色建材及装配式建筑的理念,重点培养木结构材料、木结构设计、木结构工艺及工程等领域的高级人才。

《中国绿色时报》2016年6月7日

2017年招研究生2000人

2017年研究生招生网上报名将从10日开始。记者日前从北京林业大学获悉,该校明年

研究生招生规模将达2000人,包括全日制硕士生、博士生以及新增的非全日制硕士生。

据介绍,明年北林大新增了200多名非全日制硕士研究生的招生计划,主要用于招收工商管理硕士、公共管理硕士、旅游管理硕士、林业硕士、风景园林硕士等学科领域的学生。非全日制研究生和全日制学生在入学考试科目、录取、培养和毕业标准等方面完全一致,但培养过程可采用多种方式、非脱产进行,时间安排相对灵活,学制一般也稍长。

该校新成立的马克思主义学院将招收马克思主义理论研究生,研究方向为马克思主义基本原理、思想政治教育专业、马克思主义中国化研究和中国近现代史基本问题研究;计算机软件与理论和计算机应用技术两个二级学科合并,改为按

计算机科学与技术一级学科招生。

此外,该校新增了"退役大学生士兵"专项硕士研究生,招生计划为 10 人。凡高校学生应征入伍退出现役且符合报考条件者均可报考。

明年北林大招生中,博士生"申请－审核"制招生的学科范围也进一步扩大。2017 年除了报考经管学院和人文学院博士生的考生仍需参加学校统一组织的入学考试外,其他学院的工学、农学和理学门类学科的考生将通过"申请－审核"制进行考核选拔。北林大表示,预计 2018 年将在全校实行"申请－审核"制博士招生。

《北京晚报》2016 年 10 月 5 日

《中国绿色时报》2016 年 10 月 3 日

《中国科学报》2016 年 10 月 13 日

《中国花卉报》2016 年 12 月 22 日

"泥腿子"院士关君蔚

关君蔚,中国工程院院士、北京林业大学教授,著名水土保持学家,我国水土保持领域的奠基人和开拓者。创办了中国第一个水土保持专业和水土保持系,建立了具有中国特色的水土保持学科体系,在山区建设、泥石流治理、防护林体系理论基础等研究领域取得了重要成果,为中国水土保持事业的发展作出了突出贡献。主编了全国第一部水土保持教材《水土保持学》及《水土保持原理》等多部教材和专著,发表《我国防护林的林种和体系》等50多篇论文。获1979年全国科学大会的奖励和国家林业局首批林业科技重奖,并获"全国水土保持先进个人""全国防沙治沙标兵""全国优秀教师"等称号。

与边区农民的感情"金不换"

放弃了进林垦部当科长的机会,谢绝了筹建察哈尔林业局的邀请,关君蔚离开北京到了河北农学院,虽然被低聘为讲师,他还是选择了教书。时任河北省政府主席的杨秀峰兼任河北农学院院长。1949年的一天,杨院长把教师们召集在一起做动员:"全国就要解放了,但老解放区的乡亲们还十分贫困。希望大家踊跃下乡,帮助老百姓建设山区,过上好日子。"

到山区去,对关君蔚是个考验:从小生活虽不十分富裕,但也还算小康;在日本留学几年,也没吃多少苦;生长在东北的他,对河北山区几乎没有任何概念。"总不能叶公好龙吧?"搞水土保持的,到山区去一定会有作为!关君蔚把西装一脱,换了身新做的土布衣服,一头扎进了河北平山。开始,他还是在国外念书时的习气,见了村书记一鞠躬,说:"请多多关照"。书记一把扶起他说:"我们这儿不兴这个。你能到深山最艰苦的地方来,和我们一起建设山区,我们打心眼儿里欢迎。"他被安排在村里条件最好的农家住宿。大娘怕他睡不惯大通铺,专门收拾出间小屋,把舍不得用的陪嫁棉被抱了出来。吃派饭时,虽然只有粗粮、野菜,但乡亲们想着法儿变花样,把最好的吃食留给他。有一次,他在野外考察,忙得忘了吃饭。大娘拎着饭罐子漫山遍野地转,嗓子都喊哑了,终于找到了他。他感动地扒开用椴树叶裹着的饭团子,发现里面竟是黄黏米!而这家人家平时都是吃糠度日的啊!县长看到他上山下沟,辛苦得像个"土人",强迫他坐下来,亲手为他洗头、理发……

从那时起,一个血气方刚的热血青年,逐步变成了和广大农民密不可分的一分子。一位在书斋里做学问的教书先生,开始一步步把坚实的脚印镌刻在祖国的大山、荒漠。从那时起,他就和中国的老、少、边、穷地区结下了难解之缘,足迹真的踏遍了祖国的山山水水。大半辈子在山沟里治山、治水,和老乡们同吃同住,关君蔚和很多乡亲们亲得像一家人。问他最大的财富是什么?他说:"我跟边区人民'金不换'的感情。"

在调研的基础上,他提出了"水土保持效益、经济效益和社会效益同步实现",总结出了山区土地利用规划的新方法。直到今天,老少边穷地区上了年纪的老乡还会背这样一首民谣:"远山高山松柏山,近山低山花果山,川道变成米粮川,幸福生活万万年"。这是他为了普及土地规划原则而编写、教唱的。1985 年,这一新方法被国家农业区划委员会作为规范在全国推广应用,成为国家农展馆长期保留的展览内容。他提倡"靠山吃山要养山,充分挖掘山区土地多种多样的生产潜力",提出以林促牧、以牧养农、多种经营、综合发展,解决了"滴水归田"等提高旱地粮食产量的实际问题。

10 万斤小米办大事

清水河遭遇泥石流后,考察归来的关君蔚找到杨秀峰:"治理泥石流不难,但我要两样东西:钢筋和水泥。"杨秀峰拍拍空空如也的衣兜,说:"别的没有,只有小米",随手写了张条子:"小米 10 万斤"。他悻悻地走回村口,听见了响亮的锣鼓声。他以为有人办喜事呢,走近之后才知道乡亲们是欢迎他呢。村长拍着他的肩膀说;"两天前,全村人就从电话里知道你背着十万斤小米回来了。我们都不知道怎么感谢你!"

关君蔚犯难的事儿,老乡们却拍起了胸脯:"没水泥,咱烧洋灰!"关君蔚带领老乡们用土办法修了防护工程。腊月十五,温度骤降,他放心不下,专程赶去看。他发现全村的麦秸、高粱秸、玉米秸都堆积在里面,将工程覆盖得严严实实。拆开秸秆,外面滴水成冰,沟里却是一派春天的气象。"这就是我们的老百姓啊!"关君蔚感慨不已:"老区人民是我最崇敬的。他们久经磨难,不但能在条件恶劣的边区生活,而且还用生命支援了革命。没有他们,更没有我关君蔚的今天。"

降服泥石流这条"龙"

1950 年夏,北京门头沟爆发大规模泥石流,摧毁了房屋、农田,吞没了数条生命。洪水消退后,站在没膝的泥浆里,他的心里在颤抖。从日本留学归来已经 9 年,专攻"理水防沙"的他,真正地面对泥石流,这还是第一次。"不能'躲'在讲台上了,要踏踏实实做点事情!"他坐不住了。他住在了村里,没日没夜地研究起来。他有针对性地提出了治理方案,和乡亲们一道挥汗苦干,整整两年高质量地完成了工程。至今,那里又经历过 3 次规模超过当年的暴雨,泥石流却再也没有发过威。

1972 年的一个雨天,昆明开往东川的列车呼啸着穿过山岭。他突然神情一震,急急地拍醒随行人员:"东川不去了!下站去监测站。雨再下,这里就会发生泥石流……"果然,当晚来势凶猛的泥石流就真的冲断了铁路。他一头扎进满目狼藉的山沟,考察水道、分析植被,一忙就是一个多月。深山里茶饭简陋,大家都怕委屈了这位"大专家"。他笑着说:"别看我不到 100 斤,比你们都耐折腾!"这次考察,他积累了满满两大本资料,拍摄了几卷胶片,对云南小江流域山区情况做了全面了解。

在与泥石流"较劲"的大半个世纪里,多数时间他都是这样"东跑西颠"。为了取得可靠的动态数据,他只身一人在山上观测,在被看山人遗弃的破石头屋里度过了两个雨季;为了向老乡讨教防治泥石流的"土方子",他当了 3 天义务"羊倌儿",边赶着羊群漫山遍野地转,边听老牧人讲泥石流爆发前的种种迹象。每次泥石流刚过,他抄起工具一溜烟地跑了,丢下一句"我去水势最凶的沟里看看"……经过多年摸索,关君蔚终于"破解"了泥石流爆发的"密码",使我国的泥石流预报达到了分期预报、动态追踪的前沿水平。他提出"因害设防,生物措施与工程措施相结合"的中国特色综合治理方案在全国开花。他的"石洪的运动规律及其防治途径的研究"成果,获得了 1979 年首届全国科学大会奖。

2006 年 2 月 17 日,年近九旬高龄的他得知菲律宾爆发泥石流的消息,连夜给时任副总理的回良玉写了建议书。3 月 30 日,他等到了一直盼望的反馈——"泥石流是我国的心腹之患,首都北京就在泥石流包围之中。为了 2008 年奥运会能经受住雨季考验,建议责成水务局和园林绿化局立即深入普查山区预防体系……""要快!要在今年汛期前拿出方案来。"关君蔚重复着这句话,思绪飞到了北京远郊的清水河、琉璃庙……这些如今绿树成荫的地方,他走过不下数十遍。不是为了看风景,而是为了实现"降龙之志"。在他看来,泥石流是一条猖狂却并非不能被制服的"恶龙"。

写在黄土地上的论文

走进黄土高原的腹地,站在六盘山之巅,俯瞰由黄色和绿色交织而成的宁夏西吉县。当地的乡亲们,至今还记得关君蔚为黄土高坡的苏醒付出的努力。

过去的西吉是"山上比院里光,院里比炕上光。"1980 年,全县森林覆盖率仅剩 1.7%。关君蔚带着师生来到了这块贫穷和落后的土地。他与当地领导和技术人员一道进行艰苦的调查,编制了全县水土流失综合治理规划和农业发展区划,将西吉千疮百孔的面貌带进了北京城,带到了世界粮食计划署。百姓们好奇地问,"北京来的白发教授要干什么?"很快一个重大消息就传开了,西吉被列入世界粮食计划署的受援县。破坏了的生态平衡恢复起来谈何容易?多少个夜晚彻夜不眠,他苦苦地思索着。他没有住在县里安排的招待所,而是带着师生们跑进了山里,住进了农户,一住就是几个月。矮小的土坯屋,苦涩的咸水,单调、缺少蔬菜的伙食,他都没有在意。白天爬山一身土,晚上无电点油灯,一笔一笔地用心勾画着西吉科学的治理方案。

西吉不仅作为世界粮食计划署受援县,而且还成为黄土高原综合治理科学试验基地县、"三北"防护林工程重点县。他的担子也越来越重了。他多少次为全县各级干部和群众作报告。他提出了"以灌草为主,草、灌、乔相结合,建设防护林体系"的建议,在科学合理制定和实施治理方案中起到了很大的促进作用。他建议,在黄家二岔建设一个小流域综合治理试验示范区。通过综合治理带来了显著的经济效益和生态效益,解决了全县造林种草初具规模之后怎样提高经济效益的问题。此项科研成果获得了国家科技进步二等奖。

大学教授、大学生穿着简朴,和农民一起植树种草,不取额外报酬,使世界粮食计划署驻北京代表布朗女士尤为感动。她拉着关君蔚的手说:"这种情况在世界少有。"世界粮食计划署对工程情况作出了中期评价:"投资最低、面积最大、条件恶劣、质量最高。这是世界人工最佳工程之一。""把论文写在大地上。"这句话的最早出处,就是一位中央领导同志考察西吉时,对他和北林大师生扎根黄土地的赞誉。

黑板上造不出林子来

"在黑板上造不出林"。关君蔚长年累月带着学生深入山区。每年5月到10月,水土保持专业都在外"流动教学"。他和学生们一起吃住,一起钻山沟,被老乡们亲切地称为"孩子王"。如今的中国科学院院士崔鹏,是关君蔚培养出的第2个博士生。直到毕业后,关君蔚还多次找他谈心:"你得到了荣誉,但躺在上面睡大觉是危险的。不断钻研,才是我们要时刻提醒自己的!"

2004年,关君蔚获得我国首届林业科技重奖,得奖金50万元。除了留出一部分科研经费外,他拿出了30万元,设立了特别奖学金。"奖励那些来自老、少、边、穷地区,立志为改变山区面貌而工作一辈子的大学生。"他笑着说,"要培养一批'永久牌'山区干部"。他的办公室,如同水土保持档案馆。他在野外调查时拍的照片,足足1万来张。1952年,前苏联专家首次带到中国一些彩色胶卷。他用来拍摄了在塞罕坝野外调查时的情景。两个大橱柜里,装的全是野外实拍的资料。每一张照片,都是他探索路上留下的足迹。后来,他有了小型摄像机。开始用录像带记录野外调查的足迹。49盘、每盘两小时的录像带整整齐齐地摆在那里,无言地证明着他为中国水土保持事业所付出的宝贵岁月。还有37盘每盘3小时的另一种规格的录像带。盒子上他工工整整地写着"红黑绿前奏曲""绿色的希望"

"锦绣河山""老区纪行""塞上明珠"等字样。他从中选择编成了 10 多盘精品。耄耋之年，他以生态脆弱的老、少、边、穷地区为突破口，运用现代科学技术成就，建立了"生态控制系统工程学"。他撰写的书稿被列入院士系列丛书出版。

为中国水土保持学科奠基

关老是我国水土保持的元老。为了创建有中国特色的水土保持学科体系，他进行了反复的研究和探索。对水土保持的定义、目标、理论基础、内涵和边界做了科学系统的论述。他带领大家结合中国实际，编写出了《水土保持学》及《水土保持原理》等教材。他的观点，有的被收入《中国大百科全书》，有的被《中华人民共和国森林法》《中华人民共和国水土保持法》引用。

他根据中国的实际情况，努力将世界上几个主要国家的水土保持科学成就融合在一起。在此基础上，发展创新为具有中国特色的水土保持科学理论，使其成为具有世界水平的水土保持学科体系。早在 1949 年，他在河北农学院的讲台上开设了"水土保持"课。1957 年，全国林业院校成立了水土保持专业委员会，他担任主任委员，主持研究并制定了专业、课程设置和教学大纲等。同年高校创办水土保持专业，北京林学院（现北京林业大学）承担了这个任务。他和同事们克服了一个又一个困难，培养出第一批水土保持专业大学生。他们改编了全国第一本《水土保持学》统编教材，为全国农林院校培训了第一批主讲水土保持课程的教师。他是第一任水土保持专业负责人，第一任水土保持系主任，全国水土保持学科第一位博士生导师。1984 年，他参加了国务院学位委员会召开的会议，就水土保持学科的特点及北京林业大学水土保持系的工作基础、师资力量和取得的成就作汇报。经学位委员会批准，中国的水土保持学科终于建立了。

时至今日，尽管关君蔚已经离开了整整 9 年时间，但他的故事，还在北京林业大学绿色的校园里流传，还在他曾经洒下汗水的祖国大地上流传。

《北京教育》2016 年 12 月 13 日

陈俊愉园林教育基金会成立

以已故著名花卉专家陈俊愉院士名字命名的园林教育基金会 9 月 21 日在北京成立。目前，基金会收到企业和个人捐款 210 多万元。

这是我国第一个面向全国园林和观赏园艺专业教育和青年科技工作者设立的永久性定向奖励基金。基金面向全国农林高校，奖励品学兼优的园林、园艺专业在校全日制普招本科生、脱产学习的研究生及 40 周岁以下的青年教师，激励他们刻苦钻研、锐意进取，推进我国园林园艺事业发展。

著名园林教育家、中国工程院院士、北京林业大学教授陈俊愉，生前主编了《中国梅花》《中国梅花品种图志》《中国花经》《中国农业百科全书·观赏园艺卷》《花卉品种分类学》《中国菊花起源》等著作，著有《巴山蜀水记梅花》等书籍。他是中国观赏园艺学界泰斗，中国园林植物与观赏园艺学科的开创者和带头人。他创造了中华梅花北移的奇迹，创立了进化兼顾实用的花卉品种二元分类法，开创了中国植物品种国际登录之先河，成为梅品种国际植物登录权威。他七十载潜心研究传统名花，荣获中国观赏园艺终身成就奖、中国风景园林终身成就奖、中国梅花研究终身成就奖。

来自全国各涉林高校的师生代表、花卉企业代表、专家学者代表80多人参加了基金成立大会。与会者回顾了陈俊愉的学术思想，研讨我国花卉业转型、升级大计，以此来纪念陈俊愉诞辰98周年。

《中国科学报》2015年9月23日

《中国绿色时报》2015年9月23日

《光明日报》2015年9月28日

沈国舫森林培育奖励基金褒奖师生

11月17日，沈国舫森林培育奖励基金再次颁奖。获得这届奖励的是中南林业科技大学教师张琳，以及北京林业大学高媛、中南林业科技大学牛芳华、山东农业大学刘秀梅、南京林业大学钱存梦和四川农业大学谢九龙等5名研究生。83岁的沈国舫院士——为获奖者颁发了奖金，并勉励他们积极投身森林培育事业。

沈国舫是我国著名的森林培育学家、中国工程院院士，国家重点学科森林培育学的学科带头人，曾任北京林业大学校长、中国林学会理事长、中国工程院副院长。以他的名字冠名的森林培育奖励基金设立于2009年，是我国第一项专门面向森林培育学科设立的奖励基金。为促进我国森林培育学科高层次人才培养，基金专门奖励优秀的研究生和青年骨干教师。此奖每年评选一次，今年是第八次颁奖。目前，已有12所院校的5名青年骨干教师、34名优秀研究生获奖。

《中国绿色时报》2016年11月28日

董乃钧林人奖励基金首次颁奖

　　3月21日,北京林业大学教育基金会董乃钧林人奖励基金颁奖大会在北京举行,全国66名优秀林业学子和林业工作者获此荣誉。原林业部副部长、中国绿色碳汇基金会理事长、董乃钧林人奖励基金评审委员会主任刘于鹤出席颁奖大会并讲话。

　　刘于鹤说,今天是3月21日,国际森林日,这也是我们林业工作者的节日。在这个很有意义的日子里,我们在全国林业最高学府北京林业大学隆重举行董乃钧林人奖励基金颁奖大会,表彰为推动我国森林可持续经营作出突出成绩的第一届和第二届董乃钧林人奖获得者,很有意义。

　　刘于鹤说,董乃钧先生是我国著名的林学家、林业教育家,是我国森林经理学科的主要开拓者之一,也是我国林业信息化事业的重要创始人,培养了大批优秀的林业建设者和接班人。董先生一生致力于推动建设有中国特色的森林可持续经营管理体系,在我国林业走向现代化、信息化等方面作出了巨大贡献。广大林业工作者要继承董先生遗愿,奋发图强,开拓创新,加强对我国森林可持续经营的探索,为建立适合我国国情、林情的森林可持续经营和森林经理的理论体系和技术体系而努力。这对于优化生态环境、应对气候变化、保障国家木材安全、全面建设小康社会乃至实现中华民族伟大复兴都具有重大意义。

　　此次评选出的董乃钧林人奖获得者,是从全国各单位推荐的候选人中遴选出的,包括第一届和第二届获奖者共66名,获奖者中既有优秀林学本科生、研究生,也有林业工作者,评委会根据他们的综合业绩评定为一等奖、二等奖和三等奖,并在网上进行了公示。其中,第一届董乃钧林人奖评出一等奖10名、二等奖17名、三等奖12名,合计39人;第二届评出一等奖7名、二等奖12名、三等奖8名,合计27人。

　　2011年10月,在3家爱心企业的资助下,以缅怀董乃钧先生为背景的董乃钧林人奖励基金成立,这也是我国首个以奖励优秀林业工作者、促进森林可持续经营管理为宗旨的专项公益基金。基金由北京林业大学教育基金会规范管理。

《中国绿色时报》2015年3月25日

王礼先获世界水保学会奖

日前在塞尔维亚贝尔格莱德闭幕的第三届国际水土保持科技大会上,82 岁的中国科学家王礼先被授予"诺曼·哈德逊纪念奖"。该奖是世界水土保持学会设立的重要奖项之一,以表彰全球在水土保持研究和推广中作出杰出贡献的人物。

王礼先是北京林业大学教授,长期从事水土保持与荒漠化防治研究工作,在水土保持工程、山区流域治理和水土保持措施体系研究方面取得了显著成绩。他首次提出了荒溪分类与危险区制图,首次将计算机信息管理技术与遥感技术应用于中国山区小流域的水土流失调查和水土保持规划,将地理信息系统、专家系统引入山区流域治理。他主编了中国第一部《水土保持工程学》,界定了中国水土保持的内涵、目的、原则与措施体系。他曾被聘为《联合国防治荒漠化公约》谈判委员会顾问、全国防治荒漠化协调小组及防治荒漠化公约中国执行委员会高级顾问。他先后主持了国家、省部级重大科研课题 10 余项,获国家科技进步二等奖 3项、部级二等奖 4 项,主编、合作出版教材、著作 20 余部,发表学术论文百余篇。

《中国绿色时报》2016 年 9 月 12 日

《中国花卉报》2016 年 9 月 22 日

风景园林专家林箐获中国青年科技奖

北京林业大学风景园林专家林箐日前获得了中国青年科技奖。她汲取中国传统园林"师法自然"的思想精髓,融合西方现代风景园林理论,研究中国当代风景园林继承与发展思想体系,坚持以"风景园林价值平衡理论"为核心开展风景园林规划设计方法和实践的探索,为当代中国城镇化背景下的人居环境建设贡献了智慧。

林箐完成了 91 项有影响力的规划设计实践,其中有杭州西湖西进、杭州植物园更新、济南大明湖和环城水系等,曾在法国、新加坡设计建造展览花园,设计成果在德国、西班牙和韩国展出。她曾获 9 项国际重要奖项以及 13 项国内风景园林重要奖项。

在杭州江洋畈生态公园设计中,林箐通过维护和延续这片西湖疏浚淤泥地的独特自然演替过程,创造了人与自然相和谐的生态公园典范,获 2013 年中国风景园林学会优秀规划设计一等奖、2013 国际风景园林师联合会亚太区景观管理类杰出奖、2011 年英国国家景观奖。在厦门园博园规划中，她将场地中的鱼塘巧妙地转变为城市新区公园，创造了独特的景观形式，维护并延续了场地的自然特征和历史文脉，获得 2007 年美国风景园林师协会分析与规划类荣誉奖。

在 2001 年完成的杭州西湖西进规划中，林箐将西湖空间拓展与杭州城市结构更新相结合，率先运用涉及社会、生态、水文、城市、文化等多因子的叠加分析方法，探索价值平衡的规划途径，从而实现西湖湖西地区乃至整个西湖地区的环境整治、生态恢复、文化保护、资源利用和旅游发展。该项目的实施产生了巨大的社会效益，获得 2003 年中国十大建设科技成就奖。该规划还获得 2011 年国际风景园林师联合会亚太区规划类主席奖、2010 年美国风景园林师联合会分析与规划类荣誉奖。

林箐相继出版《西方现代景观设计的理论与实践》《欧洲新景观》《北欧国家的现代景观》等书籍，其中《西方现代景观设计的理论与实践》被广泛作为高校教材和设计师参考用书。她于 2002 年发表《现代景观的价值取向》，系统论述风景园林与自然、社会、艺术、生态、技术、经济等因素间的平衡关系，被学术界广泛引用和参考。

《中国绿色时报》2016 年 6 月 7 日

王向荣林菁获英国国家景观奖

日前，英国国家景观行业协会公布了 2015 年度英国国家景观奖获奖名单，北京林业大学园林学院王向荣教授、林箐教授主持设计的烟台福山青龙山文化广场，获得国际类英国国家景观奖。

一年一度的英国国家景观奖是英国景观行业的最高荣誉之一，颁给有杰出专业素养与技能的景观设计师。

青龙山文化广场位于烟台市福山区，2014 年建成，面积约 11 公顷。设计师首先划分功能区域，将停车场安排到场地两侧，此举既可充分利用边角地块，又保证了中心部分的完整性。环绕建筑留出消防通道，并在建筑前面留出较大的空间以举办大型活动，其余的场地可用作各种休闲活动和商业空间。

专家在评价中指出，设计师利用场地现有条件，通过对空间的层层划分有效地减小了场地的尺度感，获得不同功能的人性化空间；运用恰当的设计策略和设计语言，将一系列看似毫不相关的要素，联系成一个浑然天成的充满艺术气息的整体。

据悉,这是王向荣教授团队第4次获此殊荣。此前获奖的项目是"四盒园"、"杭州江洋畈生态公园"和"槭树杜鹃园"。

《中国绿色时报》2015年12月29日

《中国花卉报》2016年1月14日

王向荣林箐五获英国国家景观奖

英国国家景观行业协会刚刚公布了2016年度英国国家景观奖获奖名单。北京林业大学园林学院教授王向荣、林箐主持设计的项目"山东省龙口市黄县林苑"榜上有名。这是二位教授带领的团队第5次获得这一奖项。

一年一度的英国国家景观奖是英国景观行业的最高荣誉之一,颁发给具有杰出专业素养与技能的景观设计师。

龙口市历史悠久,依山傍海,秦朝就在此设置了黄县。但长期以来,龙口市公共绿地非常不足,由于多种原因,一直没有公园。王向荣、林箐挂帅的设计团队,从2012年承担了黄县林苑设计项目。在其设计中,林苑提升为集休闲游览、健身运动和文化展示为一体的多功能、综合性城市公园,同时是龙口老城的绿心和充满艺术气息的生态绿地。经过实施,极大地丰富了景观层次,形成了南部以湖光山色为主的游赏空间、北部以运动休闲为主的活动空间。如今的林苑已成为龙口市最重要的公共绿地,每天有众多市民前往健身、活动和休憩。

据悉,王向荣和林箐团队此前获得这一奖项的项目是"杭州江洋畈生态公园"(2011年)、"四盒园"(2012年)、"杭州植物园槭树杜鹃园"(2014年)和"烟台福山青龙山文化广场"(2015年)。

《中国科学报》2016年11月26日

《中国绿色时报》2016年12月1日

《中国花卉报》2016年12月9日

戴思兰获中国观赏园艺特别荣誉奖

7月19日,中国园艺学会观赏园艺专业委员会将特别荣誉奖授予北京林业大学教授戴思兰,以表彰其在观赏园艺领域教学、科研以及在菊花历史文化、遗传育种及分子生物学研究领域的突出贡献。

为鼓励观赏园艺领域中研究学者的贡献,从 2013 年起设立了"中国观赏园艺年度特别荣誉奖",至今有 7 位学者获奖。戴思兰是首位获此殊荣的女性。

戴思兰从教 30 年来,致力于园林植物遗传育种学的教学和科研工作。承担本科生、研究生的《园林植物遗传育种学》和《现代生物技术与观赏园艺》《分子遗传学》和《植物基因工程原理》等课程。她主讲的《分子遗传学》是学校精品课程。她主持编写了国家级高等教育"十五"和"十一五"规划教材《园林植物遗传学》和《园林植物育种学》,主编"十二五"规划教材《园林植物遗传育种学》。她主持和承担了国家自然科学基金项目、国家"863"计划项目、国家科技支撑计划项目等多项科研任务。

多年来,她对观赏植物品种演进和亲缘关系进行了探讨,提出了用植物系统学方法研究观赏植物品种亲缘关系及起源的思想。她率先将分子生物学技术引入观赏植物研究中,带动了国内观赏植物遗传多样性及品种演化与亲缘关系的研究。

1988 年起,她师从中国工程院院士陈俊愉,进行栽培菊花起源的研究,并不断拓展菊花研究领域。从种质资源收集、历史文化研究到花色、开花期和抗逆性等观赏品质形成机理、品种改良的方法和技术以及产业化生产技术等方面,开展了一系列富有成效的工作。

她在菊花花色形成的分子调控机理上的研究取得了系列成果,特别是对中国栽培菊花的起源及近缘野生种间的亲缘关系,进行了较为深入的研究并取得重要突破;阐明了参与菊花起源的主要菊属植物种间的亲缘关系;研发的盆栽小菊品种入选为 2008 年奥运用花;研发了"切花菊产业化周年生产技术""盆栽菊花产业化周年生产技术"和"中国传统菊花产业化栽培技术"。她主持完成的"菊花品种及其近缘种间亲缘关系的遗传研究"获全国高校科学研究优秀成果奖自然科学二等奖。

戴思兰教授还出版了专著《中国菊花全书》。她领导的菊花育种团队被北京市园林绿化局授予"北京市花卉育种研发创新团队"称号。

《中国绿色时报》2016 年 8 月 2 日

《中国科学报》2016 年 8 月 4 日

《中国花卉报》2016 年 8 月 9 日

康峰获全国高校教师教学竞赛一等奖

在 8 月 31 日结束的全国高校青年教师教学竞赛决赛中,北京林业大学副教授康峰脱颖而出,获工科组全国总决赛一等奖,在 5 名一等奖获得者中排名第二。

据了解,竞赛由中国教科文卫体工会全国委员会主办。决赛分文、理、工科 3 个组别。经各省选拔,全国 31 个省(区、市)78 所高校的 93 名选手入围全国总决赛。比赛现场要求,选手要在 20 个教学内容中随机选择一个,一小时后开始授课比赛,在课后马上撰写教学反思。教学设计、课堂教学以及教学反思等各个环节均需接受评委打分;根据比赛要求,选手需完成 20 个学时的教学设计、与之对应的 20 个教学节段的 PPT、教案等。康峰参赛课程是"机械原理"。

此前,康峰在北京高校青年教师教学基本功比赛中获理工类 A 组一等奖第一名,同时获最佳教案奖、最佳演示奖,是北京高校中唯一被推荐参加全国工科组总决赛的选手。

《中国绿色时报》2016 年 9 月 9 日

张启翔当选国际园艺生产者协会副主席

近日,在法国召开的国际园艺生产者协会春季会议上,北京林业大学教授张启翔当选副主席。

国际园艺生产者协会是各加盟国组织成立、由专业人士构成的国际协会组织,我国于 1994 年成为该协会成员国。其主要工作为举办世界园艺博览会等国际会议、展示会等,奖励在专业技术研究开发和传播方面取得成就的园艺工作者。

张启翔是北林大园林植物与观赏园艺国家重点学科带头人、国家花卉工程技术研究中心主任,主要从事园林植物种质资源、育种和花卉现代化栽培技术的研究和教学,主持承担国家自然基金等重大课题 30 余项。

《中国科学报》2015 年 4 月 9 日
《中国绿色时报》2015 年 11 月 11 日

王彬任世界水保学会青委会主席

国际水土保持青年论坛 10 月中旬在江西省南昌市闭幕,北京林业大学水土保持学院青年教师王彬当选世界水土保持学会首届青年委员会主席。

本次论坛的主题是"青年——水土保持的未来"。美国、英国、奥地利、西班牙、澳大利亚、意大利、塞尔维亚、中国等国家和地区的国际著名水土保持专家、青年学者 150 多人参加论坛。王彬受邀作了有关中国土壤可蚀性研究的大会报告。

王彬今年 32 岁,主要从事土壤侵蚀过程机理与预报、生态修复环境效应评价、气候变化影响评估等方面的研究,主持与参与国家自然科学基金项目、"973"项目等国家级项目 5 项,发表多篇论著。

论坛围绕土壤侵蚀过程与防治、全球变化与水土保持对策、土地退化与粮食安全、流域管理与可持续发展、青年与水土保持发展、水土保持教育与科技发展、工程建设与水土保持、新技术新材料在水土保持中的应用等诸多水土保持领域的科学前沿问题,进行了深入探讨、交流。

世界水土保持学会 1983 年 2 月在美国成立,有会员 5000 多人,来自 120 多个国家和地区。为鼓励和吸引更多青年参与水土保护事业,并为他们提供更多的机会和平台,学会倡议成立了青年委员会。今年的论坛就举办了多场以青年为主体的学术报告。王彬除了受邀作大会报告,他提交的论文还被学会评为优秀青年论文。

《中国科学报》2015 年 10 月 29 日
《中国绿色时报》2015 年 10 月 30 日

张厚江当选国际木材组织委员

在刚刚结束的第十九届国际木材无损检测大会上,北京林业大学教授张厚江作为亚洲唯一代表,当选国际木材无损检测大会国际组织委员会委员。

近年来,张厚江在活立木、结构材、人造板和古建筑木构件评估等方面的研究中取得了系列成果。他所带领科研团队的应用成果对明十三陵、天安门、天坛等处的木建筑进行了检测和评估。

国际木材无损检测大会每两年召开一次,目前已成为木材无损检测领域的权威盛会。

《中国绿色时报》2015 年 10 月 30 日

雷光春当选湿地公约科技委专家

10 月 1 日,北京林业大学教授雷光春被任命为《湿地公约》科学技术委员会科学专家,成为该组织全球仅有的 6 名科学专家之一。

科学技术委员会由全球湿地科学技术领域的知名专家组成,专家经湿地公约缔约国大会常务委员会任命,分为技术专家与科学专家,属独立个人,不作为所在国代表。科学技术委员会服务于湿地公约全球履约过程中的专业科技咨询,包括修改与更新行动纲领、提交技术报告等。

科学技术委员会第 19 次会议将于今年 11 月 2 日－6 日在瑞士格兰德召开,是新委员会成员举行的第一次工作会议,主要商讨 2016－2018 年度科技工作计划草案。

雷光春是北林大自然保护区学院院长,曾任湿地公约秘书处亚洲协调员、秘书长亚太事务高级顾问,负责亚太地区 66 个国家的公约履约协调工作。他自 1988 年起,从事自然保护区管理和研究工作。在湿地恢复与流域综合管理研究中,他在中国首次提出了生命之河与洪水型经济概念。

他建立了流域范围内湿地恢复的三维模型,在长江中游进行了成功的示范与推广,使得参与湿地恢复的数千家农户经济收入翻番。该示范项目被世界自然基金会授予自然保护创新奖。

《湿地公约》全称为《关于特别是作为水禽栖息地的国际重要湿地公约》,缔结于 1971 年,致力于通过国际合作,实现全球湿地保护与合理利用,是当今具有较大影响力的多边环境公约之一。《公约》现有 169 个缔约国,我国于 1992 年加入。

《中国绿色时报》2015 年 10 月 12 日
《中国科学报》2015 年 10 月 13 日

邬荣领教授入选美国科学促进会会士

在 2016 年度美国科学促进会刚刚公布的会士入选名单中,北京林业大学教授邬荣领入选。

据了解,美国科学促进会是世界上最大、历史最悠久的学术组织之一。其宗旨是推动科学家间的合作,激励科学使命,支持科学教育。截至 2016 年,有 10 位主要工作单位在中国的科学家入选该会会士。

邬荣领之所以入选,理由是他在统计遗传学领域做出杰出贡献。他发明的"功能作图"理论,有力推进了利用遗传信息预测复杂性状表型的研究进程。

据介绍,2010 年入选国家"千人计划"人才项目后,邬荣领到北林大工作,带来了计算生物学与生物信息学最先进的研究理念。他创建了国内为数不多的计算生物学中心,创立了计算生物学与生物信息学学科,已培养了大批优秀学生。6 年来,他发表 SCI 论文 100 多篇,内容覆盖统计理论与方法,数量遗传模型与设计,新模型在解决动植物、人类遗传问题中的应用等方面。他所提出的功能作图方法被美国著名科研团队应用,被顶级刊物重点介绍。

据悉,在 2017 年 2 月举行的美国科学促进会年度大会上,将为新会士颁发奖励证书。

《中国科学报》2016 年 11 月 29 日

《中国绿色时报》2016 年 12 月 2 日

许凤入选长江学者特聘教授

教育部日前公布了 2015 年度"长江学者奖励计划"名单,北京林业大学许凤和东北林业大学刘守新两位林业院校教授入选。

许凤是北京林业大学第 6 位"长江学者"。她是材料科学与技术学院博士生导师、国家杰出青年基金获得者,入选科技部中青年科技创新领军人才,曾获第十届中国青年女科学家奖、国家百千万人才工程"有突出贡献中青年专家"荣誉称号。

"长江学者奖励计划"是国家重大人才工程的重要组成部分。长江学者实行岗位聘任制。高校设置特聘教授、讲座教授岗位,面向海内外公开招聘。每年聘任"长江学者"特聘教授不超过 150 名。

《中国绿色时报》2016 年 5 月 11 日

陈建成入选国家"万人计划"哲社领军人才

第二批国家"万人计划"领军人才入选名单近日公布,全国共有 197 人入选哲学社会科学领军人才。北京林业大学教授陈建成榜上有名,成为全国林业院校唯一入选者。

陈建成长期从事林业经济管理教学与科研工作,是全国重点培育学科林业经济管理学科带头人。他主持和参与重大科研项目 30 余项,获省部级以上奖励 10 余项,发表论文 180 余篇,出版教材和专著 20 余部。他主持的《中国森林资源投入产出及纳入市场运作体系的研究》,获北京市科学技术奖、首届梁希林业科学技术奖;与他人合作主编的《中国森林资源管理变革趋向:市场化研究》一书,获北京市哲学社会科学奖。他是国务院农林经济管理学科评议组成员,入选文化名家暨国家"四个一批"人才工程,享受国务院政府特殊津贴,兼任中国林牧渔业经济学会副会长、中国林业经济学会常务理事兼副秘书长、中国企业管理研究会副理事长等职务。他的主要研究领域包括农林经济与管理理论及政策、公共管理等。

"万人计划"是国家高层次人才特殊支持计划,面向国内分批次遴选万名左右自然科学、工程技术和哲学社会科学领域的杰出人才、领军人才和青年拔尖人才给予特殊支持。其中哲学社会科学领军人才从文化名家暨"四个一批"人才工程入选者中遴选产生。

《中国绿色时报》2016 年 10 月 4 日

绿色经管学院掌门人

尽管陈建成早已是知名教授、博士生导师、学科带头人,但写这篇介绍他的文字时,我首先想到的还是他读大学时写人物通讯用过的一个标题。他写的具体内容早已淡忘,但"跳进水里才能学会游泳"这十个字一直深深地印在了我的脑海里。用此来概括他已经走过的道路,或许是最好的选择。

1982 年,我大学毕业留校,他入校学习。我做校报编辑,他当学生记者。前面提到的那次采访就是他学生时代的杰作。在将近 30 年的岁月里,他讲课,搞科研,写论文,破格晋升副教授、教授,再后来当了学院党委书记、挑起了北京林业大学最大的学院——经济管理学院院长的担子。虽然比他年长又早毕业了几年,但从他的身上我看到的、学到的、领悟到的更多。

因为彼此很熟，他从不主动提及在学术上、管理上取得的成绩。我大都是从别人的嘴里知道的。前不久他刚刚跻身国务院学位委员会学科评议组成员行列，成为全校6位成员之一。他领导的农林业经营管理虚拟仿真实验教学中心，成为同领域首个国家级虚拟仿真实验教学中心。于是我动了写写他的念头。

在各种场合遇到时，他总是精神矍铄、充满活力。但我知道他特别忙，除了教学、科研、管理，还身兼多个学术职务：中国林业经济学会常务理事兼副秘书长、中国林业经济学会林业技术经济研究会主任……

他的建树主要体现在绿色经济与管理、绿色行政、林业市场化、林业经济预警、创汇林业、林业教育和都市农业等领域，已经发表200多篇学术论文，主编、编著、副主编的教材、专著30多部，主持和参加30多项省部级科研项目，获省部级以上奖励10余项。

名师出高徒，他教出的学生也多有成就。他指导的博士毕业论文获内蒙古自治区哲学社会科学一等奖，一名博士后成为"新世纪百千万人才工程"国家级人选，有两人享受国务院特殊津贴。新机遇、新挑战层出不穷，容不得一切都准备好了再做。他敢为人先，大胆尝试。跳进水里学游泳，是他在专业上探索的写照。

在绿色校园浸润多年，他体会颇深：老师的价值只有在与学生的教学互动中才能真正体现。

早在14年前，他就发表了有关现代林业管理中的林业经济监测预警问题，还公开发表了《我国林业经济监测预警系统初探》论文，参编的有关专著获得了北京市哲学社会科学优秀成果二等奖。

他把足迹留在了绿色发展理论探索的道路上，填补了一些空白。他带领团队编撰出版了《绿色行政》《绿色管理》《绿色战略》等系列专著，以及《低碳经济与林业发展》《绿色发展与管理创新》等文集，还为学生开设了《绿色经济与管理》专业课程。

他系统探讨了森林资源市场化理论，撰写出版的《中国森林资源管理变革趋向：市场化研究》专著，获得了北京市哲学社会科学二等奖；主持的部级课题《中国森林资源投入产出及纳入市场运作体系的研究》，获北京市科学技术奖二等奖。这些研究成果切中了制约我国林业发展要害，呈现出理论研究的前瞻性，在同类研究中较系统全面并有创新。

中国政策性森林保险也是他关注的问题之一。他积极构建和完善我国政策性森林保险经营模式，带领博士生完成的《中国政策性森林保险发展研究》一书，获山西省社科研究优秀成果三等奖。

　　我读过他撰著的《绿色行政》一书。这是首部系统介绍和研究绿色行政的著作,系统地构建了绿色行政的基本理论框架,内容涉及环境行政、生态行政、绿色政府等基本理论问题,包括古代朴素的生态文明、绿色行政思想等研究内容,还研究了气候变化、生态危机、绿色经济等相关内容,聚焦绿色行政管理体系构建及来自国内外的绿色行政实践的应用研究内容,体现了新角度、新视野和新思路。

　　他积极研究林业在生态文明建设中的重大问题,撰写了《生态文明与中国林业可持续发展研究》等多篇论文,为地方林业干部和在校本科生做了多场学术报告,组织召开了海峡两岸生态文明研讨会。他积极向有关决策机构建言献策,多次参与国务院和有关部委政策咨询会,提出的"提倡零碳,保持低碳,走向活碳"的观点引起了社会的广泛关注。

　　在学院的管理上,他不但颇有章法,更讲求人情味。前不久,他主持起草学院治理方案时,力主将"治理"改为"成长"。"没有哪个人愿意被治理,而大家都希望能成长。"果然方案一出,得到了全院的响应。

　　他的成绩还突出体现在创办绿色 MBA 教育上。他注意发挥学校的学科优势,以绿色管理为特色,着力打造中国绿色 MBA 教育品牌。与此同时,他创建了MBA 国学教育中心,倡导用国学的思想启迪现代管理的艺术。他说,"学习国学不是简单地传承传统文化,更重要的是丰富管理经验。"短短几年时间里,他领导的 MBA 教育项目,在全国 237 所 MBA 院校中脱颖而出,获得了"中国十佳 MBA 商学院"称号,他也被评为十大 MBA/EMBA 名师。

　　在课堂上,他不以权威自居,而是参与者、引路人,与同学一起进行分析,共同寻找解决问题的方法。"合格的老师要讲师德、道德、品德、公德。厚德载物、立德树人,学生们自然会为你点赞。"

　　年轻时,他面相成熟,步入中年之后越发显得年轻。每天一大早,他都会发些正能量的微信。或是国学经典,或是人生感悟,或是思考心得,或是书法新作,众多粉丝点赞、转发,微信圈里热闹得很。他爱听地方戏曲,最爱是蒲剧,高兴时还会哼上几句。讲话时,他爱用时髦词、排比句,声洪如钟,抑扬顿挫,极具感召力,很受学生们的欢迎。

　　敲着这篇文字的时候,满脑子都是他的过去和现在。恰在此时,收到了他用微信转来的文章:"习近平的乡愁"。我会心地笑了。他知道我最近在关注"乡愁"。这就是他的风格。把别人的事儿放在心上,尽己所能,帮人之需。

《绿色中国》2015 年 09 期

王强入选北京市优秀青年人才

新一批北京市优秀青年人才入选者名单日前正式公布,北京林业大学青年教授王强成为 59 名入选者中的一员。

王强是北京林业大学环境科学与工程学院的教授、博士生导师,今年 34 岁。2012 年,王强在英国牛津大学博士后出站后进入北京林业大学工作,主要从事纳米功能材料在环境污染治理中的应用基础研究。

"北京市优秀青年人才"每 3 年评选表彰一次,主要表彰在首都经济社会发展中作出积极贡献的各领域、行业优秀青年人才。

此前,王强曾入选中组部"青年千人计划"、教育部"新世纪优秀人才"等,被评为北京市科技新星。

《中国绿色时报》2015 年 1 月 15 日

孙丽丹入选北京市科技新星计划

北京林业大学青年教师孙丽丹入选 2016 年度"北京市科技新星计划"。自2000 年以来,北林大有 15 名教师入选。目前,这些教师已成为学校的科研和学术骨干。

孙丽丹是园林植物与观赏园艺专业博士,现为国家花卉工程技术研究中心讲师。她主要从事园林植物种质资源挖掘与创新、梅花育种及木本植物复杂性状遗传机理解析研究。

在构建梅花全基因组精细图谱、提出定位异时性基因统计模型和木本植物基因印迹解析新策略方面取得了创新性进展。

孙丽丹主持和参与国家自然科学基金项目、863 计划、科技支撑计划、林业公益性行业专项等研究课题 8 项,发表 SCI 论文 14 篇,获国家发明专利 3 项、梅花新品种权 1 项,参与制定林业行业标准 2 项;曾获教育部科技进步二等奖、梁希青年学术论文二等奖等。

北京市科技新星计划由北京市财政经费支持、市科委组织实施,以项目形式资助科技人才开展科研工作。

《中国绿色时报》2015 年 11 月 27 日

彭峰入选"万人计划"青年拔尖人才支持计划

中组部日前公布了新一届国家"万人计划"青年拔尖人才支持计划人选名单，全国林业系统科研院校共有 5 人入选。

本届"万人计划"青年拔尖人才支持计划共有 354 人入选，其中自然科学类 278 人，哲学社会科学、文化艺术类 76 人。北京林业大学彭锋入选自然科学类名单。

"万人计划"是国家高层次人才特殊支持计划，是由中组部牵头实施、与引进海外高层次人才的"千人计划"并行的国家级重大人才工程。青年拔尖人才支持计划是该计划的子项目之一，每年在全国遴选 200 名左右 35 岁以下重点学科领域、具有特别优秀科研和技术创新潜能的青年拔尖人才，支持他们开展创新研究，把他们培养成为本专业领域品德优秀、专业能力出类拔萃、综合素质全面的学术技术带头人，并以此培养一批有望进入世界科技前沿的优秀学术骨干。

《中国绿色时报》2016 年 2 月 2 日

两项实举助力青年教师成长

近日，41 位新入职青年教师通过了答辩，获得了学校特设的 270 万科研启动基金专项资助。作为青年教师"基础能力培养"计划的内容之一，截至目前，该校已向 277 名新教师提供科研启动经费超过 1200 万元。在项目资助下，青年教师入职后迅速投入创新研究。

北林大培养新教师的另一举措是导师制。该校根据各自学科发展特点，严格为青年教师选配导师，充分发挥老教师在教学科研工作中的示范和传帮带作用。该校对 66 位去年入职的青年教师培养情况的考察结果表明，在导师带领下，有 63 人主持了国家级、省部级和校级科研项目，49 人在国内外学术刊物上以第一作者或通讯作者发表论文 100 多篇。

《中国教育报》2015 年 11 月 7 日

《光明日报》2015 年 11 月 10 日

新教师人人有科研启动基金

日前,北京林业大学传来消息,该校今年新入职41位青年教师刚刚通过了答辩,全部获得了学校特设的科研启动基金专项资助。为此,学校投入了270万元。这个基金项目是该校青年教师"基础能力培养"计划的内容之一。

据悉,该校已形成了"分层次、分阶段"人才培养体系,涵盖"基础能力培养""创新能力提升""拔尖人才培育""领军人才和创新团队支持"四个阶段。学校采取了系列措施,帮助新教师尽快明确个人定位、找准发展方向、发掘创新潜力,加速完成与所在学科领域融合,增强科研素养与学术能力。项目自实施以来,已向277名新教师提供科研启动经费超过1200万元。

《中国科学报》2015年11月12日

"杰青计划"再次启动

3月24日,北京林业大学第二批"杰出青年人才培育计划"正式启动。校长宋维明同入选第二批"杰青计划"的4位青年教师签订了培养任务书。学校将为他们设计培养目标、制定培养方案、明确培养任务,力争帮助他们在4年培养期内获得更高、更快的发展。

这项计划自2013年开始实施。学校对之前首批入选的8名优秀青年教师,采取合同管理、明确目标任务,在科学研究和人才培养等方面给予一系列政策倾斜和经费支持,给予博士招生单列指标,配套支持团队建设,鼓励申报破格晋升教授职称。项目开展以来,学校这种"个人加团队"的形式支持力度大,培养效果显著,首批"杰青计划"入选教师发展势头良好,高水平的学术成果不断产出,各级各类人才工程入选者逐步涌现。其中,1人获评"全国优秀教师",2人次入选省部级人才计划,1人获批国家自然科学基金委"优秀青年科学基金",2人破格晋升教授。培养期内,他们以第一作者和通讯作者发表SCI论文128篇,主持各级各类课题项目24项,到账经费1500余万元。

人才队伍建设是关系学校发展的根本性工作,良好的制度和运行环境是提高人才队伍建设效率的基本保障。北林大把人才工作作为推动学校综合改革的动力核心,坚持"顶层设计、重在培养、积极引进、改善结构、提高水平"的建设原则,围绕人事制度管理改革、聘期中期考核、教学科研奖励等重点工作,注重分层次、分阶段的人才发展模式,近年来在领军人才引育、拔尖人才培养和骨干教师发展等方面都取得了突出成绩。

《中国绿色时报》2015 年 4 月 13 日

启动辅导员支撑团队计划

1 月 22 日,北京林业大学正式启动了辅导员支撑团队计划。包括该校党委书记王洪元在内的多名校领导、主要职能部门的负责人和退休教授担任了辅导员的成长导师。

据悉,这个计划旨在强化以辅导员为工作核心的学生思想政治教育工作团队,将 1:200 辅导员工作模式中的"1 名辅导员"扩充为"1 个辅导团队"。

此次试点工作将以辅导员为核心,打造一批切实服务学生成长成才的"辅导最佳团队"。力争用 1 学期时间,在支撑团队组建方式、工作模式、管理体系、考核评估等重点环节试点探索,解决辅导员工作人员不足、能力不够的关键性问题,形成能在全校推广的学生培养支持体系和工作机制。

《中国科学报》2016 年 1 月 28 日
新华网 2016 年 1 月 28 日
《北京晨报》2016 年 1 月 28 日
《中国教育报》2016 年 2 月 1 日

木材科学部级重点实验室通过验收

5月25日,北京林业大学木质材料科学与应用教育部重点实验室建设通过专家组验收。

木质材料科学与应用教育部重点实验室经过近年建设,在人才培养、科学研究、学科建设等方面发挥了巨大的作用,在木质材料基础理论研究、应用技术研发和成果转化推广等方面形成了鲜明特色和优势。实验室承担和参与"863计划"、国家自然科学基金、国家科技支撑计划等课题235项,获国家技术发明二等奖1项、省部级科技奖励4项,发表SCI期刊论文228篇,申请发明专利116项,其中授权85项,实现科技成果技术转让12项。研究室主持起草和修订国家、行业、地方标准15项。学术队伍新增"长江学者"特聘教授1名、国家"百千万人才工程"人选1名、教育部"新世纪优秀人才支持计划"人选1名。

据悉,实验室将进一步凝炼研究方向,培育3—4个科技创新团队,加强公共实验平台的建设,创新技术转化模式,加快科技成果推广。

《中国绿色时报》2016年6月3日

林木生物质化学重点实验室获优秀

近日,北京市科学技术委员会主持的北京市重点实验室和北京市工程技术研究中心绩效考评结果揭晓,在节能环保领域15个北京市重点实验室及工程中心评估中,北京林业大学林木生物质化学北京市重点实验室获得优秀。按照绩效考评最终得分,参评机构分为"优秀、良好、合格、不合格"4个等级。

这个重点实验室成立于2012年5月,是北京解决生物质转化为高值化材料科学与工程技术问题唯一的重点实验室。实验室围绕学科国际前沿和我国生物质高值化利用工业的发展需求,重点解决生物质转化为材料、化学品和新能源工业领域的深层次科学问题及重大工程关键技术,以推动北京市低碳经济模式的建立。

实验室的学术委员会主任由中科院院士孙汉董担任。近年来,实验室承担国家级项目11项、省部级项目50项,主持了全国林业院校首个"973"项目、"十二五"科技支撑计划项目、国家基金委重大国际合作项目和重点项目、国家杰出青年基金项目等;发表 SCI 收录论文 270 篇、EI 收录论文 25 篇,授权发明专利 44 项,申请发明专利 58 项;研发了 8 项具有自主知识产权的生物质转化关键技术,与多地的实验室、工程中心及相关企业开展了广泛深入的协同创新。众多研究成果和技术在企业中实现了转化,取得了显著的经济效益。

实验室组建了海内外紧密结合的研究团队,邀请英、美、加等国 30 多所大学的专家学者开展学术讲座和交流 58 次,与澳大利亚、奥地利高校联合培养博士生 2 名。

《中国绿色时报》2016 年 4 月 15 日

鹫峰水保科技示范园通过专家评定

北京鹫峰水土保持科技示范园区日前接受了专家组现场评定。专家组认为,这个示范园区拥有完善的水土保持科研、水土保持生态修复和水土保持科普教育体系,达到了全国水土保持科技示范园区的标准。

专家组现场考察了森林水文观测场、植物园、气象站、大型蒸渗仪、人工降雨大厅、风洞实验室等现场,深入了解了园区内基础设施建设、科学实验观测、科技示范推广、科普宣传、旅游观光等情况。他们认为,科技示范园区特色突出、优势明显、功能完善,能够将水土保持工作的科技性与科普性有机结合,传播生态文明,宣传绿色理念,提升了普通民众的水土保持意识。

这个园区是北京林业大学的重要教学实习基地。以园区为平台,师生们开展了水土保持及森林生态学等相关的科学试验研究,取得了较多的科研成果。园区拥有水土保持科学试验、水土保持生态修复示范、水土保持科普教育展示和生态旅游观光等 4 个功能区;建有标准气象观测场、综合气象观测塔、林内自动气象站、小型自动气象站、坡面径流小区和土壤侵蚀实验室、风洞实验室,布设有小流域量水堰、水量平衡监测样地、大型蒸渗仪实验系统、人工模拟降雨实验系统、水土流失自动监测系统等,配备有自记雨量计、激光雨滴谱仪、便携式土壤水分测定仪等先进设备。

《中国绿色时报》2016 年 5 月 13 日

鹫峰国家水土保持科技示范园建成

10月15日,北京市鹫峰国家水土保持科技示范园区揭牌。"倡导生态文明、强化水土保持意识"的主题科普宣传活动同时启动。该园区的建成,填补了北京市山地与平原结合部地区科技示范园区建设的空白,丰富了北京市科技示范园区的示范体系。

有关专家评价说,该园区建设布局合理、功能完善,尤其是在水土保持科学研究和人才培养方面具有鲜明特色。园区把水土保持工作的科技性与科普性有机结合,传播生态文明、宣传绿色理念,为广大学生和社会各界人士走进水保、亲近自然,提供了难得的户外教室。

北京林业大学副校长王玉杰称,园区将立足北京、服务京津冀、面向全国,以水土保持与荒漠化防治领域的前沿科学问题和社会可持续发展的国家重大战略需求为导向,开展基础理论与关键技术研究,为生态文明建设与实现"美丽中国"提供科学技术支撑。将园区建设成为北京市乃至全国具有模范带头和示范引领作用的水土保持科技示范园区,为国家水土保持及生态文明建设做出贡献。

据介绍,北京林业大学从2015年5月开始,依托首都圈森林生态站、教学实习林场和北京鹫峰国家森林公园,积极开展示范园区的创建工作。园区致力于展示水土保持科学研究手段及体系、提升水土保持科技水平、充分发挥科普宣传教育的典型带动和示范辐射作用。

园区已建立完备的科学试验、技术示范及科普实践教育体系,承担了大量科研项目,在发表论文、编写或发布各类标准等方面取得丰硕成果。招募组建了科普志愿者团队,面向公众开展科普教育活动,常年接待大中学生的课程实习及实践,年均接待北京市8000余名中小学生参观学习,年均接待游客10万余人。

园区正在开展的科普活动有:制作环保袋、环保宣传条幅签名、向游客赠送水保法书签、举办宣传展览等。科普志愿者们向游客介绍水保法,吸引游客们踊跃参加有奖问答。

《中国科学报》2016年10月19日

《北京晚报》2016年10月26日

新增两个国家陆地生态系统定位观测站

国家林业局日前发布了本年度国家陆地生态系统定位观测研究站名录。北京林业大学建设的内蒙古七老图山森林生态系统定位观测研究站、云南建水荒漠生态系统定位观测研究站名列其中。

截止目前,该校建设了山西吉县森林生态系统国家野外定位科学研究观测研究站、建设了 6 个国家陆地生态系统定位观测研究站。该校野外定位观测研究站的建设,居于国内林业高校前列。

据悉,建在内蒙古的七老图山森林生态系统定位观测研究站以充分发挥森林生态效益和社会效益为目标,开展山地森林和水源涵养林水量平衡、碳水耦合通量、森林生态系统服务、森林健康经营等方面的观测,逐步建设成为森林草原交错地域特色鲜明的森林生态站,为七老图山区的林业可持续发展提供技术支撑和示范,以期为中国森林生态系统定位研究网络提供有效数据,实现数据共享。

以北林大为技术依托的云南建水荒漠生态系统定位观测研究站,重点研究喀斯特断陷盆地水文地质、土壤漏失阻控技术、特色产业培育和石漠化治理植被恢复与功能提升等相关基础理论与关键技术集成,致力建设集科学研究、人才培养、国际交流、成果示范为一体的多功能石漠化观测研究平台,为我国岩溶石漠生态系统综合管理和生态建设提供技术服务。

据了解,国家野外生态系统定位观测研究站是我国基础研究基地的组成部分,是国家科技基础条件平台建设的重要内容。生态站主要围绕数据积累、检测评估和科学研究等核心任务,开展建设与运行工作。加强野外定位研究站的建设,对完善国家森林定位观测研究网络布局、提升森林生态系统的定位研究水平、科学指导国家和区域重大林业生态工程建设等具有重大的理论和实践意义。

《中国科学报》2016 年 11 月 3 日

《中国花卉报》2016 年 11 月 23 日

定位观测石漠化脆弱生态区

7 月 29 日,由北京林业大学创建的云南建水荒漠生态系统定位观测研究站通过国家林业局专家组论证。

该生态站的建立,能够充分反映林业生态的作用,旨在揭示生态系统的演变规律与机制,有利于深入开展岩溶石漠化综合治理的研究与合作,为水土保持与荒漠化科学研究和人才培养提供重要平台。据北京林业大学副校长王玉杰介绍,该生态站立足我国西南岩溶区石漠化、水土资源不匹配等严重的生态问题,首次在岩溶断陷盆地石漠化脆弱生态区开展长期定位观测研究。

论证专家们认为,这个生态站地处云贵高原南缘,是国家石漠化综合治理的重点区,区域地理重要,生态环境独特,建站目标明确、重点突出,前期工作基础扎实,达到了国家陆地生态系统定位观测研究站技术标准要求。

《中国绿色时报》2016 年 8 月 9 日

《中国花卉报》2016 年 8 月 22 日

开放共享科研大型新仪器

1 月 14 日,专家组对北京林业大学新购置的场发射扫描电子显微镜、扫描探针显微镜进行了验收。这两台新设备将补充和完善大型仪器设备开放共享平台,进一步促进科研实力的提升。

据介绍,场发射扫描电子显微镜主要用于分析观察物质微观表面高分辨形貌结构,如对木材、天然橡胶、植物原生质、植物组织、原生动物、藻类、线虫、细菌等样品进行纳米尺度微细结构观察和分析。

扫描探针显微镜主要用于观测样品表面微区(纳米及微米尺度)三维形貌,对样品表面物理化学特性进行研究,用来测试多种材料如纤维材料、膜材料、生物材料、高分子材料等的多种物性。

《中国绿色时报》2015 年 1 月 23 日

生理学创新实验室助学生成才

大学里的实验室如雨后春笋,而北京林业大学生物学院的大学生野生动物生理学创新实验室则独树一帜。日前有关负责人介绍,在这个实验室历练过的很多本科生就以第一作者身份在 SCI 源杂志发表研究论文、在国际学会发表论文摘要,获得了多项重要奖励。

据悉,这个实验室正式创建于 2008 年,其前身是 2005 年组建的野生动物生理学实验小组。实验室以野生动物生殖内分泌生理学为研究方向,以探索野生动物特殊生殖生理学现象奥秘和机理为宗旨,致力于培养专业知识牢固、实验技能扎实、创新意识强烈、国际视野宽广的高素质本科生。

借力这个实验室,已有 80 多名在校本科生,依托国家、北京市和学校的大学生科技创新项目,探索和发现野生动物生殖生理学奥秘,取得了大批创新研究成果,获得了首都"挑战杯"科技创新大赛奖、全国梁希优秀学子奖、北京发明创新大赛铜奖等数十项奖励。

2014 年,创新实验室获得了共青团中央等单位联合颁发的"大学生小平科技创新团队"的光荣称号。

《中国绿色时报》2016 年 8 月 19 日

林木数量性状研究获重要进展

北京林业大学张德强教授团队历经 6 年攻关,在对杨树不同类型群体进行大规模表型与分子数据测定与统计分析的基础上,在全球范围内率先完成了林木数量性状"连锁－连锁不平衡联合作图"研究。其成果日前在线发表在国际著名植物学杂志 *New Phytologist* 上(影响因子为 7.672)。

对生长周期长、遗传背景复杂、研究基础薄弱的林木而言,如何利用模式树种基因组信息建立系统的数量性状解析新策略,构建高效的分子设计育种理论,从而加速林木遗传改良进程,一直是林木分子育种研究的前沿热点。

研究者以 1200 株杨树家系群体为材料,揭示了杨树生长性状复杂的遗传等位变异模式,建立了映射生长性状多基因联合作用的上位性互作网络;基于数量性状控制位点(QTLs)遗传效力检测与单核苷酸多态性(SNPs)关联显著性分析结果,在 QTL 区域内发现了控制生长性状的 11 个关键遗传或调控因子,为林木目标性状的遗传改良提供了重要的理论基础;研究设计强调了"连锁－连锁不平衡联合作图"策略在揭示树木重要数量性状遗传结构方面的优势,为林木、花卉及其他非模式作物 QTLs 精细作图提供了崭新策略与重要参考。

这项研究成果受到林木分子育种领域多位权威专家的关注。美国农业部森林研究所主任、*New Phytologist* 副主编 Andrew Groover 在信中说:"该实验设计的系统性与数据量的丰富性令人赞叹,整个设计思路与研究结论激起了多名专业评审人的热情。利用联合作图策略解析林木生长性状遗传结构的研究,将给从事林木分子基础研究的科学家提供重要的学术思路和研究手段。"

该研究受到 973 计划课题、中央高校基本业务费、国家自然科学基金等课题的资助。文章第一作者是青年教师杜庆章博士，巩琛锐、潘炜、王情世、周大凌、杨海娇等参与了实验工作。

《中国绿色时报》2015 年 12 月 11 日

林木种子老化机理研究获突破

植物种子的老化劣变是自然界的普遍现象，也是种质资源保存面临的严重问题。北京林业大学教授汪晓峰课题组研究发现，家榆种子老化过程存在典型的细胞程序性死亡特征。

这项研究为进一步探究延缓种子老化的方法提供了重要线索，其成果于 2014 年 12 月上旬在线发表于植物学领域重要学术期刊《植物杂志》上。硕士生王昱和李莹是论文并列第一作者。

虽然前人在种子老化方面做了大量工作，但仍有很多问题尚不清楚。这项研究首次阐述了活性氧自由基引发的依赖于线粒体的细胞程序性死亡在种子老化过程中的作用，为进一步从细胞及分子水平上阐明种子老化机理奠定了重要的理论基础；证明了线粒体动力学改变是种子老化的一个先兆，为进一步探究延缓种子老化的方法提供了重要线索。

据汪晓峰介绍，这项研究利用激光共聚焦显微镜、透射电镜检测了种子老化过程中线粒体在胞内的分布和聚集情况，证实老化过程中活性氧自由基产生与线粒体的形态改变具有时空一致性。利用蛋白质免疫印迹、TUNEL 及其他生理生化检测，结果表明在种子老化初期活性氧自由基积累可能是以"报警信号"的角色存在，而非氧化胁迫，但随着其在老化过程的逐渐积累最终造成氧化损伤。研究还发现，线粒体通透性转换孔相关基因在老化初期明显上调，在时间上响应于活性氧的产生并与线粒体形态改变密切相关，阐明了种子细胞的线粒体通透性转换孔开放与跨膜电势的内在联系。

《中国绿色时报》2015 年 1 月 5 日

林木进化与功能研究取得新进展

北京林业大学生物学院教授张德强团队首次系统开展了林木非编码小 RNA

功能进化与等位变异联合解析工作,取得了新的进展。凝结着最新研究成果的两篇论文日前在国际著名植物学杂志《新植物学家》(New Phytologist)发表。

林木重要经济性状,如木材的形成不仅受编码蛋白的基因调控,还受非编码调控因子的强烈作用,其遗传调控机制非常复杂。以往的研究仅关注蛋白编码基因的遗传变异效应,而"非编码 RNA"的进化地位、功能作用及等位变异机制等未能得到全面解析。张德强团队的研究为推动非编码 RNA 在林木数量遗传改良中的应用提供了全新的理论与策略。

研究人员揭示了杨树特有 miRNA(小核糖核酸)基因组稳定性、群体适应性以及功能进化规律,首次完成了林木特有 miRNA 在基因组稳定性维持、群体适应性以及全基因组复制后的功能更新等方面的研究工作。通过群体遗传学、关联遗传学、杂交群体复合似然比率等统计学手段,系统解析了杨树特有 miRNA 群体适应性机制,剖析了 SNP(单核苷酸多态性)位点对物候性状的遗传效应,揭示了杨树特有 miRNA 在进化来源、基因组稳定性维持、群体适应性方面具有的重要功能。

研究团队还阐明了林木群体 miRNA 及其靶基因等位变异互作机制。研究人员采用高通量测序发现了一系列参与木材形成过程的关键 miRNA 及其靶基因,对 217 个 miRNA 基因和 1196 个靶基因进行了毛白杨种质资源群体重测序工作。

《中国绿色时报》2016 年 8 月 5 日

"林木响应赤霉素"研究获重要进展

北京林业大学教授张德强率领的团队以毛白杨优良无性系为材料,在全球范围内率先完成了林木编码与非编码 RNA 序列响应赤霉素的研究工作,有两项研究成果日前发表在国际著名植物学杂志上。

研究首次提出了在调控通路研究中应将 RNA - Seq、启动子富集分析与上位性效应联合解析基因互作的新方法,强调了基于生物学途径上多基因关联作图模型在揭示树木重要数量性状主要遗传变异效应方面的优势,为推动林木数量性状遗传改良进程提供了新的理论。

两项研究成果的第一作者分别为青年教师谢剑波博士、在读博士生田佳星。这是该团队自 2012 年开创林木功能基因标记连锁 - 连锁不平衡联合作图研究以来,在林木数量性状遗传变异研究方面取得的又一次突破,巩固了该校在林木基因标记辅助育种方向国内领先、国际知名的地位。

《中国花卉报》2016 年 6 月 13 日

率先解析林木生长性状遗传结构

北京林业大学张德强团队在对杨树不同类型群体进行大规模表型与分子数据测定和统计分析的基础上,在全球范围内率先完成了林木数量性状"连锁—连锁不平衡联合作图"研究。相关成果日前在线发表于《新植物学家》杂志。

对生长周期长、遗传背景复杂、研究基础薄弱的林木而言,如何利用模式树种基因组信息,建立系统的数量性状解析新策略,构建高效的分子设计育种理论,从而加速林木遗传改良进程,一直是林木分子育种研究的最前沿与关注的热点。

此次研究人员以 1200 株杨树家系群体为材料,构建了包含 19 个连锁群、1274 个标记的高密度、高析度遗传连锁图谱,覆盖杨树基因组长度约 96.9% ,并对参与木材形成的 314 个关键基因进行了精细定位。

此项成果受到林木分子育种领域多位权威专家的关注。美国农业部森林研究所主任、《新植物学家》副主编 Andrew Groover 表示:"该实验设计的系统性与数据量的丰富性令人赞叹。利用联合作图策略解析林木生长性状遗传结构的研究,将给从事林木分子基础研究的科学家提供重要的学术思路和研究手段。"

美国科学院院士、国际著名林木遗传学家 Ronald Sederoff 评价说:"该研究的深度值得称赞,展示了令人难以置信的数据量和分析水平。"

《中国科学报》2015 年 11 月 9 日

提出林木基因解析新技术

北京林业大学研究团队利用树干初生生长与次生生长的机理关系,借助数学模型提出林木基因解析新技术。相关成果日前在线发表于《植物生物技术》杂志。

据了解,在密植条件下,林木为争夺生存空间,会以牺牲次生生长为代价,把有限的能量投入到树干高度的生长上,并开拓对光的捕获空间。北林大计算生物学中心的研究人员提出"先锋 qtl"理论解释这一能力。

研究发现,一旦林木建立空间优势,便开始把更多能量转移到次生生长,以稳固原先获得的优势。林木这一以牺牲高度生长为代价获得更多径向生长的能力,也是受基因控制。研究人员用"固化 qtl"解释这种能力。

相关专家表示,两项理论的提出整合了树干生长的生态学与竞争原理,打破了传统基因定位方法"一对一"就事论事的局限性,在多学科交叉界面上系统回答了林木生长、发育和对环境适应能力的基因调控问题。

通过与南京林业大学合作,该团队利用这一技术发现了若干个影响美洲黑杨24年生主干生长的重要 piqtl 和 miqtl。基因功能分析则证实了该项技术的生物学合理性。

《中国科学报》2016 年 5 月 20 日

《中国绿色时报》2016 年 5 月 26 日

《中国花卉报》2016 年 7 月 8 日

林木基因组研究取得重要进展

北京林业大学教授邬荣领及其团队针对林木异交特性,系统提出了林木基因组解析的新理论、新方法,相关成果以 3 篇论文的形式分别发表在国际顶尖的遗传、进化与生物信息刊物上,产生较大影响。

由于林木生长周期长、杂合性高,其遗传研究难度很大。硕士研究生祝绪礼等率先利用林木自由授粉子代,结合产生半同胞种子的母株,构建了一个两层分子信息随机取样平台;在此基础上进一步推导出整合复等位基因连锁不平衡分析与连锁分析两种不同方法的双层 EM 算法,以此推断自然群体的进化史及其对自然选择的响应模式。

国家花卉工程技术研究中心讲师孙丽丹在自由授粉子代取样平台的基础上,建立了复杂性状高解析度定位的新方法。与传统方法相比,还能鉴定出基因印迹效应,从而丰富了数量遗传学的研究内涵。

通过祝绪礼和孙丽丹论文中对有关遗传参数的假设检验,研究人员成功地把群体遗传学与数量遗传学原理相融合,找出了利用自然群体同时进行林木进化与基因定位研究的新路子。论文受邀发表在 *Trends in Plant Science*(《植物科学趋势》)杂志上。该杂志主编苏珊娜·布里克博士认为,论文为后基因组时代开展林木生物学研究提供了新的主攻方向。

《中国绿色时报》2015 年 7 月 16 日

《中国科学报》2015 年 7 月 16 日

发明识别林木发育转换时间节点计算技术

近日,北京林业大学计算生物学中心研究团队发明一种能识别林木发育转换时间节点的计算技术。该项技术已在国际著名植物学刊物 *New Phytologist*(2015年影响因子:7.672)上在线发表。

据了解,发育转换是植物学研究的一个重要概念,它着重探讨植物从幼苗期向成年期过渡、从营养生长向有性生殖过渡的生物学机理。传统的发育转换概念是研究植物形态性状的离散型变异,比如,同一株植物不同年龄、不同部位的叶片形态存在显著差异,同一株植物花枝与营养枝存在显著差异。国际上对造成这种所谓的"异型叶"、"异型枝"的生物学机理已有深入研究。近年来,人们更从 microRNA、糖代谢产物、甲基化修饰等方面探讨了形成发育转换的生理生化通路与关键因子。

计算生物学研究团队打破传统的对发育转换的理解,认为发育转换的发生是一个连续的、非离散的过程。植物内部存在一种孕育发育转换、指令植物从幼年期向成年期过渡的推手。植物什么时候、用什么方式开始行使这种机制,是其对所处环境的适应性反应,以力求在各种竞争中处于不败之地。

有鉴于此,该团队充分利用自身在统计建模中的优势,把具有生物学意义的数学模型巧妙引进发育转换研究,成功推导出发育转换发生的关键时间节点,并利用全基因组关联分析方法捕获决定发育转换发生的关键 QTL。这一思路打破传统描述性思维,具有精确、系统等特性,从而填补了当前发育转换研究的空白。

通过与南京林业大学合作,该项技术已成功地应用于发现杨树树干生长的发育转换时间节点,以及调控这些时间节点的关键 QTL。

美国宾夕法尼亚大学生物学系杰出教授、美国科学院院士 Scott Poethig 在评价这一工作时指出,用数学模型发现植物发育转换节点,是精确研究植物生长发育机理的必要手段,将具有广泛的应用前景。

据 *New Phytologist* 主编所述,该项技术及其在林木发育研究上的有效应用,将会引领植物发育研究的方向,具有明显的创新意义。

这项技术由北京林业大学计算生物学中心博士生姜立波在其导师邬荣领教授的指导下所创建,青年教师叶梅霞等参与模型构建。南京林业大学同行提供数据,也作为重要参与者。此外,参加该项技术研发的还有中国林业科学研究院同行等。

据悉,北京林业大学计算生物学中心正在利用这项技术设计试验,产生自己的数据,一批原创性成果将陆续推出。

《中国科学报》2016 年 3 月 21 日

《中国绿色时报》2016 年 3 月 29 日

破解生物大数据建模核心技术

一项能驱动生物大数据重要信息挖掘的核心技术,被北京林业大学计算生物学中心博士研究生姜立波攻克。据了解,这项基于参数模型的新技术的问世,是该校在统计遗传学研究中居国际领先地位的标志之一。据论文通讯作者、中心主任邬荣领教授介绍,这项技术被命名为 2higwas,日前发表在国际生物信息学期刊《生物信息学简讯》上。

这项新技术能用全基因组关联分析的大数据,准确推断出复杂性状发育的遗传调控机理,并对表型形成动态过程进行预测。该技术首次把高通量基因组数据与高量表型数据利用生物学原理相结合,为系统生物学提供了极其重要的机理研究工具。

北京林业大学计算生物学中心正利用这项新技术,分析胡杨复杂性状基因解析大数据,可望获得调控树木生长、发育及对环境适应性重要生物学机理的原创性成果。

论文发表后引起广泛关注。美国华盛顿大学研究人员提供了老鼠关联分析数据,利用这项技术分析后,成功挖掘出数十个决定动物体重、性别差异的基因互作模式,为揭开人类肥胖疾病奠定了重要理论基础。

《中国科学报》2015 年 6 月 25 日

用博弈论解释生物自然变异起源

北京林业大学的专家们创立了利用博弈论解释生物自然变异起源的新理论,其成果日前在国际遗传领域顶尖学术期刊《遗传学趋势》(*Trends in Genetics*)上公开发表。

这项工作由邬荣领教授顶层设计、确定研究思路并指导团队参与模型构建、结果解释与论文撰写。研究团队发表的论文突破点在于,结合进化博弈论与功能作图方法,在研究生物发育、生态演化现象基础上,提出了崭新的基因解析概念——生态博弈作图法。这一新概念打破了传统基因解析所利用的生物是孤立存在的假设,利用进化博弈论的基本原理,构建出动态数学模型,定量分析生物之间竞争、合作等相互作用策略,进一步估计这种互作对生物表型形成的影响。这一新概念不仅能估计个体基因对自身表型的直接影响,还能估计各个体基因对它们的共处生物的表型的间接影响,估计出不同个体之间的基因通过信号传导对整个生物表型的互作影响。

论文中提出的新概念不仅提升了基因解析的精度,还对进化遗传学、生态遗传学、发育遗传学、微生物遗传学等学科产生了潜在影响。

计算生物学中心的研究团队正在利用这一新概念设计各种实验,以期获得数据,尽快验证理论,争取更大突破。

《中国科学报》2016 年 3 月 31 日

《中国绿色时报》2016 年 5 月 6 日

发明基因变异探测模型

北京林业大学在理论进化研究领域获重要进展,发明出能揭示物种基因组变异、基因组对环境响应机理的新模型与方法。

日前,研究成果以两篇论文的形式,发表在国际著名生物信息与计算生物学期刊 *Briefings in Bioinformatics* 上面。有关研究方法已写成计算机软件,供国内外研究者使用。

北林大计算生物学中心研究团队将发育生物学概念引进物种进化研究,与全基因组关联分析相结合,推导出高维变量选择方法,系统地勾画出决定复杂表型变异与进化的遗传调控网络。这一方法能全方位、多尺度地搜索不同基因之间的互作效应以及对关键表型发育事件的影响,定量预测物种宏进化与微进化的模式、速率与方向。这项研究填补了发育进化研究的空白。

研究团队利用传统的多位点连锁分析,研究物种基因组的组织与结构,不仅能估计同源染色体不同位点之间的减数分裂重组率,还能揭示在相邻染色体区段之间所发生的遗传干扰。建立的模型能估计多个区段之间的高维遗传干扰现象。通过对全基因组扫描,这一方法能系统勾画染色体遗传干扰分布模式图,揭示基因组结构与功能之间的关系,为进一步研究基因组进化提供重要基础。

姜立波、王晶、孙丽丹分别为两篇论文的第一作者,责任作者均为邬荣领教授。

《中国绿色时报》2016 年 8 月 5 日

提出数量遗传学新理论

近日,国际理论生物学顶尖刊物《Physics of Live Reviews》发表了北京林业大学计算生物学中心主任、"国家特聘专家"邬荣领教授提出的"基于表型发育解析的数量遗传学新理论",引发国际广泛关注,专家认为该理论将在包括农林科学、进化与发育、医学等在内的关键领域具有重要应用前景。

业内人士称,对人类极其重要的性状,如农作物产量、植物纤维长度以及人体器官对抗癌药物的反应等,均受许多基因与环境同时控制的复杂数量性状,用简单的数学模型表示为,表型 = 基因型 + 环境。

早在 100 年前,科学家就建立了以数理统计与孟德尔遗传为基础的数量遗传学理论,来研究数量性状遗传控制的程度;20 世纪 80 年代,新技术的出现使人们能分离出控制数量性状的具体基因;随着二代测序技术的进步,人们得以发展出全基因组关联分析的方法,用以系统地挖掘所有控制表型的各种基因。然而,现有数量遗传学理论都是建立在基因型与表型关系的基因部分,以及与基因存在互作关系的环境部分,没有人对表型形成的发育过程进行解析,从而极大限制了数量遗传学理论的发展与应用。

而邬荣领教授提出的新理论,把表型作为一个动态系统,将之分解成细胞、组织与器官等具有不同生理属性的组成,借助控制论思想把这些组成,利用高维数学模型连接起来,量化各种组成对最终表型的影响,从而找出能决定表型动态变化的关键组成以及生物通路。这一新的理论通过对生物总体运行规律的认识,打破了传统基于静态认识生物规律的思想。该理论集生物、物理、数学、计算机技术与工程技术于一体,在跨学科的界面上,揭示了生物如何发生、如何发展的基础理论问题。

据介绍,刊物的主编邀请美国、奥地利、荷兰、芬兰和印度的 5 位学者,对这一理论进行全面评价,其评论文章全部发表在同一刊物上。5 位专家认可了邬荣领关于数量遗传学研究的系统定位理论,一致认为这是复杂数量性状基因解析的重要方法,在包括农林科学、进化与发育、医学等在内的关键领域具有重要应用前景。

北京林业大学计算生物学中心正采用邬荣领教授创立的数量遗传学理论,研究林木生长、发育的遗传调控机理,期望以此来验证这一理论的实际效果,为林木遗传问题的理解提供重要突破。

《科技日报》2015 年 5 月 19 日

《中国科学报》2015 年 5 月 19 日

《北京晚报》2015 年 5 月 19 日

《中国绿色时报》2015 年 7 月 10 日

《高等数学研究》2015 年 05 期

发表代谢生态学新模型

　　北京林业大学 3 位硕士生的最新研究成果日前在国际著名生物信息学期刊 *Briefings in Bioinformatics* 在线发表。他们把复杂性状基因定位的"功能作图"理论与生态学中新发展的"生态代谢理论"相结合,建立了代谢生态学新模型,推导出能估算、预测生物群落中生物能量积累、传递的生理机理,并从 DNA 层面上挖掘产生这种机理的生物原动力。

　　"功能作图"是北林大计算生物学家邬荣领发明的统计方法,用于性状发育模式与进程的基因定位,在包括林木生长在内的数量性状遗传调控机理研究领域已有许多重要应用。"生态代谢理论"是国际著名生态学家、美国科学院院士 James Brown 博士首次提出的生态系统生态学研究思想。它认为生物的代谢速率是控制生物系统中各物种生态互作的最基本要素。按照这一理论,可对小至细胞大至生物圈的生物学特性进行系统的机理性研究。

　　北林大硕士研究生颜芹、祝绪礼、姜立波把这两种理论巧妙交叉并藕合,把"代谢生态理论"上升到 DNA 水平,又将"功能作图"推进到生态系统的遗传机理研究领域,丰富了数量遗传学与生态系统生态学的研究内涵。

《中国绿色时报》2016 年 4 月 4 日

生物质细胞壁抗降解研究获进展

　　北京林业大学教授许凤课题组在生物质预处理解构植物细胞壁的研究领域获重要进展,相关研究成果日前发表在《生物燃料技术》杂志。该研究从细胞及分子层面揭示了超微结构、区域化学对酶水解效率的影响机制,为全面阐释细胞壁抗降解屏障的破除机理提供了依据。

在化石资源日益匮乏和环境保护的双重压力下,利用农林生物质制备燃料、化学品及材料已成为国际生物炼制领域的研究热点。但是细胞壁的天然抗降解屏障极大地制约了木质纤维素的转化效率和经济成本,严重阻碍了生物质产业的发展。

针对这一重大问题,研究人员以一种重要的节水型三倍体杂交芒属草本能源植物奇岗为研究对象,采用化学分析结合荧光、单克隆抗体免疫金标记、透射电镜和共聚焦拉曼光谱成像技术,分析了稀酸预处理过程中奇岗不同类型细胞壁的解构过程。

研究提出,奇岗细胞壁的生化结构与组分分布不均一性是阻碍其高值转化的关键因素。过半纤维素的选择性脱除、木质素与羟基肉桂酸的重新分布以及细胞壁的剥离,可充分暴露出原本被包覆的纤维素,从而增加其对水解酶的可及性。

《中国绿色时报》2015 年 12 月 9 日

在植物胞吞研究领域获进展

北京林业大学在备受关注的植物胞吞研究领域取得了新成果。有关论文 4 月在线发表于学术期刊《植物科学发展趋势》。

据该校生物学院教授林金星介绍,胞吞作用通过对质膜脂类、整合蛋白以及胞外物质的内化,严格控制物质与信息的传递,是细胞与外界环境交流和细胞内稳态维持的重要方式之一。植物胞吞作用和囊泡转运研究作为植物生物学的前沿领域备受关注。

林金星率领的研究团队及其合作者,结合植物胞吞作用的最新研究成果,系统地概述了笼型蛋白介导的胞吞途径和膜筏微区参与介导的胞吞途径,以及不同途径对一些重要膜蛋白活性的调控机制。该研究对植物胞吞作用的调控因子进行了系统分析和总结,围绕影响胞吞作用的不同因素做了深入讨论和分析,为进一步研究植物胞吞作用的调控机制提供了新思路。

该团队的范路生和李瑞丽博士共同为第一作者。该研究得到了高等学科创新引智计划、教育部创新团队、科技部"973"项目、中央高校基本科研业务费专项资金和国家自然科学基金委的支持。

《中国科学报》2015 年 5 月 5 日
《中国绿色时报》2015 年 5 月 8 日

植物细胞壁大数据处理实现突破

我国在植物细胞壁拉曼光谱大数据处理技术上取得新突破。由北京林业大学许凤教授团队取得的该技术成果,构建了基于主成分分析的植物细胞壁拉曼光谱聚类分析方法。目前,其论文发表在美国化学会旗下国际分析化学领域顶级期刊《分析化学》杂志上。

据介绍,拉曼光谱成像技术具有信息丰富、制样简单、对样品无损伤等特点,近年来已成为研究植物细胞壁局部化学的重要工具。遗憾的是,拉曼光谱分类技术落后,严重制约了光谱数据的深入挖掘及科学运用。传统的分类技术通过导出实验数据进行手动分析,不但费时费力,而且人为因素干扰严重,造成数据浪费,甚至丢失重要信息。

许凤教授团队基于细胞壁超微结构特点,率先采用数学统计学结合自主研发的计算机程序,分析处理植物细胞壁拉曼光谱数据,建立了快速分辨细胞壁不同形态学区域拉曼光谱的新方法。

该方法能够根据植物拉曼光谱的自身特点,对所获海量拉曼光谱数据进行自动、准确、快速分类,为植物细胞壁化学组分拉曼光谱定量研究提供理论依据。专家评价说,该方法创新性突出,对生物质相关领域的研究具有重要意义。

《中国科学报》2016 年 1 月 5 日
《中国绿色时报》2016 年 2 月 19 日

植物 DNA 复制过程研究取得新进展

近日,北京林业大学在植物 DNA 复制过程的研究中取得新进展。该校植物学专业博士生贾宁的有关学术论文日前在国际期刊《植物生理学》(*Plant Physiology*)上发表。

据介绍,DNA 复制是生物体最基本的生命活动之一,需要通过许多蛋白的作用才能顺利完成。这一过程进行的准确与否直接影响了细胞的分裂和分化,最终决定生物体各个器官的正常发育。

在高宏波教授的指导下,贾宁对此进行了深入研究,在拟南芥中筛选到一个茎合生(jing he sheng 1, jhs1)的发育异常突变体,通过精细遗传作图和全基因组重测序技术鉴定出突变基因是 DNA2,jhs1 突变体对 DNA 损伤敏感,突变体植物中参与 DNA 损伤修复的一些重要基因的表达被上调,同源重组修复频率升高,细胞周期延迟。此外,该突变体中与分生组织维持相关基因的表达异常。

据称,研究结果揭示了 JHS1 在植物 DNA 复制、损伤修复、分生组织维持以及发育过程中扮演重要角色,丰富了人类对植物中 DNA 复制和修复生理作用的认识。

《中国绿色时报》2016 年 3 月 18 日

植物蛋白动态量化检测获进展

北京林业大学在植物蛋白动态量化检测方面取得新进展,相关研究成果为进一步研究细胞膜和膜蛋白的动态活性调控提供了新的研究思路。有关论文 9 月上旬发表在《分子植物》。

据了解,植物质膜是高度动态的结构,而传统细胞观察与生化研究只能在静态结构或集群水平上进行观察与分析,从而使植物细胞膜动力学特征研究受到极大限制。因此,迫切需要发展新技术精确分析生物体这一复杂的生物学过程。

该校生物学院教授林金星团队结合最新的荧光相关光谱(FCS)和与其他技术联用的 FCS 研究结果,系统总结了已有成像技术的优缺点及其在活体植物细胞单分子研究中的最新进展,并展望了其发展前景。研究提出了适合植物活细胞研究的自相关和互相关函数,阐述了如何检测细胞质膜的不均一分布特性的基本原理,发展了应用荧光互相关光谱检测蛋白质单体–二聚体比率的工作模型。

该团队的副教授李晓娟、博士生邢晶晶为论文的共同第一作者。

《中国科学报》2016 年 9 月 27 日

植物液泡膜蛋白单分子研究获新进展

北京林业大学教授林金星研究团队成功将全内反射荧光显微术的运用,由细胞质膜延伸至液泡膜,为破译植物液泡的生物学功能提供了新途径。这一研究成果日前发表在国际著名植物学期刊《分子植物》(Molecular Plant)上。

据介绍,液泡是成熟植物细胞中最大的细胞器。液泡膜蛋白对液泡功能的正常行使至关重要。因液泡位于细胞内层深处,由于研究技术限制,迄今仍无法对其膜蛋白动态特征进行深入分析。

据了解,林金星教授率领的团队以模式植物拟南芥为研究对象,通过裂解原生质体提取完整的液泡,将液泡固定于自制的样品槽中,运用全内反射荧光显微镜并结合单分子示踪技术,实时追踪和分析了液泡膜上不同蛋白的动力学特征。时空尺度上精度分别达到 100ms 和 100nm。

研究通过分析与比较相同蛋白在不同膜系统上的动力学特征,以及不同蛋白在同一膜系统上的动力学特征,揭示了蛋白的动力学与蛋白所处的微环境以及蛋白自身的特性密切相关。

《中国科学报》2016 年 11 月 10 日
《中国绿色时报》2016 年 11 月 30 日

创建植物嫁接信息流新理论

北京林业大学计算生物学中心研究团队在植物嫁接研究方面取得新进展,构建了新理论模型框架和信息流新理论,为进一步阐释嫁接在物种形成上的进化意义提供了极大帮助。有关论文日前在线发表在著名植物学期刊《New Phytologist》(新植物学家)上,论文作者为博士研究生王晶与姜立波,通讯作者为邬荣领教授。

据了解,植物嫁接是一种古老的无性繁殖技术,在农业、林业与园艺植物繁育方面发挥着重要作用。由嫁接所诱发的植物表型变异是十分普遍的现象。许多研究都致力于探讨产生这一现象的各种原因。随着生物技术的发展,针对这一现象的分子机制研究得到了广泛关注。

为进一步揭示嫁接植物砧木与接穗的相互作用、嫁接接合部位的维管组织再生等机理,研究团队将博弈论思想引入嫁接试验,用构建微分方程来描述嫁接系统中砧木与接穗两个部分的动态基因表达过程,借此诠释砧木与接穗在该过程中产生的相互影响,取得了可喜成果。

据悉,研究团队正将这一新理论应用到林木嫁接实验中,并将进一步延伸到人体器官的移植等方面,可为提升器官匹配效率提供重要的理论依据。

《中国科学报》2016 年 12 月 21 日

非编码 RNA 表观遗传调控研究获突破

北京林业大学教授张德强团队以小叶杨抗逆优良无性系为材料,在全球范围内率先完成了林木表观基因组和转录组响应高温、低温、干旱与盐碱非生物逆境胁迫的综合分析工作,研究成果日前发表在《实验植物学杂志》上。

研究人员在对生态型树种小叶杨基因资源收集、保存与无性系表型测定的基础上,选取抗逆优良无性系分别进行高温、低温、干旱、盐碱四种非生物逆境胁迫。利用甲基化敏感多态性技术对小叶杨响应不同逆境胁迫的 DNA 甲基化修饰位点进行全基因组扫描,获得了 39121 个甲基化多态性位点。其中响应高温胁迫的特异甲基化位点为 2353 个,显著高于其它逆境胁迫特异响应位点,而高温和干旱胁迫则具有最为相同的甲基化位点。该研究首次系统地阐述了林木在高温、低温、干旱与盐碱四种主要的非生物逆境胁迫下的 DNA 甲基化响应模式,为全面解析 DNA 甲基化在调控非编码 RNA 的表达开辟了新途径。

《中国科学报》2016 年 1 月 18 日
《中国绿色时报》2016 年 2 月 1 日

阐明茉莉酸如何调控植物气孔运动

北京林业大学教授沈应柏带领团队,揭示了质膜氢泵介导的 H + 流在茉莉酸诱导的气孔关闭信号过程中的作用,对进一步阐明茉莉酸信号途径具有重要意义,也有助于理解茉莉酸在干旱、盐碱和病虫害等逆境条件下的作用机制。相关研究日前发表于《植物学期刊》。

高等植物叶表面的气孔是植物与外界进行气体交换的门户,能够整合并处理多种外界环境刺激产生的信号。而茉莉酸可以诱导多种植物气孔关闭。但这一生理过程发生的原因尚不清楚。

科研人员利用非损伤微测技术发现,在茉莉酸受体 COI1 存在的情况下,茉莉酸首先诱导了质膜氢泵介导的 H + 瞬时外排,这为 $Ca2+$ 的跨膜内流提供了驱动力。

$Ca2+$ 内流刺激了胞内 H2O2 积累,H2O2 反过来又刺激胞质内 $Ca2+$ 的大量升高,进而激活了质膜上的阴离子通道和外向 K + 通道,并抑制内向 K + 离子通道,最终导致气孔关闭。

《中国科学报》2015 年 8 月 25 日

开辟计算生物学研究新方向

北京林业大学计算生物学中心研究团队完成的重要论文,被国际著名物理化学期刊《Physical Chemistry Chemical Physics》在线发表。这标志着该校开辟了在国际上日益产生广泛影响的计算化学研究方向。

据悉,科研团队借助分子动力学模拟与必要量子力学计算相结合的研究方法,刻画了 CYP2C 家族对重叠底物区域选择性催化的分子机制。

该项研究以典型 CYP2C 家族成员——CYP2C8、CYP2C9 及 CYP2C19 同工酶为例,阐述了 CYP2C 亚型的活性位点区域对双氯芬酸识别结合的分子基础,揭示了含有阴离子/芳香基团小分子配体在酶内部区域定位的决定性因素。此外,该项研究进一步阐明活性位点区域锚定氨基酸的进化变异对酶的二级结构以及通道选择的影响,建立了"同工酶进化变异 - 二级结构变构效应 - 底物区域选择性"间的有机关联,为已有药物新功能定位以及新型药物开发设计拓宽了思路,并进一步为个体用药选择以及具体剂量处置提供了有力的理论支持。

《中国花卉报》2016 年 7 月 22 日

油松生殖发育研究获新成果

最近,北京林业大学在油松生殖发育方面的研究取得了新进展,发布有关成果的两篇论文日前被国际著名植物学杂志 New Phytologist 和 BMC Genomics 在线刊登。

据悉,针叶树雌雄球花的发育调控是针叶树遗传改良和良种繁育的重点与难点,认识其生物学机理是有效控制其开花结实习性的重要技术基础。因裸子植物的生长周期长、基因组复杂,其生殖发育与分子调控研究在国际上一直未有大的突破。

北京林业大学生物学院教授李伟率领的团队在对油松两性球花突变株连续 3 年的形态与生理观测的基础上,选取了两性球花雄性部分与雌性部分、两性球花同簇伴生雄球花以及处于 6 个不同发育阶段的正常雌雄球花进行了高通量基因表达分析。

他们研究表明,两性球花雌雄性别结构都是有功能的生殖组织,在发育过程中,两性球花雄性部分除了获得了雄性发育遗传程序外还额外获得了雌性发育遗传程序,导致雌性结构在两性球花顶端异位发育。该研究结果支持种子植物两性结构来源于雄性结构的理论假说,也为针叶树以雄球花为对象的性别调控技术的发展提供了方向。

虽然针叶树与被子植物生殖器官性别调控机制存在明显差异,但研究发现,两者的 sRNA 合成与作用相关基因十分保守,并且发现参与被子植物生殖发育调控的多个 miRNA – 靶基因组合与针叶树是协同进化的。该研究结果为针叶树生殖发育调控网络的完善提供了新的理论支撑,也为油松球花发育过程中 sRNA 参与调控年龄效应、赤霉素效应等机制研究提供了参考。

两篇论文的第一作者均是北京林业大学青年教师钮世辉博士,多位研究生参与了相关研究。该成果受到了国家自然科学基金、长江学者和创新团队发展计划等项目的资助。

《中国科学报》2015 年 10 月 13 日

《中国绿色时报》2015 年 10 月 23 日

油松华北落叶松人工林培育有突破

北京林业大学日前公布了在油松、华北落叶松人工林的培育和抚育经营方面取得的重要原创性成果。该校马履一教授带领课题组历时 5 年,完成了"油松、华北落叶松高效培育与经营关键技术研究",在河北等地进行了大面积试验推广。

专家指出,当前存在的种源质量良莠不齐、容器苗快速繁育技术落后、缺乏造林抚育技术规程、忽略抚育效果的综合评价等问题,成为油松、华北落叶松人工林的培育和抚育经营的瓶颈。

据悉,科研人员建立了油松、华北落叶松轻基质容器育苗快速繁育技术,高质量用材林关键培育技术体系,两套油松、华北落叶松森林植被生长模型及经营决策技术,森林抚育经营对华北地区油松、华北落叶松人工林生态系统碳收支影响评价技术等。

该项目研究的用材林树种、林分类型、立地条件为华北地区重要类型,具有广泛的代表性。建立的用材林抚育技术和评价体系,为华北地区 1900.88 万公顷用材林的抚育经营提供了有力的理论与技术支撑。全国有 6112.65 万公顷用材林,也面临缺乏合理经营理论与技术体系的问题。该项目的研究成果,为全国提供抚育经营方面的理论与技术借鉴。

此外,科研人员还建立了系统完整的生态公益林抚育理论与技术体系,包括种源选择、轻基质育苗、抚育关键技术、抚育效果评价、森林更新等,为推动相关科学研究、学术交流和技术试验示范提供了借鉴和参考。

有数据表明,该成果推广应用后生态、经济和社会效益显著。全国用材林抚育将提供上千万个工作岗位,可获近 3000 亿元的抚育经济效益回报。

《中国花卉报》2016 年 6 月 29 日

聚焦油松 25 项关键技术研究

北京林业大学申请建设的省部级油松工程技术研究中心日前通过评审。与会专家认为,油松是我国重要的乡土造林树种,组建这个中心对于维护国家生态安全、保障木材供给、促进产业链升级、提高人民生活质量具有重要意义,在建设美丽中国过程中将发挥更大的作用。

北京林业大学教授贾黎明告诉记者,该中心申报工作从 2014 年 11 月开始,由森林培育、林木遗传育种、生态等学科牵头申报,一些科研单位是主要协同单位。

油松中心将联合我国主要的油松优势科研院校、良种基地、林业局及林场等,聚焦多目标良种创制、优质种苗工厂化标准生产、困难立地森林营造、多功能森林高效抚育、高值化综合加工利用等 5 个核心研发方向,力争在 25 项关键技术上取得重大突破,建设成为我国油松政产学研用联合、协同创新的核心平台。

据悉,油松在我国的生态适应区覆盖 14 个省市自治区、三分之一的国土面积,森林总面积 251 万公顷,在我国的十大造林树种中排第六位。

北京林业大学从事油松研究已有 60 多年历史,是全国油松良种基地技术协作组组长单位,与 10 多个油松林培育核心基地、8 个国家油松良种基地有长期、稳定的科研合作关系。该校在油松良种选育、种苗繁育、森林营造、森林抚育、产品加工等方面形成的一系列的科研成果为中心的建立奠定了基础。

《中国花卉报》2016 年 8 月 4 日

高值化利用落叶松树皮

树皮不是废物而是宝。北京林业大学的专家们利用高寒地区落叶松的树皮为原料,生产出的原花青素产品"萝松素"正在积极推广。

该校张力平教授牵头承担的这个林业公益性行业科研专项,名为"落叶松树皮高值化利用关键技术与示范",采用高技术含量过程的集成和优化,以高附加值实现利润增值。

据悉,该项目已在内蒙古建立了中试示范生产基地,完成了中试化生产。年处理落叶松树皮量可达 20 吨,获得原花青素产品约 500 公斤,直接经济效益约 30 万元。该项目可以带动企业周边经济发展。实施过程中,极少产生环境污染,缓解了因落叶松树皮直接焚烧造成大气污染。

专家在研究中,进行了落叶松树皮中原花青素的安全性、稳定性、化妆品功效性评价、化妆品配方应用等 4 方面的分析。研究认为,落叶松树皮原花青素可应用于化妆品配方中,具有抗氧化、抑菌、美白、保湿、抑止黑色素、防紫外线等功效;以原花青素作为天然染色剂对丝绸进行染色处理,其织物耐湿摩擦牢度和耐汗渍牢度均达到 3 级以上,满足真丝织物对色牢度的要求;且染色后织物的紫外线防护指数达到 20 左右,具有较好的抗紫外辐射性能,可制成具有特殊功能的防紫外辐射服装。

《中国科学报》2016 年 10 月 20 日
《中国花卉报》2016 年 10 月 31 日

毛白杨产业开启"二次革命"

在生态文明建设的大背景下,毛白杨产业如何实现新的腾飞? 9 月 28 日、29 日,毛白杨科技创新与产业发展研讨会在山东省冠县召开。与会者重点研讨了毛白杨良种选育、繁育栽培、种苗推广、产业发展、问题与对策,以期为发展毛白杨产业提供理论基础和技术保障。

北京林业大学副校长李雄教授称,20 年前,中国工程院院士朱之悌的三倍体毛白杨实现了大规模产业化推广。如今再次召开毛白杨专题研讨会,对于这一乡土树种的发展意义重大。北京林业大学推出的一系列毛白杨科技创新成果,是 30

年来科技与生产密切合作的结晶,应加大转化应用的力度,强化协作,聚合产业上下游力量,促进毛白杨最新研究成果与种苗产业的有效对接,构建"育繁推一体化"的林木种业示范推广平台。

国家林业局科技司负责人指出,这次研讨会是开启毛白杨协同创新、引领毛白杨科技产业"二次革命"的启动会。要聚焦国家战略需求,加快杨树育种科技创新。围绕产业发展需求,加快优良新品种繁育,建立林木良种多元化、规模化生产供应体系。继续做好毛白杨种质资源普查和保护工作,加强种质创新,坚持"育繁推一体化"发展方向,加快雄株毛白杨良种的繁育力度,为治理杨柳飞絮问题提供更多优质壮苗。

林木育种国家工程实验室主任康向阳教授、河北农业大学杨敏生教授等五位专家,做了"毛白杨不飞絮雄株新品种选育及发展前景展望"、"毛白杨在园林中的应用初探"等5个专题报告。

京、冀、豫、晋、甘、苏和鲁等毛白杨主产区的省、市林业部门有关负责人,高校、林业科研机构的专家学者,全国各地园林、种苗企业代表等近200人参加了研讨会。与会人员实地考察了北京林业大学北方平原林业创新与示范实践基地,亲眼见证了基地建设30多年来取得的成果,认识到选用优良品种、提升林业栽培技术是行业发展的必由之路。

毛白杨是我国华北区域重要的乡土树种。自20世纪80年代初起,北京林业大学朱之悌院士、张志毅教授、康向阳教授等一批林木育种、森林培育专家扎根基地,开展毛白杨基因资源收集、保存和利用,取得了一系列突破,三次获国家科技进步二等奖,共获29项林木新品种权。近3年来,审定了7个毛白杨国家良种,其中4个为雄性良种,为杨树良种多元化发展和治理杨柳飞絮问题奠定了基础。

山东冠县负责人介绍,他们将整合全县苗圃1万余亩,以及县域内林地、路域资源2万余亩,着力打造毛白杨雄株良种苗木产业。

《中国花卉报》2016年10月27日

选育出两个杨树雄株新品种

近日,北京林业大学科研团队历时22年选育的"北林雄株1号""北林雄株2号"两个杨树新品种被认定为国家良种。这不但可产生巨大的经济、生态和社会效益,还可有效治理我国北方杨树飞絮顽症,促进杨树人工林和城乡绿化品种的更新换代。

该课题组综合细胞遗传学与花粉染色体加倍、花粉辐射以及杂交育种等技术,在解决一系列制约人工诱导 2n 花粉选育杨树三倍体的相关理论与技术难题的基础上,采用秋水仙碱溶液诱导银腺杨花粉染色体加倍,进一步利用不同倍性花粉对辐射的敏感性差异克服 2n 花粉授粉后发育迟缓问题,并在辐射处理后给毛新杨母本授粉杂交,创制一批白杨杂种三倍体新种质。

这两个雄株新品种的母本为毛新杨,父本为银腺杨。其主要特性有:树形美观、雄株不飞絮,是有效解决杨树飞絮问题的适宜替换品种;生长迅速,可迅速成林,育苗出圃快,是城乡绿化和速生丰产林建设的适宜品种。

《中国科学报》2015 年 11 月 16 日

"杨树双雄"告别飞絮顽症

北京林业大学林木遗传育种国家工程实验室 11 月 2 日发布消息称,其科研团队历时 22 年选育出的两个杨树新品种,已被认定为国家良种。这两个良种"北林雄株 1 号"和"北林雄株 2 号"的推广,不但可产生巨大的经济、生态和社会效益,还可促进杨树人工林和城乡绿化品种的更新换代。

据了解,这两个雄株新品种的母本为毛新杨,父本为银腺杨。其主要特性有:树形美观、雄株不飞絮,是有效解决杨树飞絮问题的适宜替换品种;生长迅速,可迅速成林,育苗出圃快,是城乡绿化和速生丰产林建设的适宜品种,可在京、津、冀、晋中南、鲁西北及豫中北部等地的平原和河谷川地栽培。

课题组负责人康向阳教授说,这两个新品种选育技术成果已通过国家科技成果鉴定。专家一致认为,项目育种技术先进,选育的新品种优良,成果达到国际同类研究领先水平。

课题组综合细胞遗传学与花粉染色体加倍、花粉辐射以及杂交育种等技术,在解决一系列制约人工诱导二倍体花粉选育杨树三倍体的相关理论与技术难题的基础上,采用秋水仙碱溶液诱导银腺杨花粉染色体加倍,利用不同倍性花粉对辐射的敏感性差异克服二倍体花粉授粉后发育迟缓问题,施加 $60Co-\gamma$ 射线辐射处理后给毛新杨母本授粉杂交,创制一批白杨杂种三倍体新种质。课题组经多点栽培试验和木材材性测试,在国内外首次通过人工诱导二倍体花粉授粉杂交途径,成功选育出这两个雄性杨树杂种三倍体新品种。

在河北、山东、河南 3 个试验点,5 年生试验林的生长测试结果表明:"北林雄株 1 号"材积生长量平均为每亩 5.90 立方米,比对照"1319"平均高出 168%,比

"三毛杨3号"平均高出15.8%。"北林雄株2号"材积生长量平均每亩6.80立方米,比对照"1319"平均高出209%,比"三毛杨3号"平均高出36.1%,且材质优良,纤维长、纤维含量高、木质素含量低,是优良的纸浆等纤维用材林建设的适宜品种。另外,这两个新品种还具有木材基本密度大、抗风能力强的特性。

《中国绿色时报》2015年12月4日

京津冀广植雄株毛白杨治飞絮

又到杨树飞絮时。北京林业大学选育的北林雄株1号、2号等新雄株良种在京津冀的推广应用,将有效缓解这一难题。3月26日,有关部门召开无絮毛白杨(杨树)发展研讨会,专门就推广应用问题进行广泛深入的研讨。

有关负责人指出,林业工作者应该将治理杨柳飞絮工作提升到"建设生态文明,增进民生福祉"的高度进行部署和推进。北林大的专家们经过20多年努力,选育出了雄株杨树新品种。要在杨树用材林生产和城乡绿化美化中加大推广应用力度,通过大面积栽植北林雄株1号、2号等雄株杨树,有效解决飞絮污染问题。要进一步强化无絮(雄株)杨树的繁育和推广,不断优化城乡绿化的品种结构、提高造林绿化水平。

毛白杨是具有两亿多年历史的我国华北区域重要的乡土树种,分布面积超过百万平方公里。由于雌株栽培量过大,造成了广受关注的杨树飘絮生态问题。

《北京日报》2016年4月7日

生态控制云杉矮槲寄生成灾有新技术

云杉矮槲寄生是一种多年生寄生性植物病害,在我国青海"三江源"等地区造成了严重危害。北京林业大学教授田呈明率领团队,承担了林业公益性行业科研专项项目,日前完成了云杉矮槲寄生成灾主因及生态控制关键技术研究,填补了国内该领域研究的空白。

据介绍,云杉矮槲寄生是一种能够进行光合作用和繁殖的半寄生种子植物、它通过生长在寄主植物的寄生系统吸取水分和无机养分。近年来它的侵染,使寄主云杉材积生长下降、更新停止、死亡率逐年上升,已成为严重危害我国青海省云杉林的主要病害之一。

经过 3 年的攻关,科研人员从理论上揭示了它的发生规律及其与关键影响因素之间的关系,建立了云杉矮槲寄生害遥感监测、早期诊断以及人工修枝、化学防治和生物防治技术,为延缓云杉矮槲寄生害的传播扩散提供了技术支持。这项研究,有利于减轻云杉矮槲寄生对寄主的危害,延长寄主的寿命,具有显著的经济效益和应用推广前景。

据了解,科研人员在青海进行了云杉矮槲寄生害防治技术的示范推广,建立了 1200 亩的试验示范基地。试验结果表明,人工修枝防治技术的防治效果平均在 70% 以上,无公害化学除害剂乙烯利林间防治效果均达到 94.2%,示范区综合防效达到 90% 以上。

科研人员依托研究成果,制定了 1 项青海省地方标准,登记青海省科技成果 1 项,提出云杉矮槲寄生害防治技术林业行业标准草案,申请 2 项发明专利并已获授权 1 项。

《中国科学报》2016 年 10 月 29 日

《中国绿色时报》2016 年 11 月 8 日

《中国花卉报》2016 年 11 月 17 日

杉木种子休眠分子机制研究获新进展

北京林业大学在杉木种子休眠分子机制研究领域取得新进展。有关成果日前发表在国际著名植物学期刊《Plant Physiology》上。

种子休眠是植物应对不利环境的一种适应对策,可阻止作物的成熟种子在收获前萌发,从而有效避免减产。另一方面,打破种子休眠可促进种子萌发,在作物种植和林业育苗中实现整齐出苗。了解种子的休眠特性及调控机制,在农林业生产实践中具有极其重要的意义。

北京林业大学教授林金星团队以我国重要经济林树种杉木为研究对象,综合使用透射电子显微技术、转录组测序、降解组测序和高效液相色谱－质谱等技术,深入研究了木本植物种子休眠释放和诱导过程中发生的细胞学、基因表达和激素水平等方面的变化,系统阐释了杉木种子的休眠循环过程及其调控机制。

通过与其他植物种子进行广泛比较,研究人员发现在休眠释放过程中,杉木种子不仅具有其他生理休眠种子类似的细胞学变化,而且在基因表达和激素水平及敏感性等方面存在明显的独特性。此外,杉木种子在原生休眠释放和次生休眠的诱导过程中,可能采用不同的方式调节休眠程度。前者主要通过微调赤霉素敏感性,而后者主要改变脱落酸合成能力而实现。

此研究表明,木本植物种子生理休眠的调控机制,具有不同于草本植物的独特之处,为合理地人为控制种子休眠状态提供了新的思路。

《中国科学报》2016 年 11 月 3 日

《中国绿色时报》2016 年 11 月 14 日

选育出 15 个榛子优良无性系和良种

北京林业大学研究人员选育出了适合黑龙江栽培的优良无性系平榛 7 个、毛榛 5 个,适宜河北北部和黑龙江伊春南部栽培的抗寒、抗旱、抗抽条杂交榛品种 3 个。这是该校在榛子良种选育与栽培技术研究中取得的成果。

据了解,榛子是重要的坚果树种之一,是木本油料树种。在我国,榛子的大面积栽培种植比较少。针对我国榛子生产中存在的主要问题,苏淑钗教授率领的研究团队开展了榛子抗寒良种选育及扩大地区适应性研究。在种质收集的基础上,团队选育出了一批抗性强的品种,并获得了与良种配套的产量和品质关键调控技术。

这些成果示范应用的结果表明,单位面积产量可提升 25% 以上,对农民脱贫致富和生态保护起到了积极作用。

据介绍,在优良单株选育方面,研究人员在大小兴安岭和铁岭地区广泛开展了榛子种质资源调查,构建了榛子种质评价体系,提出了榛子优良单株选育技术;在种质资源圃建设中,在河北、黑龙江、辽宁等地建立了榛子种质资源圃,收集种质 152 份,保存种质 289 份;建立了 7 个试验示范基地。

研究人员在榛子高产、优质、高效的绿色栽培技术研究中取得突破性进展。他们研究了榛子结果习性及成花基因表达条件,建立了以修剪和施用生长调剂为主、基于数字图像进行营养诊断和精准施肥的杂交榛丰产栽培体系,提出了以轮续更新结果枝组为主的野生榛林丰产栽培及低产林改造技术,还研发了利用食用菌生产废料进行榛子抗寒、抗旱、简化除草的栽培技术。

《中国科学报》2016 年 11 月 16 日

《中国花卉报》2016 年 11 月 21 日

《中国绿色时报》2016 年 11 月 25 日

观赏针叶树矮化繁殖获新成果

记者近日从北京林业大学获悉,该校科研人员主持的"矮生观赏针叶树品种及繁育技术"项目已进入成果收获期,该项目建立了采穗圃的营建、标准化配套扦插繁殖技术以及快速育苗技术,在克服大龄插穗的年龄效应、利用小规格插穗进行大量繁殖方面,取得了新的突破。

为达到一定的观赏效果,人们常希望将针叶树矮化后加以应用。北京林业大学科研人员在观赏针叶树矮化繁殖研究中取得了新成果,筛选出了观赏性状优良、抗性较强的矮生型针叶树品种,不但丰富了园林绿化树种,而且为彩色观赏针叶树苗木产业化和规模化生产提供了技术支撑。据悉,这对我国开发低矮型针叶树种质资源、确定观赏针叶树育种方向,具有重要意义。

据介绍,"矮生观赏针叶树品种及繁育技术"项目研究通过新的修剪和施肥技术,实现了采穗母株的高产化和插穗的幼龄化,达到延长采穗母株的寿命及提供高质量插穗的目的。

研究中,科研人员在北林大基地等地建立了针叶树种质资源圃和采穗圃,累计生产插穗40余万个;应用矮生针叶树高效扦插繁殖技术及幼苗的施肥、补光和菌根化育苗技术,繁殖种苗20万株,移栽成活率达90%以上;建立的快速育苗技术,使2年生种苗达到出圃的规格。通过项目实施,还建立了标准化及配套扦插繁殖技术。

《中国科学报》2016年11月21日
《中国绿色时报》2016年11月29日
《中国花卉报》2016年12月8日

首获杜仲三倍体

北京林业大学生物学院康向阳教授研究团队率先选育出了三倍体杜仲,取得了杜仲育种30多年来的重大突破。该成果日前在国际著名植物育种学期刊《植物育种》(Euphytica)发表,康向阳指导的博士生李赟是论文的第一作者。

研究人员利用自主研发的树木非离体枝芽加热处理装置,成功诱导获得了杜仲三倍体新种质,这在林木育种领域尚属首次。

据了解,研究者以创制杜仲三倍体新种质为目标,开展了施加高温处理诱导杜仲雌配子染色体加倍技术研究。在掌握杜仲雌雄配子发生和发育的细胞学规律基础上,解决了施加高温处理诱导配子染色体加倍有效处理时期,以及最佳处理温度和持续处理时间等技术条件。在该研究领域中,首次获得了 22 株来源于大孢子染色体加倍的杜仲三倍体新种质。

据康向阳教授介绍,杜仲是我国特有的传统名贵中药材,也是具有潜力的温带胶源树种。作为杜仲胶和药物的提取原料,杜仲叶以其数量大、易收集、成本低而受青睐。但杜仲代谢产物含量低限制了杜仲产业的发展。

杜仲为单科、单属、单种,无法利用种间杂交获得的杂种优势。因此,利用多倍体巨大性以及代谢产物增加等特性,通过染色体加倍创制三倍体,成为大幅度提高杜仲叶片的胶和药物含量以及产叶量最具希望的途径,也成为众多研究者的努力方向。

测定观察结果表明,杜仲三倍体具有叶片巨大的特性,一些无性系表现出生长快,杜仲胶、药效成分显著提高等优良特性,其中一些优良三倍体株系的桃叶珊瑚甙、绿原酸、京尼平甙、京尼平甙酸等药效成分含量甚至成倍增加。

康向阳教授称,选育出杜仲叶片含胶量、药效成分含量以及产叶量大幅度提高的三倍体新品种,可有力促进以制药、制胶为核心的杜仲绿色循环经济的高效发展。

《光明日报》2016 年 11 月 30 日

《中国花卉报》2016 年 12 月 12 日

欧美杨细菌性溃疡病找到克星

严重威胁杨树产业的新病害——欧美杨细菌性溃疡病有了克星。北京林业大学科技部门 4 月 20 日发布消息说,该校专家经过 4 年研究,在病原、病害发生发展规律、病原物检测和防治技术方面取得了原创性成果。

欧美杨细菌性溃疡病是 2005 年以来在豫、鲁等地出现的杨树新病害,对杨树产业健康发展造成严重威胁。北林大承担了林业公益性行业专项,对其发病规律及综合防治技术进行了深入研究。

专家们从罹病的 107 杨和中林 46 杨的树皮组织中分离出一种细菌,经科赫氏法则验证为病原菌;应用多项分类的方法鉴定出了病原菌的种类,明确为我国新记录种。

课题组设计出了一对特异性引物,制成试剂盒,可将病原细菌种类与其他近缘细菌种类区分开来,建立了欧美杨溃疡病病菌的实时荧光 PCR 检测方法。研究建立了病害发生早期的检测方法,获得了发明专利。该方法最低检测限大约是 50 个细菌细胞。其检测方法的准确性和灵敏度高,能快速简单地判断样品中是否存在欧美杨溃疡病菌,为田间调查、病害监测提供了有效手段。

研究人员测定了病原菌的全基因序列,为深入研究和阐明病原菌的致病机理奠定了实验基础。

据悉,研究中明确了病原菌侵入的时期、途径和侵染方式,病原菌传播的途径和越冬场所;了解了环境因素对病害发生的影响,以及病害发生的周年时间动态,基本掌握了病害的发生发展规律;明确了病害对欧美杨生长和木材材性的影响及造成的经济损失,提出了病害损失估计的数学模型。

研究中还收集 10 多种杨树种类和品种,用病原细菌分别进行室内离体接种试验和田间活体接种试验,比较了其抗病性,提出了目前生产上主栽杨树品种的抗病性序列,为选择栽培欧美杨品种提供了科学依据。

为预防和控制病害的发生、蔓延,科研人员选择 18 种抗菌素和杀菌剂,经过室内药剂抑菌试验和田间防治试验,筛选出了适于田间防治的化学药剂和适宜的施用方法,田间防治效果在 80% 以上。

《中国绿色时报》2016 年 5 月 4 日

《中国花卉报》2016 年 5 月 10 日

《农药市场信息》2016 年 6 月 11 日

红花尔基碳汇造林项目获减排交易绿卡

3 月 31 日,内蒙古红花尔基退化土地碳汇造林项目在国家发展改革委备案,项目产生的减排量获得了进入中国温室气体自愿减排交易市场的"绿卡",填补了内蒙古在林业领域开发减排项目的空白。

2015 年 1 月,红花尔基林业局利用我国启动自愿温室气体减排市场的契机,与北京林业大学合作,协助绿海森林旅游公司开发林业碳汇项目。项目在第一个计入期内(至 2049 年),预计产生 131482 吨二氧化碳当量的减排量。

据项目技术负责人、北林大教授武曙红介绍,项目于 2009 年开始在红花尔基境内营造 8348.88 公顷的樟子松纯林,项目计入期为 40 年。项目将拓宽在低碳经济发展的国家战略背景下,我国森林旅游开发可持续发展的路径选择;进一步发挥森林吸收二氧化碳、减缓气候变化的功能;极大改善项目实施区域的社会经济状况,提高当地的就业率;有利于减缓当地草地退化和沙化的趋势,改善当地的环境条件;进一步提高当地牧民和农民的环境意识;有利于保护生物多样性,促进当地生态旅游业可持续发展。

《中国绿色时报》2016 年 4 月 20 日

完成首都平原百万亩造林科技支撑工程

"首都平原百万亩造林科技支撑工程"项目日前通过专家验收。专家认为,该课题取得的系列成果为平原造林工程提供了扎实的理论和实践基础,可为全国平原区造林提供示范,广泛应用于京津冀地区大规模、大尺度的城市森林建设。

据了解,该课题为 2012 年北京市委、市政府重点工作及区县政府应急项目,由北京市园林绿化局和北京林业大学主持完成。北林大林学院教授马履一表示,该课题研究确定了平原造林地分布及重点区,提出了造林高抗性树种,选育出 4 个新品种,形成大规格苗木种植技术、节水灌溉技术等 8 项新技术,构建了 18 套平原区规模化造林推荐模式。

该课题组在北京昌平、顺义、房山、通州等区县建立 7 个工程科技示范区,面积达 3308 亩。同时,研究建立了"首都平原百万亩造林工程建设效益评价指标体系",对示范区效果进行了评价。

《中国科学报》2015 年 4 月 16 日
《中国绿色时报》2015 年 4 月 16 日

青藏铁路防沙技术重大项目启动

由北京林业大学教授周金星主持的"青藏铁路沿线沙害综合防治技术研发与示范"项目日前正式启动。

这一项目是国家林业局 2015 年度国家林业公益性行业科研专项重大项目之一。项目组将集中优势力量开展铁路沙害综合防治技术研究,为青藏铁路安全运营及水土保持与荒漠化防治提供理论基础和技术支撑。

在日前召开的项目启动会上,专家肯定了该项目的重要意义,并提出加强宏观与微观研究尺度相结合、开发利用沙蒿和苔草等适生植物种、建立监测分析数据共享机制等建议。

《中国绿色时报》2015 年 7 月 22 日

建立秦岭大熊猫保护网络

北京林业大学等多个单位联合建立了秦岭大熊猫保护网络,使秦岭大熊猫保护区面积超过 52 万公顷。包括这一成果在内的"大熊猫栖息地恢复技术研究与示范"项目,日前获得教育部高校科技进步奖二等奖。

科研人员提出了大熊猫栖息地植被恢复技术、等高交错森林恢复和萌蘖更新调控补植等技术,促进了天然次生和萌生林向大熊猫潜在栖息地的更替,加速了大熊猫栖息地恢复工作的进程,保证苗木成活率达到 90%,使森林恢复提前了 5—8 年。同时,开发了隔离种群关键廊道和保护空缺识别技术,构建了"关键廊道—空缺区—保护区"网络,形成了岷山"三区二带"和秦岭"四区六带"保护体系。

项目还创立了大熊猫栖息地稳定性的阈值辨识法,从理论上得到了大熊猫种群持续生存的临界条件,并且研发出一种相关站点线性回归补入法,系统完善了大熊猫分布区历年气象数据。研究人员还开发了大熊猫栖息地恢复诊断预警技术,识别出未来气候变化情景下急需保护的 7 个区域,显著提高了气候变化背景下大熊猫栖息地破碎化的预警能力。

《中国科学报》2015 年 12 月 30 日

大熊猫栖息地恢复新技术示范取得突破

《中国绿色时报》记者从北京林业大学获悉,北林大联合参与建立的大熊猫栖息地恢复技术研究与示范项目,日前获得教育部科技成果二等奖。

项目实施过程中,科研人员研究提出了大熊猫栖息地植被恢复、等高交错森林恢复和萌蘖更新调控补植等技术,使苗木成活率达到 90%,森林恢复提前 5 - 8 年,加速了大熊猫栖息地恢复的工作进程;开发了隔离种群关键廊道和保护空缺识别技术,构建出"关键廊道 - 空缺区 - 保护区"的保护网络,形成了岷山"三区二带"和秦岭"四区六带"的保护体系;创立了大熊猫栖息地稳定性的阈值辨识法,从理论上得到大熊猫种群持续生存的临界条件;研发出一种相关站点线性回归补入

119

法,系统完善了大熊猫分布区历年气象数据;研发出大熊猫栖息地恢复诊断预警技术,提高了气候变化背景下大熊猫栖息地破碎化的预警能力。

　　大熊猫栖息地恢复技术研究与示范项目主要解决的是大熊猫栖息地的丧失和破碎化难题,聚焦栖息地恢复、走廊带建设等制约大熊猫生存的关键问题,秦岭大熊猫保护网目前已使秦岭大熊猫保护区面积达到 52.6645 万公顷,覆盖了秦岭所有大熊猫的栖息地。这个项目由北京林业大学、北京建筑大学、中科院成都生物所等多单位合作完成。

《中国绿色时报》2016 年 1 月 6 日

新技术定位黑鹳迁徙路线

　　国家一级保护动物黑鹳常在哪里觅食,夜间在哪里休息,迁徙路线是什么?北京林业大学负责的北京市濒危物种拯救和动物肇事防控技术研究与示范项目利用定位跟踪技术给出答案。目前,该项目已通过市科委验收,将助力北京珍稀濒危野生动植物保护。

　　该项目由北京林业大学和市园林绿化局承担,属于北京市科技计划应急启动项目。通过科研攻关,该项目提出了黄檗、紫椴等珍稀濒危植物种内种间关系的调控技术,为北京市其他珍稀濒危植物的保育提供借鉴;应用 GPS－GSM 定位跟踪技术明确黑鹳的觅食地、夜宿地和迁移路线,为濒危鸟类的保护研究奠定基础;应用非损伤性采样分子鉴定技术,确定了斑羚的种群数量及性比,为北京地区兽类的保护研究提供了新方法。

　　该项目还研发出针对北京市农田果园鸟类的压迫式语音驱鸟系统等系列关键技术。科研人员表示,目前,珍稀濒危野生动植物拯救成为困扰全国野生动植物保护的关键问题。随着保护力度的加大,一些非濒危野生动物尤其是一些具有危险性的动物数量也迅速增加,这些动物肇事,会威胁人身安全,并造成经济损失,亟须开展动物肇事预警和防控技术研究。

《北京日报》2015 年 11 月 25 日
《中国绿色时报》2015 年 11 月 25 日

发现新鸟种 四川短翅莺

中外科学家经过多年考察研究,发现了我国鸟类的一个新种——四川短翅莺(Locustella chengi)。该鸟种以我国已故鸟类学家郑作新的姓氏命名,是首次以中国科学家姓氏命名的中国特有鸟种。

关于该鸟种的研究成果刊发在 5 月 1 日出版的《鸟类学研究》上,这是由北京林业大学与中国动物学会联合主办的鸟类学英文学术期刊。

四川短翅莺的体型比麻雀还小,主要在海拔 1000—2300 米的山区进行繁殖,与其近缘种——高山短翅莺极为相像,但鸣声大不相同。1987 年,瑞典农业大学Per 教授等研究者在四川峨眉山科考时发现四川短翅莺,怀疑是新的鸟种。此后,Per 教授和中国科学院动物研究所雷富民等鸟类学研究人员,在世界范围内广泛收集、分析了 159 个鸣声样本。根据声谱和线粒体 DNA 等科学依据,科学家最终认定,四川短翅莺与高山短翅莺确为两个独立的物种,它们约在 85 万年前由共同的祖先演化而来。

《人民日报》2015 年 5 月 7 日

《北京晚报》2015 年 5 月 7 日

《中国绿色时报》2015 年 5 月 7 日

枣实蝇综合防控有了技术支撑

"枣树重大检疫性有害生物(枣实蝇)的生物生态学特性及综合防控技术研究"项目日前获得新疆维吾尔自治区 2014 年度科技进步奖二等奖。

这一研究成果首次系统研究并明确了枣实蝇在新疆的危害特点、生物和生态学特性,确定了新疆枣实蝇是两个相近亲缘关系的地理种群,首次研发出枣实蝇人工饲养技术;首次研发了枣实蝇快速分子检测技术,使枣实蝇幼虫和蛹的鉴定周期缩短到 4 小时以内;首次建立了枣实蝇监测预警技术模型,提出了野外监测技术,开展了枣实蝇在我国适生性分析和风险评估;首次研究并提出了枣实蝇综合防控技术,在我国枣实蝇发生区建立了枣实蝇防控体系。

这项研究是由北京林业大学、新疆农业大学和新疆林业有害生物防治检疫局联手完成的。项目历时 6 年,对枣树重大检疫性有害生物——枣实蝇的分布、生物学习性、生态学、行为学特性、监测检测技术、潜在适生区分析及危险性风险评估等方面开展了深入研究。

研究者建立了以黄板和食物诱剂相结合的枣实蝇野外种群动态监测技术,监测掌握了枣实蝇的发生动态及规律;成功研发了枣实蝇人工饲养技术;建立了枣实蝇分子生物学快速检测技术;揭示了枣实蝇扩散与发生环境的生态适应性,构建了枣实蝇预测预报方法和技术模型。

《中国绿色时报》2015 年 12 月 7 日

沙地扦插造林打孔装置问世

沙地栽树并非易事,北京林业大学水保学院教授丁国栋和同事们研究设计了一种新型沙地扦插造林打孔装置,克服了传统扦插方式的缺点,可大大提高造林效率。

沙地扦插造林长期以来主要使用铁锹等农具,劳动强度较大,而且挖掘中容易引起地面塌陷或加速地表风蚀、水分蒸发过快等问题。

这种新的沙地扦插造林打孔装置结构简单、携带方便且造价低廉,可在沙地上省力地打造任意深度的树穴,还可浸润树穴四周的沙土。

《中国绿色时报》2015 年 5 月 14 日

国内首次研制出多功能立体固沙车

北京林业大学 12 月 7 日发布消息说,该校在国内首次研制出了具有自主知识产权的多功能立体固沙车。这是集立体固沙、喷播、散草插植和割灌平茬等功能于一体的自行式装备,主要应用于沙漠、沙地、戈壁及荒漠化地域的防风固沙、环境治理和植被恢复等领域。

据悉,该校刘晋浩教授主持研发的多功能立体固沙车,能够促进工程治沙与生物治沙相融合,对我国沙漠、沙地边界地区的防风固沙、生态改善具有重要的作用。

该装置充分体现了多功能装备的高新、高效、节能降耗,以及一机多用的拓展性和实用性。其插草的深度为 150 毫米至 250 毫米,草障高度 210 毫米,铺设生产效率每小时 5600 平方米,每小时栽植苗条 2000 株,灌丛平茬效率为每小时 2860

平方米,植被喷播效率为每小时 0.61 公顷。

据介绍,这种固沙车有 3 个技术创新点和先进性。一是创制了纵横向剪分式连续输草技术和摆动步进式横向插入技术,适用于 1m×1m、2m×2m 等的草方格;二是采用随动控制技术,自动测距与实施监控收集沙地表面信息,可实现随机适时反馈控制,以保证草插入沙土中的深度一致,能高效高质量地完成铺设草方格任务;三是自主研制的自适应摆臂圆盘式割灌平茬装置,能够适应不同地形地势和疏密不同的灌丛,提高割灌平茬的质量。

《中国科学报》2016 年 12 月 9 日
《中国绿色时报》2016 年 12 月 16 日

新成果促进乙醇生产废料有效利用

北京林业大学日前发布消息称,该校科研团队提供了一种高附加值利用乙醇生产过程中产生的废弃木质素残渣的途径,大力促进了纤维素乙醇生产废料的利用。这是乙醇生产过程中废弃木质素残渣首次被有效利用。

随着全球环境污染、资源短缺等问题日益加剧,生物质精炼技术的发展越来越受重视。作为少数已投产的生物质精炼技术之一,纤维素乙醇的生产规模逐步扩大。如何清洁高效利用生产过程中产生的废弃物,是当前亟须解决的关键问题。废弃物中主要含有木质素,可转化为化学品或材料,但很难直接在材料领域应用。为攻克这一难关,北京林业大学许凤教授团队通过研究试验,以乙醇生产过程中废弃的木质素残渣为原料,成功制备了一种氮掺杂多孔碳纳米片骨架结构碳材料。采用这一新型的碳材料,可制备超高性能的超级电容器电极材料。这种新型的碳材料氮掺杂量高,显著提高了电极导电性及与电解液界面的接触性,并具有高比表面的纳米片形貌,形成多级碗状孔结构,显著增加了有效电荷储存量。

《中国绿色时报》2016 年 10 月 17 日

石墨烯新材料应用化学发光研究获新进展

北京林业大学教授李建章团队在石墨烯新材料应用于化学发光传感方面的研究取得新进展,相关科研成果论文日前发表在国际著名化学期刊《光化学和光生物学杂志:光化学评论》上。(Journal of Photochemistry and Photobiology C: Photochemistry Reviews）

据介绍,石墨烯是目前发现的最薄、强度最大、导电导热性能最强的新型纳米材料。而化学发光方法具有仪器设备简单、灵敏度高、线性范围宽、分析迅速、容易实现自动化等优势,已在生命、环境、食品等领域广泛应用。

李建章团队结合最新的化学发光理论和化学发光联用技术研究成果,系统总结了基于石墨烯的化学发光传感体系的优缺点,及其在催化、免疫、分子印迹、能量转移、电化学传感等研究中的最新进展,展望了其发展和应用前景。这项成果为拓展石墨烯应用领域、利用石墨烯特性制备生物基发光材料等提供了新的研究思路。

研究中提出了基于石墨烯的新材料化学发光体系构建方法,阐述了化学发光猝灭和能量转移基本原理,构建了制备石墨烯发光复合材料进行自组装催化发光、逻辑门催化发光应用于生物检测的工作模型。

《中国科学报》2016 年 11 月 15 日

果树精准定位装置问世

果园里的果树多,每棵果树的情况很难掌握。一种新果树精准定位装置的问世,可以帮果农看清每一棵果树的位置和相关数据。4 月 21 日,北京林业大学对外宣布,由该校工学院教授康峰研制成功的果树精准定位新装置已获专利授权。

该设备将激光测距仪、惯性测量装置、GPS 定位模块、雷达测速仪和测控板卡相结合,根据果园中果树的分布特点,采用可在果树作物行间行走的轮式移动平台,实现在低速巡航状态下对果树的快速、有效定位和识别,以获取果树的分布信息,实时创建果树定位地图。

使用者只需将定位的移动车载设备装在小型拖拉机、农用电动车上,在果园里走一圈,就能将有关数据传输给电脑,瞬间即可得到一张果树定位数据图,准确获得果树的生长和分布信息,为果树精准施药、果园规模化经营以及精细农业数字化管理,提供新的科学技术手段。

《中国科学报》2015 年 4 月 23 日

《中国绿色时报》2015 年 5 月 5 日

发明立木防虫环剥装置

近期,北京林业大学专家发明的一种科学环剥树皮的立木防虫环剥装置已申请国家专利,在推广中受到好评。

草履蚧传播速度快,可使树木枝条因失去养分过多而无法展叶或推迟展叶,严重时可造成枝条枯死或树木整株枯死。传统防治方法,是由工人用剥皮刀在树干上刮去老树皮后涂抹药膏。这种方法劳动强度大、效率低。北京林业大学工学院副教授程朋乐等研究设计的立木防虫环剥装置,即能有效防治草履蚧等对树木的危害,又能保证树木的健康生长。同时,采用发明的剥皮装置可上下移动剥去树皮,在电机的驱动下绕树转动,大大提高了工作效率。

《中国绿色时报》2015 年 6 月 16 日

构建枣树有害生物综合防控体系

富有特色的枣实蝇防控技术体系的诞生,有效地控制了有害生物的发生,实现了农民增收。这项名为“枣树重大检疫性有害生物(枣实蝇)的生物生态学特性及综合防控技术研究”的项目,日前获得了新疆维吾尔自治区 2014 年度科技进步奖二等奖。

该研究由北京林业大学、新疆农业大学和新疆林业有害生物防治检疫局联手完成。项目历时 6 年,对枣树重大检疫性有害生物——枣实蝇开展了深入研究。

该成果首次系统研究并明确了枣实蝇在新疆的危害特点、生物和生态学特性,确定了新疆枣实蝇是两个相近亲缘关系的地理种群,首次研发出枣实蝇人工饲养技术;首次研发了枣实蝇快速分子检测技术,使枣实蝇幼虫和蛹的鉴定周期缩短到 4 小时以内;首次建立了枣实蝇监测预警技术模型,提出了野外监测技术,开展了枣实蝇在我国适生性分析和风险评估;首次研究并提出了枣实蝇综合防控技术,在我国枣实蝇发生区建立了枣实蝇防控体系。

《中国科学报》2015 年 11 月 30 日

三倍体枣为枣树育种锦上添花

"京林一号枣"新品种的诞生,为北京林业大学枣树遗传育种项目组再添一份有分量的新成果。项目组与河北省沧县国家枣树良种基地合作,选育出的这个三倍体枣新品种已获得了植物新品种授权。

据悉,"京林一号枣"有众多显著优点。它的果实大,平均单果重为24.08克,最大果重29.8克,而且大小整齐,可食率96.2%,果形漂亮,还可抗裂果病和缩果病。

枣树原产我国,是我国最重要的经济林树种之一。北林大庞晓明教授带领项目组持续从事枣树的遗传育种研究,取得了一系列新成果

项目组从冬枣实生苗中选育的一个优系正在进行区域试验。与普通冬枣相比,这个优系成熟期早15天以上,果实大,平均单果重为31.48克,最大果重45克,可食率97.3%,甜酸适口,管理技术要求简单。

枣树栽培历史悠久,存在较丰富的遗传变异。项目组与沧县基地合作建立了枣树种质资源库,保存种质资源500多份,包括优良鲜食、制干品种及具有重要观赏价值的种质,如"龙须枣""茶壶枣""磨盘枣""葫芦枣"和"胎里红"等。

长期以来,枣树品种的鉴定多依赖于形态学指标,缺少可靠的技术手段,造成同名异物和同物异名的情况较严重。品种侵权事件的发生,严重影响了育种者的积极性和育种成果的推广应用。为此,项目组构建了枣树种质分子标记指纹图谱,成为识别枣树品种的"身份证"。

据了解,研究人员开发了1800对标记,从中筛选出20对高多态性的SSR标记,建立了国家枣树品种鉴定行业标准《枣品种鉴定技术规程SSR分子标记法(LY/T 2426-2015)》,为枣树品种和种质资源的鉴定、育种和遗传研究提供了重要的技术基础,对枣树品种的知识产权保护等也具有重要意义。

在枣树抗逆优质良种选育中,项目组也取得了可喜进展。由于花小操作困难、结实率和含仁率低等原因,枣树人工杂交困难。项目组研究提出了"实生选种结合分子标记辅助家系重建进行逆向选择"的新育种策略,为枣树新品种选育奠定了方向和基础。

从2010起,项目组每年栽种约500株-2000株的枣良种实生苗。项目组利用SSR标记技术从这些实生苗中鉴定得到了多个全同胞家系,为枣树重要经济性状的遗传研究和枣定向育种技术奠定了基础。此外,项目组从中筛选出多份大

果、抗裂等优株,为抗逆优质良种选育奠定了基础。

项目组在枣树快速繁殖技术方面也取得了可喜进展。研究人员应用"响应面法",对多个品种的叶片高效再生体系的关键培养条件进行了试验设计、分析与优化,获得了"茶壶枣"、冬枣、酸枣的叶片高效再生体系。

《中国绿色时报》2016 年 6 月 10 日

《中国花卉报》2016 年 6 月 17 日

《中国科学报》2016 年 8 月 3 日

山杏加工利用技术实现新突破

北京林业大学生物学院科研人员针对山杏加工利用产业链中的技术体系难点进行研发,日前在山杏仁降血糖肽研究中有所突破,对山杏果肉的高值利用研究也取得进展,还研发出系列山杏配方油推向市场。

科研人员在山杏仁降血糖肽研究中,研发了山杏仁蛋白质酶解制肽工艺,经过分离纯化,首次获得了4 种氨基酸序列明晰的山杏仁功能肽,获得了两项国家发明专利。

在山杏果肉高值利用研究中,科研人员对山杏果肉的主成分进行了分析,开展了山杏果肉可溶性膳食纤维的降血糖活性研究。结果表明,山杏果肉 SDF 的降糖效果呈现明显的剂量效应关系。

科研人员还致力于山杏仁油脂加工与衍生品开发,研发出适合不同人群营养需求的4 种配方油、2 种肽饮料以及脱苦杏仁、富肽杏仁、山杏肽粉等产品,其中部分已投放市场。

山杏是我国北方地区重要的生态经济林树种,成林面积大。丰年时,我国山杏果实产量近 40 万吨、杏核产量约 20 万吨,达到了林业大宗产品规模。但由于针对山杏果实研发的力度不够、加工工艺落后,现有技术不足以支撑产业链的多元化延展,北林大的这一研究为系列问题的解决开辟了路径。

《中国绿色时报》2016 年 5 月 3 日

核桃油制取新技术提质提效

3 月 22 日,"核桃油高质高效制取技术试验与示范"项目通过验收,结论为:

其成果具有创新性,为核桃产业化加工利用提供了理论依据和技术支持。

这项研究是由北京林业大学生物学院副教授王丰俊主持完成的。科研人员进行了核桃油快速液压设备和物理精炼设备的改进研究,完成了高质高效制取核桃油技术试验。其突出特点是:制取过程不使用化学溶剂,温度低于60摄氏度,保证了核桃蛋白加工过程中不变性。目前,这项研究已指导建成了年产50吨的高质高效示范生产线。

《中国绿色时报》2015年4月2日

野生蓝靛果在京引种成功

原本分布生长在寒温带的野生蓝靛果,如今在北京地区大量生根、开花、结果。这是在我国长城以南地区野生蓝靛果首次引种成功。

蓝靛果又名蓝靛果忍冬,是忍冬科灌木,高约1.5米,果实为浆果,呈暗蓝色,椭圆或长圆形,可生食,味道酸甜可口,富含花青素,其含量甚至高于蓝莓,具有清热解毒和调节血压等功效,属于第三代优良保健类水果。

专家告诉记者,野生蓝靛果自然生长于我国东北大小兴安岭及长白山(603099,股吧)地区,在俄罗斯西伯利亚等地区也有大量分布。随着野生蓝靛果资源逐年减少,国内近年开始人工栽培研究探索。从2012年起,北京林业大学生物科学学院教师王德祥从黑龙江引进了黑林丰、蓝心、伊人和蓓蕾4个品种,在北京地区以及河北任丘市开展了蓝靛果引种栽培研究。

东北地区的野生蓝靛果每年的5至6月份才进入花期。经过引种驯化,王德祥在北林大校园及周边地区引种栽培的蓝靛果植株已在今年的3月中旬大量开花,进入花期,较原产地提前了约2至3个月。

王德祥称,经过土壤改良、栽培和管理技术的改进、对引进品种的筛选和淘汰,目前蓝靛果在北京和河北一带生长良好,即将进入盛果期。

《北京晚报》2015年4月14日
《中国绿色时报》2015年4月28日

美国红豆杉北京安家首次结果

北京林业大学校园内引种栽培了30株美国曼地亚红豆杉(Taxus madia),今年首次挂果。这些红豆杉已是7年生树,长势非常好,近日来果实陆续成熟变红。

这些红豆杉是北京林业大学退休教师王德祥引种的。他说,引种实践证明,美国曼地亚红豆杉适合在北京地区栽培生长。它果红艳、叶青绿,园艺观赏价值高,盆景入室可净化室内空气。

王德祥说,美国曼地亚红豆杉属于红豆杉属中的一种,常绿灌木,生物量十分巨大,紫杉醇含量是红豆杉属所有种类中最高的一种,是其他种类含量的8至10倍,整株利用率高、均可入药。

《中国花卉报》2016年8月18日

纠正黑木耳命名错误

吃了多年的黑木耳,其物种名称原来一直都是错的。4月15日,北京林业大学对外宣布,该校两位研究生纠正了黑木耳命名的错误。相关成果发表于《植物分类学》杂志。

据介绍,所谓的"黑木耳"这个种最早在1789年发现于欧洲,先是被比利亚尔命名。1881年,卡次布尔·图曼认为中国栽培的黑木耳与欧洲发现的 auriculariaauricula－judae 是同一个种。此后该学名被广泛接受,几乎所有中国文献报道中的黑木耳物种学名均使用此名称。

北林大研究人员选取了亚洲、欧洲和北美洲野生及栽培的所谓"黑木耳"样品,结合 dna 分子序列和经典形态学分类方法,发现北半球所谓的"黑木耳"实际并不仅仅是 auriculariaauricula－judae 这一个物种,而是一个复合种群,其中包括了4个物种。而我国广泛分布和栽培的食药用真菌黑木耳,与欧洲的物种 auriculariaauricula－judae 并不相同,是一个未被描述和命名的新种。为延续使用黑木耳这一在中国被广泛栽培和熟知的食用菌名称,课题组以汉语拼音为中国的黑木耳进行了重新命名。

《中国科学报》2015年4月20日
《北京晚报》2015年4月28日

螺旋藻专利技术转让成功

由北京林业大学教授李博生发明的4项与螺旋藻开发直接相关的发明专利

技术转让成功,5月16日签署了转让协议,转让费达110万元。

　　这4项专利技术构成了一整套螺旋藻养殖和深度利用的技术体系,使不可控的传统螺旋藻养殖条件变为可控,将螺旋藻养殖和深加工推向了高端领域。与传统的跑道式养殖法相比,新技术的应用可以使传统的螺旋藻养殖期由六七个月延长为周年生产,单位体积增产5倍-7倍,而且质量稳定可控。此外,这套专利技术将风能、光能引入养殖系统作为能源,基本不耗电、省地约90%、节水约89%。

　　这套专利技术不仅适用螺旋藻养殖,也适用于其他微藻养殖,其中涉及螺旋藻活性物质提取分离纯化的技术,利用纯净水作为溶剂,没有任何化学残留。

《中国绿色时报》2016年5月20日

无患子深度开发研究获突破

　　近日,北京林业大学国家能源非粮生物质原料研发中心无患子研究团队的研究生们,将树苗小心翼翼地种到福建的山上,造林工程有序进行。该团队在无患子高效培育技术方面获得突破,极大地促进了无患子的开发。

　　研究团队利用采自全国14个省65个无患子优树种子所育的2年生苗进行造林,形成了实生种质资源圃50亩,利用嫁接技术建立无患子优树无性系种质资源圃50亩。种质资源圃的建立有望在优良品种选育方面取得突破,为无患子"林油一体化"产业的高效可持续发展奠定了扎实基础。

　　无患子是北京林业大学能源中心主要研究树种之一。能源中心与福建源华林业生物科技有限公司合作,建立了产学研联合科技研发基地,进行无患子原料林高效培育试验及"林油一体化"产业链的建设,开展全国无患子优良种质资源的收集、高效栽培技术体系的建立、采收装备的设计、主产品及高附加值产品开发等方面的研究。此外,能源中心还协助企业设计无患子多联产开发及利用路线图。

　　通过合作,无患子高效培育技术目前已有突破。团队对无患子花芽分化机理及开花结果特性等有了深入了解,在高光效整形修剪技术及落果调控技术等方面取得了相应成果。企业的原森堂无患子手工皂产品已在全国销售。

　　据悉,校企合作正在开展"中法林油一体化"产业可持续发展模式及其相关因素研究,将在无患子全生命周期的环境、社会、经济及多联产产业链等可持续发展方面取得突破,成为全国乃至世界林业生物柴油产业链可持续经营的示范模式。

《中国绿色时报》2016年3月25日

新技术助推无患子特色经济林发展

北京林业大学日前与企业合作完成了"无患子皂苷及生物柴油性能评价与高效制备技术"的研发,在福建三青公司建成了年产 15 吨无患子皂苷分离纯化中试生产线。这对农民脱贫致富、推动无患子特色经济林产业发展具有重要意义。

据介绍,天然无患子皂苷作为表面活性剂,具有环保、无毒、可生物降解等特点。用其代替合成表面活性剂,可降低对石化资源的依赖、减少环境污染。

有数据显示,我国目前合成洗涤剂年使用量约 320 万吨。按皂苷替代 10% 计算,年需要皂苷 32 万吨,相应的无患子果产量达 200 万吨左右,无患子推广种植面积为 150 万亩。这一产业链的形成将促进农民增收,带动无患子特色经济林产业的发展。

据悉,这是国家林业局的重点项目之一。科研人员完成的一系列工作包括:开展了无患子不同地区及品种的种实化学组成比较评价研究;进行了无患子果实油脂物化性质及生物柴油低温流动性能、燃点闪点、抗氧稳定性、十六烷值、燃烧性能研究与评价;研究了无患子皂苷及皂荚皂苷表面活性和泡沫性能;研发了无患子果实皂苷绿色分离技术、皂素连续浓缩提取方法、真空浸提制备皂素工艺技术、无患子皂素水提液发酵联产乳酸新工艺、天然皂素及生物表面活性剂复合产物联产工艺等。

《中国科学报》2016 年 10 月 12 日

《中国绿色时报》2016 年 10 月 20 日

《中国花卉报》2016 年 11 月 23 日

农林生物质资源化利用技术获奖

近日从北京林业大学获悉,"农林生物质多级资源化利用关键技术"获得了 2015 年度教育部高校科技进步一等奖。

这一项目由北京林业大学、中南林业科技大学、广西南宁绿园北林木业有限公司、华南理工大学、湖南远航生物科技有限公司和山东省临沂市振声木业有限公司 6 家单位联合攻关 11 年完成。

研究人员研发出了定量配比溶剂法抽提物高效提取新技术,制备得到高纯度的麦角甾醇及桉叶醇;创立了一种低成本、环保的木材脱脂新技术,显著提高了胶合效率;首创了杜仲叶及皮中主要活性成分清洁温和提取新技术,绿原酸纯度高达99.8%;研发了一种杜仲木本抗菌剂制备新技术,可在梅雨季节短期内抑制木竹制品发霉。项目阐明了木质素、纤维素及半纤维素在预处理过程中解离机理;定量解译了制浆造纸及生物炼制工业中解离木质素的结构变化特征,为工业木质素的高值化利用提供了技术支撑。

研究人员还发明了生物质木质素高强度耐候胶黏剂制备技术。以木质素、苯酚、甲醛等为主要原料,在木质素定位定量活化基础上,采用多步共聚技术,研制出高强度耐候木质素基酚醛树脂胶黏剂。其胶合成本与E0级脲醛树脂在同一水平上,木质素对苯酚替代率可达60%,甲醛释放量远低于E0级限量值,苯酚释放量达到饮用水卫生标准要求,实现了工业木质素高效资源化利用。

此外,研究人员还创建了农林生物质多级资源化利用关键技术,通过集成创新、优化加工工艺,成功解决了生物质抽提物资源化效益低、工业木质素难以高值化利用、耐候胶黏剂成本高等关键技术难题,创制麦角甾醇、桉叶醇、绿原酸、木质素基酚醛树脂胶黏剂、耐候层积板等系列生物质产品。

目前,项目技术已在7家企业实现了大规模产业化生产,建成生产线19条,产品畅销30多个省(区、市),并出口美国、日本等国家。

《中国科学报》2016年1月4日

《中国绿色时报》2016年1月11日

林业再生资源深度开发研究获进展

林业再生资源经过科学开发利用,可将产值提高20倍以上。这是北京林业大学材料学院教授樊永明和博士刘六军等人所在团队研究取得的最新进展。

这个团队用10多年时间攻克了我国东北地区林下药用、芳香两用植物的深度综合利用难题。此前,林下药用、芳香两用植物的初级产品的利用率只有2%-3%。科研人员根据市场需求进行精馏,再加工生产为高档增香剂紫苏亭和杀菌香料、中等香料等,从而使产值提高20—50倍。他们还在非挥发性的提取物中,首次发现了多类型生物碱,进一步提高了资源利用率。

《中国绿色时报》2015年5月27日

经济树种行业标准首次使用 DNA 鉴定技术

记者今天从国家林业局获悉,林业行业标准《枣品种鉴定技术规程 ssr 分子标记法》将于 5 月 1 日起实施。这是我国经济林树种中第一个利用 DNA 检测技术进行品种鉴定的行业标准。

该标准由北京林业大学生物科学与技术学院副教授庞晓明牵头制定。该标准的颁布实施,将为枣树品种选育中的实验和管理、枣树品种评价、品种权仲裁等提供技术支撑,促进我国枣树品种鉴定工作的科学化、规范化,对保护枣树育种者的权益、促进枣树育种事业的发展等起到积极的作用。

据了解,ssr 分子标记检测技术已广泛应用于植物品种鉴定。我国已出台了一系列主要农作物品种的 ssr 分子标记鉴定行业标准。但在林木植物上的相关标准较少。

长期以来,我国枣树品种或类型命名比较混乱、同名异物和同物异名现象大量存在。针对这一问题,北林大枣树研究团队从 2010 年起,承担了一系列项目,研究建立了包括 963 个枣树品种的 dna 指纹数据库,编制完成了这个标准。

《中国科学报》2015 年 3 月 12 日

制定《皂荚多糖胶》国家标准

11 月 2 日,由北京林业大学教授蒋建新团队主持制定的《皂荚多糖胶》国家标准通过国家标准化管理委员会审批开始实施。这为皂荚资源的高效开发利用提供了产品标准支持。

皂荚多糖胶是半乳甘露聚糖类多糖胶的重要品种之一。多糖胶因其独特的溶液流变性,广泛应用于食品饮料、日用化工、石油开采、纺织印染等多个工业领域。多糖胶是国际大宗工业原料,我国每年用量的 70% 依赖进口。

皂荚又名皂荚树、皂角,有很高的经济价值。我国具有丰富的野生皂荚资源,目前在山东、河南、河北、山西和重庆等地发展建设了人工皂荚林基地。蒋建新团队开发了半干法多糖胶制备与改性技术、微波活化法多糖制备技术、多糖胶物理增黏技术,以及速溶多糖胶制备技术,获得发明专利授权 17 件。

南京野生植物研究院等单位参与了标准制定工作。

《中国科学报》2015 年 11 月 12 日

《中国绿色时报》2015 年 11 月 18 日

枣树林业行业标准今年 5 月起实施

国家林业局日前发布公告称,林业行业标准《枣品种鉴定技术规程 SSR 分子标记法》将于今年 5 月 1 日起实施。

这是我国经济林树种中第一个利用 DNA 检测技术进行品种鉴定的行业标准,由北京林业大学生物科学与技术学院副教授庞晓明牵头制订。它的颁布实施将为枣树品种选育中的实验和管理、枣树品种评价、品种权仲裁等提供技术支撑,促进我国枣树品种鉴定工作的科学化、规范化,对保护枣树育种者的权益、促进枣树育种事业的发展等起到积极作用。

据了解,SSR 分子标记检测技术已广泛应用于植物品种鉴定。我国出台了一系列主要农作物品种的 SSR 分子标记鉴定行业标准。

长期以来,我国枣树品种或类型命名比较混乱,“同名异物”和“同物异名”现象大量存在。针对这一问题,北林大枣树研究团队从 2010 年起,承担了林业公益性行业专项“枣新品种选育和产业升级关键技术研究”、国家科技支撑计划“华北区鲜食枣和干制枣高效生产关键技术研究与示范”、中央高校基本业务经费“枣树种质资源 SSR 标记指纹图谱构建”等项目,建立了包括 963 个枣树品种的 DNA 指纹数据库,并编制完成了此项标准。

《中国绿色时报》2015 年 3 月 20 日

全国球根花卉种球标准全面修订

已使用 13 年的《城市绿化和园林绿地用植物材料:球根花卉种球》标准,将被修订后的新标准所替代。2 月 3 日,标准修订工作在北京林业大学启动。修订后的标准将于今年 10 月公布。

据了解,随着我国园林建设快速发展和花卉业的发展,用于园林绿化的球根花卉种类不断增多,使用多年的原标准中的种类已不能满足要求。通过标准修订,可以明确更多种类球根花卉的产品质量,不仅有利于保证进口种球质量、避免浪费,而且对推动和提高我国球根花卉产品质量也起到重要作用。

主持修订工作的北林大副校长张启翔教授称,新成立的标准修订组成员讨论通过了《城市绿化和园林绿地用植物材料球根花卉种球》标准修订工作大纲,就标准修订大纲、需要解决的重点问题、修订工作计划等问题达成了一致,确定了修订后的标准名称、标准修订原则,明确了分工和完成进程。

《中国绿色时报》2015 年 2 月 24 日

《中国花卉报》2015 年 3 月 9 日

北京花卉产业发展研究取得新成果

花卉产业如何在发展和创新中寻求突破?北京林业大学黄国华副教授主持的有关研究为回答这个问题提供了新思路。这项研究成果的结晶《花卉产业发展与创新研究——以北京为例》一书,近日出版。

北京在我国花卉生产和消费领域占有十分重要的地位,花卉产业和市场历史悠久,有良好的发展基础和潜力。以北京为突破口,研究和探索花卉产业发展与创新的路径,对于全国而言有借鉴意义。

黄国华带领团队以大量的调查为支撑,围绕居民、企业、绿化工程 3 个主要消费群体,通过直接访谈、问卷调查、统计资料收集等手段,采取随机抽样和典型抽样相结合的方式,累计调查样本约 8000 个,通过分析研究,提出了北京花卉产业发展的定位和目标。此外,还与花卉产业发达国家和地区进行对比分析,总结了北京花卉产业的发展路径和方式。针对北京花卉产业的创新发展问题,提出了定位创新、生产创新、流通创新、技术创新、产业链创新等发展思路。

《中国绿色时报》2015 年 4 月 28 日

用科技开辟观赏芍药商品化途径

经过 12 年系统研发,北京林业大学专家攻克了芍药产业化生产关键技术难题,创新了芍药产业化生产模式,提高了观赏芍药的商业价值和产品品质,开辟了传统名花的商品化途径。专家团队的"观赏芍药产业化生产关键技术与应用"研究成果,近日获得北京市科学技术奖三等奖。

为提升我国芍药产业化水平和自主创新能力,北京林业大学专家刘燕率领团队,针对我国观赏芍药商业生产品种匮乏、产业化生产技术体系缺失、产品单一、资源利用率低等问题,依托 6 项国家级、省部级课题的实施,开展了相应的研究工作。这项研究在挖掘、保存优异种质资源,筛选及培育优质品种,构建配套种苗、切花、盆花、工程苗标准化生产技术体系等方面取得重要突破。成果已广泛应用于规模化生产中,为我国新花卉作物研发及在国内外市场竞争力的提高作出了重要贡献。

研究人员建立了芍药核心种质圃和超低温保存库,收集 77% 的中国野生种、引进国外优异品种 31 个、国内品种 38 个。保存库是世界首个保存种类最多(5 种、73 个品种)、保存时间最长(达 10 年)的芍药花粉超低温保存库。

项目研究过程中,获得抗病性和耐阴性强的野生种质,成功异地保存并用于杂交育种;优化了育种体系,建立了芍药远缘杂交育种技术体系;建立了芍药花粉、成熟胚的超低温保存技术体系;应用微卫星分子标记技术,系统评价了国内外芍药品种(种)的亲缘关系与遗传多样性,构建了芍药属植物系统进化树。芍药远缘杂交育种技术体系大大缩短了杂交种子的成苗时间,加速芍药新品种培育进程。杂交育种获得 3 个新品种,并进行了国际登录。

研究人员解决了芍药产业化生产无适用品种的技术难题。建立了综合"商品性状、光能利用率、设施适应性、抗病能力"4 项指标体系的分株苗 1 年快速鉴定技术,获得了 7 个设施生产适用品种,实现高效筛选,克服了传统筛选方法历时长、效率低的问题,筛选准确率为 90%;建立了"商品性状、生产性状、茎秆解剖、组织成分、力学特性"5 项指标体系的切花品种高效筛选技术,筛选出 15 个品种,准确率达 95%;建立"离体叶片结合活体茎、根菌片接种法"的抗病品种鉴定技术,筛选出抗灰霉病品种 3 个、抗根腐病品种 2 个;建立了分株苗无土盆栽 1 年快速筛选技术,筛选出工程苗适用品种 20 个,准确率达 98%。

专家们创新了配套筛选品种的无土栽培技术体系,花期调控、营养诊断、病害防治、设施环境控制、采收技术等多项芍药产业化生产关键技术,给产业化技术集成奠定了坚实基础。

研究人员还建立了"专用品种 + 新型无土栽培基质和容器 + 高效施肥技术 + 低能耗栽培环境控制 + 创新产品形态"五位一体的芍药新型产业化栽培技术体系,集成创新了 4 套标准化生产技术规程并进行了推广示范。

《中国绿色时报》2016 年 3 月 22 日

《中国花卉报》2016 年 4 月 20 日

16个糖果鸢尾新品种丰富北方夏日

2016年5月12日讯,北京林业大学高亦珂教授率领课题组培育出了16个糖果鸢尾新品种,并于近日完成了国际登陆,不但丰富了国际上的糖果鸢尾品种类型,而且弥补了北京等地夏日观花植物稀少的现状。

据介绍,8年前课题组从北京和黑龙江引种了不同颜色的野生鸢尾。他们发现,北京周边的野鸢尾开白花,而黑龙江引种的开蓝花,都在夏季开花。他们将其与射干杂交,第二年部分杂交后代开花了。花朵的颜色是较深的紫色,既不是野鸢尾的白色和蓝色也不是射干的橙色。他们接着又做了和双亲的回交、自交,年复一年不停地杂交。

有资料表明,20世纪60年代末美国最早杂交了射干和野鸢尾,把获得的鸢尾和射干的杂种统称为糖果鸢尾。之所以起这样好听的名称,是因为花朵在闭合的时候,会像糖果纸边一样呈现螺旋状的卷曲。但没有任何的研究文献,也没有更多的记载。

糖果鸢尾最大的特点是花色丰富,颜色有红、黄、蓝、紫、粉、白、橙等,像彩虹一样丰富多彩。有些花瓣上有大理石般的斑点,还有些具有双亲都没有的特点。比如有花瓣上没有斑点纯色的花朵,还有的花瓣和花被片的颜色是不同的。

课题组经过近8年的杂交育种,利用从不同地点采集的野鸢尾和射干作为亲本,进行杂交,并将杂交后代回交和自交,获得了大量的不同类型的杂种后代。从这些野鸢尾和射干的杂交回交后代中选育了大量的花色不同的杂种品种。

这些糖果鸢尾杂种品种花色丰富,在北京从仲夏开始开花,可以一直开到9月份。每朵花只开放一天,开花的时间随不同品种而不同,上午、中午到傍晚都有开花的。糖果鸢尾的开花量远远大于射干,多的每个植株能开上千朵花。在炎热少花的夏日,彩虹般丰富颜色的糖果鸢尾,弥补了北京地区夏日观花植物稀少的现状。

据了解,糖果鸢尾耐寒、耐高温、耐干旱,在北方大部分地区都能露地越冬。繁殖采用分株和播种两种方法,分株繁殖一般在春季出芽后进行,不影响当年开花。播种可以采用春播和秋播两种方式,可以露地播种。秋播第二年夏季可以开花,春播植株当年开花约占50%。

《北京晚报》2016年5月12日

《中国绿色时报》2016年5月17日

《中国花卉报》2016年6月14日

我国新添三个紫薇新品种

紫薇大家族又添了新成员。"风华绝代""千层绯雪""紫嫣"3 个紫薇新品种刚刚通过了国家林业局植物新品种保护办公室组织的专家实质审查。这 3 个新品种丰富了紫薇现有的类型,均具有很好的市场应用和推广前景。

专家组实地观测了 3 个紫薇新品种的性状,详细地听取了课题组的育种工作汇报,肯定了新品种的特异性、一致性和稳定性。这 3 个新品种是国家花卉工程技术研究中心和北京林业大学园林学院紫薇课题组培育的。

据了解,这 3 个新品种均为种间杂交品种,具有明显的特异性和很好的观赏性。"风华绝代"为大花紫薇和紫薇的杂交后代,具有花大、株型开展和不结实等特点;"千层绯雪"和"紫嫣"均为屋久岛紫薇和紫薇品种的杂交后代。"千层绯雪"的花色亮丽,花期长,花量大;"紫嫣"株型平展或下垂,花为紫色,花期长,为少见的平展或下垂株型的品种。

《中国绿色时报》2016 年 9 月 27 日

六个新品种将亮相拍卖会

近日,记者从北京林业大学园林学院获悉,园林学院教授高亦珂精心培育出大批花卉新品种,其中已在国际鸢尾协会、国际萱草协会登录的鸢尾新品种有 24 个、萱草新品种 36 个,有 6 个花卉新品种将在近期浙江杭州举办的拍卖会上亮相。这些新品种都有抗性强、病虫害少、栽培管理容易的特点,适合花坛、花境及盆栽应用。

在即将参加拍卖的新品种中,有 4 个已在国际鸢尾协会登录,分别是:鸢尾科鸢尾属"糖果鸢尾 Bright Smile"、"糖果鸢尾 Romantic celebration"、鸢尾"Eastern Sun"、鸢尾"Love Tracks"。前两种的花期为 7 月下旬至 8 月下旬,实生苗在北方可露地越冬;后两种在华东、华南地区采用排水良好的沙壤土进行高垄或高畦种植表现最佳。

据了解,"糖果鸢尾 Bright Smile"花葶高 84 厘米,花色为较少见的浅黄色,开花繁密,具有一定的耐盐碱能力。"糖果鸢尾 Romantic celebration"花瓣为浅粉色,花期长,且在开花较少的夏天开放。"鸢尾 Eastern Sun"和"鸢尾 Love Tracks"的特点是花朵垂瓣、蓝紫色,基部有深紫色斑纹,旗瓣蓝紫色,髯毛基部白色,顶部橘黄色,由外向内逐渐变深,有香味,能够在春秋稳定两次开花。

"金心""陶然"是高亦珂培育出的另外两个阿福花科萱草属萱草新品种,已在国际萱草协会登录。它们的花朵白天开花,较耐寒,可在华北露地越冬。"金心"花色为淡橘黄色,有微红斑,连续开花。该品种耐粗放管理,冬季休眠,对生存环境要求低;"陶然"为二倍体,植株冬季休眠,对生存环境要求低,一般不需要特殊的土肥水管理即可健康生长并正常开花。

《中国绿色时报》2016 年 3 月 22 日

牡丹遗传学研究获新进展

北京林业大学牡丹遗传学研究取得新进展。该校博士生蔡长福在导师成仿云教授的指导下,构建了牡丹高密度遗传图谱,开创了牡丹遗传学研究的新方向。这一新成果为开展牡丹分子标记辅助选择、控制重要性状基因的图位克隆、重要农艺性状遗传机制探索、基因组序列组装等研究,奠定了重要的理论基础;同时对提高牡丹育种的目标定向性、缩短育种周期、有针对性的选育新品种等具有重要的指导作用,对于牡丹产业的转型升级具有重要的现实意义。

原产于我国的牡丹有 1600 多年栽培历史,约有 1500 个品种。由于牡丹生物学特性所限,培养新的品种费时耗力。从 2008 年开始,成仿云带领团队探索牡丹现代分子育种,力图突破牡丹传统育种的瓶颈。高密度遗传图谱的构建是重要工作之一。

据专家介绍,牡丹生长周期长、遗传结构复杂、分子生物学基础薄弱,使得其遗传图谱构建的难度大大增加。这项研究建立了 141 个杂交分离群体,结合分子标记检测技术,确定了以"凤丹白"和"红乔"杂交获得的 F1 分离群体为作图群体。在此基础上,蔡长福随机选择 195 株个体为材料,开展 SLAF 简化基因组测序,从 8.5124 万个高质量的多态性 SLAF 标记中,开发出 3518 个有效的 SLAF 标记。分析作图群体的基因型数据之后,构建了首张牡丹高密度遗传图谱。

《中国绿色时报》2016 年 2 月 16 日

北京自育牡丹添俩新品种

在首届北京牡丹科技文化节上,北京林业大学公布两个京产牡丹新品种"京龙望月"和"京醉美",自此,北京有了自育牡丹品种。

这两个新品种均已获得自主知识产权,是土生土长的"北京牡丹"。"京龙望月"为紫黑色,荷花型,花头直立。其花期早,花浓香,既可观赏,又可油用栽培;"京醉美"为粉红色,皇冠型,花头直立,花期适中,开花过程中花色变化迷人,花香浓郁,植株直立,是良好的切花、盆栽与园林绿化品种。

新品种由北京林业大学园林学院教授成仿云选育,他表示,今后每年都将推出自己培育的新品种。这些地地道道的"北京牡丹",还将在 2019 年北京世界园艺博览会上亮相。

《北京日报》2016 年 5 月 17 日

国色天香从此不缺"京腔京韵"

曹州牡丹、洛阳牡丹之外有了北京牡丹。在正在举行的首届北京牡丹科技文化节上,由北京林业大学专家培育的两个京产牡丹新品种亮相,改写了北京没有自己培育牡丹品种的历史。据介绍,这两个新品种均已获得自主知识产权,是土生土长的"北京牡丹"。

其中新品种"京龙望月"紫黑色,荷花形,花头直立。它花期早,花浓香,结实多,长势强,既可观赏,又可油用栽培;另一个新品种"京醉美"为粉红色、皇冠形、花头直立的大花品种。花期适中,开花过程中花色变化迷人,花香浓郁,植株直立,长势强,是良好的切花、盆栽与园林绿化品种。

北京牡丹栽培历史悠久,自辽金建都后日渐兴盛,明清两代已有许多全国性影响的牡丹园与景点。如颐和园的国花台等皇家牡丹园,还有许多著名的私家牡丹园,以及法源寺等寺庙牡丹园。新中国成立后,许多公园先后建设了牡丹园。

这两个京产牡丹新品种的选育者成仿云教授介绍,牡丹作为具有文化传统特质的民族之花,早已融入中华文化的血脉中。中国牡丹不能永远没有"京腔京味",应该选育出不负时代的"北京牡丹"。今后每年还将推出新品种,这些地地道道的北京牡丹,将走进 2019 世博园,走向世界,写进中国牡丹发展的历史……

这两个牡丹新品种是在位于长城脚下的延庆国色牡丹园选育出的。该牡丹园是我国最重要的牡丹种质基因库之一,收集、展示了 600 多个全世界主要牡丹优良品种,其中包括中原牡丹、紫斑牡丹、凤丹牡丹,日本牡丹、法国牡丹、美国牡丹、高代杂种牡丹、芍药牡丹等不同品种群。

在这里,研究人员通过牡丹杂交育种技术、新品种选育技术、杂种分子鉴定技术以及新品种登录、知识产权申请与保护示范,建成了国际领先的牡丹育种研发基地;构建并保存了世界上第一个牡丹遗传作图群体,发表了第一张牡丹高度遗传图谱;完成了 400 多个各类牡丹组合的杂交,保存了大批杂交苗群体;培育出了大批乡土新品种,为北京牡丹产业化发展奠定了基础。

《北京晚报》2016 年 5 月 17 日

发布两个京产牡丹新品种

北京有了土生土长的牡丹品种。5 月 15 日,在首届北京牡丹科技文化节上,北京林业大学专家发布了两个牡丹新品种,改写了北京没有自己培育的牡丹品种的历史。据称,这两个新品种均已获得自主知识产权,是土生土长的"北京牡丹"。

新品种"京龙望月"紫黑色,荷花型,花头直立。它花期早,花浓香,结实多,长势强,既可观赏,又可油用栽培;另一个新品种"京醉美"是花粉红色、皇冠型、绣球型、花头直立的大花品种。花期适中,开花过程中花色变化迷人,花香浓郁,植株直立,长势强,是良好的切花、盆栽与园林绿化品种。

新品种选育者成仿云教授称,今后他每年都将推出自己培育的新品种。这些地地道道的北京牡丹,将走进 2019 世博园,走到全国各适生地区的田间地头、公园绿地,走向世界,写进中国牡丹发展的历史……

北京牡丹栽培历史悠久,自辽金建都后日渐兴盛,明清两代已有许多全国性影响的牡丹园与景点。如颐和园的国花台等皇家牡丹园,还有许多著名的私家牡丹园,以及法源寺等寺庙牡丹园。新中国成立后,许多公园先后建设了牡丹园。北京早就成为我国牡丹重要的适生地与观赏胜地。

成仿云说,牡丹作为具有文化传统特质的民族之花,早已融入中华文化的血脉中。中国牡丹不能永远没有"京腔京味",应该选育出不负时代的"北京牡丹"。要以科技创新为手段、以培育新品种与研发新技术为特色,发展立足首都、辐射全国、走向世界的"北京牡丹"产业。

新品种是在位于长城脚下的延庆国色牡丹园选育出来的。4 年前那里还是杂草丛生、乱石遍地的山地,如今已发展成为集科研、生产与观光为一体的国家牡丹栽培综合标准化示范区,它同时也是北京园林绿化科技创新示范区、国家"863"计划与科技支撑计划项目研发基地、北京世博园花卉新品种培育基地。

据了解,该牡丹园是我国最重要的牡丹种质基因库之一,收集、展示了600多个全世界主要牡丹优良品种,其中包括中原牡丹、紫斑牡丹、凤丹牡丹、日本牡丹、法国牡丹、美国牡丹、高代杂种牡丹、芍药牡丹等不同品种群。

研究人员通过牡丹杂交育种技术、新品种选育技术、杂种分子鉴定技术以及新品种登录、知识产权申请与保护示范,建成了国际领先的牡丹育种研发基地;构建并保存了世界上第一个牡丹遗传作图群体,发表了第一张牡丹高度遗传图谱;完成了400多个各类牡丹组合的杂交,保存了大批杂交苗群体;培育出了大批乡土新品种,为北京牡丹产业化发展奠定了基础。

在研究中,这个基地制定了牡丹新品种繁殖技术、盆花生产技术、切花生产技术以及播种育苗技术等10项技术标准,推广示范油用牡丹栽培技术、穴盘育苗技术、林下栽培技术等,为山西、河北、陕西、湖北、甘肃、宁夏、福建、内蒙古、辽宁等地的大批企业提供了技术服务。

《中国绿色时报》2016年5月17日
《人民日报》2016年5月18日
《中国科学报》2016年5月20日
《中国花卉报》2016年5月30日

牡丹新品种产业化关键技术研究获突破

我国牡丹新品种培育与产业化关键技术取得了重要突破和实质性进展。北京林业大学研究人员系统整理牡丹品种资源,利用野生牡丹、高代杂种以及品种开展杂交育种,攻克了远缘杂交不亲和与杂种败育的技术关键,培育出了牡丹与芍药组间远缘杂交新品种5个、切花品种7个及花油兼用新品种5个。日前,这项"牡丹新品种培育及产业化关键技术与应用"成果,获得了梁希林业科学技术二等奖。

牡丹是我国重要的观赏、药用与新型油料植物。但由于缺乏自主知识产权品种、商品化的生产技术,是牡丹产业升级与可持续发展受到了严重制约。在教授成仿云的主持下,研究人员以提高牡丹产业自主创新能力、产业化水平以及国际竞争力为目的进行科技攻关。

研究人员开发大批 SSR、SNP 等分子标记,成功应用于牡丹品种分类、起源、鉴定、筛选与遗传多样性研究,以及牡丹资源保护与利用、杂交亲本选择、杂种鉴定与筛选;构建了首张牡丹高密度遗传连锁图谱,结合形态性状关联分析,建立了牡丹分子标记辅助选择技术;初步揭示了牡丹二次开花等重要性状的遗传基础与形成机制。

通过研究,科技人员建立了高效的牡丹微繁殖技术体系和分生结节培养体系,研发了牡丹切花栽培与花期调控技术,为牡丹优良种苗的产业化应用奠定了基础。

据了解,该项目培育获得了 17 个拥有植物品种权的新品种,3 项国家发明专利。项目获得的成果在推广应用中,取得良好的经济效益和社会效益。

《中国科学报》2016 年 10 月 10 日

《中国绿色时报》2016 年 10 月 19 日

红花玉兰在京抗寒绽放

玉兰盛开京城的日子,北京林业大学校园、鹫峰等地绽放的红花玉兰颇为抢眼。5 年前,北京林业大学科研团队将它从湖北深山里引种到了华北地区。此次在京开花,证明了该品种在北京地区越冬技术难关已被攻破。

12 年前,马履一教授率队在湖北宜昌五峰的次生天然林中进行资源调查时,发现这种花色奇特的树木。这株世界仅有的 9 花被片、花色纯红的玉兰被鉴定为植物新品种,定名为红花玉兰并正式发表,填补了玉兰家族的一项空白。在马履一教授的带领下,开始了红花玉兰的深入研究和培育试验。通过现地和异地保护措施,使得全世界仅有的这株 9 花被片红花玉兰繁衍了数十万株后代。经过 5 年的引种试验表明,红花玉兰能够适应北京的环境和气候条件。他们引种栽植的2000 多株红花玉兰幼树长势较好,为在北京大面积推广奠定了基础。

《北京晚报》2016 年 4 月 8 日

北京园林景观设计资源平台获重大立项

日前,北京景观绩效评价体系与园林景观设计资源平台建设项目获得 2017 年北京市科委重大项目立项。这是这个年度唯一立项的风景园林规划设计领域重大项目。

在日前举行的专家论证会上,该项目主持人、北京林业大学副校长李雄介绍了立项背景、项目任务和目标。3 个课题的代表就各自课题的研究开发内容、技术方案、经费预算进行了详细汇报。

该项目的研究周期为两年,分为"北京景观空间数据采集及景观绩效评价研究""园林景观设计资源服务平台建设""北京世界园艺博览会园区周边园林景观设计提升及示范"3 个子课题。研究将建立具有北京景观空间特点的景观绩效评价体系;在此基础上构建一套分类清晰、高标准、高质量的,可被设计的相关各方普遍使用的园林景观设计资源服务平台,以提高景观设计行业整体的服务品质,提升建设水平;积极响应 2019 年北京世园会这一重要契机,重点提升世园会周边区域景观空间,实现世园会新理念与新技术的落地,塑造北京"世界一流宜居城市"建设样板。

《中国绿色时报》2016 年 12 月 20 日

探索温带城市屋顶绿化新模式

北方温带城市可采取多种植被屋面绿化的新模式,以往受单一种类限制的局面,被北京林业大学完成的一项新研究成果所打破。研究团队探索出的多种植被屋面绿化的模式,突破了国外同类技术不适宜我国气候条件的限制。多年试验研究以及后续观察结果表明,新技术具有一定的成熟度,适宜在我国北方温带地区推广应用。专家认为,在大力推进海绵城市建设的背景下,这一新成果具有明显优势和广阔的应用前景。

研究团队发现,在郑州、北京、天津、呼和浩特等地进行推广应用中,当栽培基质厚度为 15-20 厘米时,能采用粗放和半粗放型的屋顶绿化方式。研究人员还列出了可选用的 40 种植物名单。研究人员称,这些植物种类既可单一使用,也可根据基质厚度组合成不同的景观模式。最有利的是,在极端干旱状况下只需要进行 1-2 次浇灌,即可长期保持良好的景观特色,产生较好的生态效益。

我国多数城市热岛效应凸显,而屋顶绿化是缓解热岛效应的主要途径之一。以北京为例,城区有 6900 万平方米的屋顶可推广植被屋面。

专家遴选推荐的适宜北方温带地区屋面植被绿化的植物有金叶莸、菁草、肥皂草、楼斗菜、荆芥、马蔺、鸢尾类、紊蒿、地被菊、矶菊、地被石竹、紫露草、蛇莓、萱草、黄芩、风铃草属、蔓锦葵、红花岩黄芪、金叶过路黄等。

《中国绿色时报》2016 年 12 月 6 日

设计景观获深圳创意设计大奖

5月19日,首届深圳创意设计七彩奖颁奖。北林苑景观规划设计院获得"深圳创意设计优秀奖"和专业类最高奖"深圳创意设计大奖"。"深圳市福田河综合整治工程景观设计——福田河的复兴项目",是从2000多件参选作品中脱颖而出的。

深圳创意设计七彩奖是由深圳市政府部门发起组织的、代表深圳设计之都水平、聚焦深圳本土创意设计最新成就的综合类奖项。本届七彩奖以"创造-质量-品牌"为主旨理念,特聘联合国教科文组织前文化助理总干事弗朗西斯科·班德林出任终评的评委会主席,评审团则由德国、日本、韩国和中国香港的著名设计大师组成。

评委会认为,深圳市福田河综合整治工程景观设计全面改造福田河区域,有着较大的文化和社会影响。该项目的实施显著改善河堤环境的质量,开发公众运动、娱乐和消遣区域。项目采用的方案高效优质,为中国其他领域的改造工作做出了榜样。

《中国绿色时报》2015年6月2日

成功研发创意树

将垂枝榆和金叶榆嫁接到白榆的树干上,将金叶榆和垂直榆分别塑造成"山"字和"水"字形状,以展示北京林业大学校训"知山知水,树木树人"的内涵。这是该校教授彭春生团队研发的创意树系列中的一种。

创意树特指具有知识产权的树木文化新产品,是在哲学、美学原理基础上,综合运用嫁接、并干合栽、整形等园艺技术而打造出来的,富有文化、艺术内涵的专利或品牌树木新产品。据了解,创意树将中国的盆景、插花、根雕、书法、绘画、艺术与传统的园艺技术相结合,培育出自然界不存在的人化自然产品,具有多层、多彩、多形、多品种以及诗情画意的审美特征。因其具有文化内涵丰富、技法简单、生产周期短、科技含量高等特点,投入大规模生产之后,将为建设诗情画意的美丽中国增添光彩。

目前彭春生率领团队研发出的主要产品已有15种。"乔状迎春"将灌木植物迎春花嫁接到乔木类植物金叶女贞上,实现了不同属植物的成功嫁接,更体现出更高层次的艺术审美价值。压题图为创意树知山知水。

《中国绿色时报》2015 年 5 月 20 日

《中国花卉报》2015 年 6 月 11 日

林改后森林资源可持续经营有新技术

集体林改后的森林资源如何实现可持续经营?北京林业大学的 3 项技术成果为此提供了科技支撑。这个林业公益性行业科研专项重大项目于 4 月 27 日通过了国家林业局科技司组织的技术验收。

在北京林业大学教授宋维明主持下,研究人员提出了集体林区森林多功能经营、森林碳汇功能和游憩功能评价、森林资源可持续经营利用方案编制、野生动物生境影响监测评估与预警技术、木材生产成本资源供给风险评估与预警,以及森林资源小规模和分散化经营的优化、森林资源经营的保值评估、森林生态环境影响的成本效益分析等技术,编制了相应的技术规程草案。

研究人员分析了我国集体林区现状和南方集体林区速生丰产用材林的经营模式,评估了集体林权改革对我国集体林区木材供给和木材生产成本的影响,提出了集体林区用材林的林工贸一体化运行机制和经营模式,构建了以林农合作组织等新型林业经营主体为主的规模化经营模式,建立了集体林区政策性森林灾害保险保费精算模型方法、案例省份的具体模型以及与林权改革后森林资源经营保值评估方法,提出了适应野生动植物生境保护要求的林权改革相关政策建议,研建了福建省将乐国有林场综合信息服务集成平台及相应的子系统,在福建、甘肃、河南等地建立了试验示范基地。

通过研究,北林大取得了"南方集体林区主要人工林多功能经营与调控技术""基于分水岭算法的森林植被碳储量监测技术""小规模、分散化经营条件下的森林经营规模和价值优化技术"等 3 项科技成果。

研究人员根据集体林区 5 种典型森林类型,分别从森林区划、生长动态监测、定量模拟、空间结构分析、质量评价等方面提出了森林多功能经营方案,取得了更全面、更系统、更具可操作性的集成技术,达到国际同类技术的先进水平。研究还提出了森林资源小规模、分散化经营的优化技术,有效解决了集体林权制度改革以来,经营规模过小导致的林地资源破碎化、不具有规模经济效益的问题,有利于我国林权改革顺利推进,保护好现有森林资源。

研究取得的森林碳储量监测技术成果适用于我国杉木、马尾松、落叶松和毛竹等人工林森林碳储量的调查作业,为其他区域森林类型的碳储量估测调查作业提供了参照。

《中国科学报》2015 年 5 月 5 日

《中国绿色时报》2015 年 5 月 22 日

研究森林可持续经营管理获突破

在刚刚揭晓的新一届梁希林业科学技术奖评奖中,"适应集体林权改革的森林资源可持续经营管理与优化技术及应用"成果获一等奖。这是该奖设立以来,首次将一等奖授予以农林经济管理学科为基础,交叉、融合相关学科的科研成果。

这项研究是由北京林业大学教授宋维明带领团队 5 年攻关完成的。项目以福建将乐国有林场、永安市林业局、甘肃小陇山林业实验局、河南董寨国家级自然保护区等典型区域为研究对象,以集体林权制度改革中迫切需要解决的问题为重点,在资源供给与规模化经营、政策性森林灾害保险保费精算、森林经营管理模式的改变对环境的影响及其优化、森林多功能经营、野生动物栖息地保护、信息服务体系及综合信息服务平台建设等方面取得了突破性进展,从森林资源培育、生产经营、经济管理、支持系统等角度为集体林权制度改革后的森林资源可持续经营及管理提供了全方位的理论及技术支撑。

科研人员在福建、甘肃、河南等地建立了 1267 多公顷的示范区。结果表明,项目形成的技术体系稳定,可操作性强,具有在全国集体林权制度改革区域范围内推广应用的价值。

科研团队研究建立了基于分水岭算法的森林植被碳储量监测、集体林区木材生产成本资源供给风险评估与预警、林权改革后小规模和分散化经营条件下的森林经营规模和价值优化技术、基于风险分区的集体林区政策性森林灾害保险保费精算技术、森林生态环境影响的成本—效益分析、林权改革后野生动物生境影响监测评估与预警等新技术,构建了以林农合作组织等新型林业经营主体为主的规模化经营模式。这些技术或模式在相关指标选取、调查和分析方法或研究结论等方面具有明显的创新。

梁希林业科技奖是代表当前我国林业行业最高科技水平的社会力量奖。

《中国科学报》2016 年 9 月 28 日

专家深入研究"两山"理论

入选由中宣部、中组部组织评选的"四个一批"理论界人才的北京林业大学教授陈建成,在"四个一批"工程的资助下,将启动"两山"理论与林业市场经济研究。

陈建成说,习近平总书记"绿水青山就是金山银山"论断是当前推进生态文明建设的重要指导思想。建设生态文明必须把发展林业作为首要任务,应对气候变化必须把发展林业作为战略选择,解决"三农"问题必须把发展林业作为重要途径。陈建成带领团队搜集了大量践行"两山"理论的案例,发现市场是最重要的助推力之一。

在对森林资源市场化研究的基础上,他将对林业市场经济理论以及市场在践行"两山"论断中的作用进行深入研究。他表示,将科学深化林业定位,运用利益相关者理论探讨林业市场各主体之间博弈关系,分析林业市场要素配置与效益,寻找林业市场化路径,为林业市场各主体决策提供理论依据,为促进"两山"理论的升华和中国生态文明建设的健康推进提供市场路径。

陈建成是北京林业大学经济管理学院院长、国务院农林经济管理学科评议组成员、全国重点培育学科林业经济管理学科带头人,是我国林业经济、绿色经济与管理知名专家。"四个一批"工程旨在培养造就包括一批全面掌握中国特色社会主义理论体系、学贯中西、联系实际的理论家在内的杰出人才,陈建成是全国林业高校唯一入选者。

《中国绿色时报》2016 年 4 月 1 日

"两山"理论研究取得新成果

"绿色青山就是金山银山"论断是习近平总书记的重要生态建设思想。北京林业大学经管学院专门组建"两山"项目团队,系统研究总结"两山"思想体系及其理论涵义,对实践探索进行调研分析,研究共性规律,取得了可喜成果。

项目组重点梳理了"两山"理论的发展历程;从经济学视角深入剖析"两山"论断的内涵及理论;总结浙江、云南等地的实践探索,检验完善构建理论体系;有针对性地提出用"两山"理论指导实践的政策建议。

课题组多维度地解析了"两山"论断的理论内涵。专家认为"两山"论断是辩证统一论、生态系统论、顺应自然论、民生福祉论和综合治理论的有机结合,是人与自然和谐发展的马克思主义中国化的最新成果,体现了中国发展方式绿色化转型的本质要求。专家强调,要努力跨越"用绿水青山去换金山银山"的传统消耗性利用发展初级阶段,要加快向"既要金山银山,也要绿水青山"和"绿水青山就是金山银山"的绿色发展更高阶段的转型。

研究人员分析了实现"两山"转型发展的主要驱动力。通过微观经济学层面的理论分析,专家认为社会对绿水青山需求驱动、国家绿色发展公共政策导向、绿水青山资源非消耗性利用技术的进步、生态产品服务市场化的进程是"两山"转型发展的关键主要驱动要素。

项目组研究提出,自然资源产权的明晰是"两山"理论制度构建的关键任务之一。研究认为,自然资源产权的明晰,对于经济可持续发展、人力资本积累和生态产品供给都有重要影响。要高度重视自然资源产权的明晰在生态文明制度构建中的基础性地位。要进一步明确自然资源产权,建立完善的保障体系,形成多元化的自然资源经营主体。

专家们提出,各地应将"两山"之路与产业绿色转型有机结合起来,创新发展模式。项目组通过剖析浙江、云南等多地实践探索,提出要坚持因地制宜利用当地的生态资源环境,探索适应不同产业和经营主体的生态友好型和环境保护型发展新模式。

经管学院院长陈建成教授称,研究团队将通过"两山"论断理论与实践的深入研究,进一步充实生态文明建设的理论体系,准确把握生态文明建设的客观规律,有效指导各地的生态文明建设。

《中国科学报》2016 年 7 月 13 日
《中国绿色时报》2016 年 7 月 29 日

领导干部森林资源资产离任审计指标出炉

北京林业大学成立了我国第一个自然资源与环境审计研究中心,致力于研究构建领导干部自然资源资产离任审计评价指标体系,完善并推行自然资源资产和生态问责制度。研究中心 7 月 25 日发布消息说,研究人员从森林资源资产入手,构建了领导干部森林资源资产离任审计评价指标体系,丰富了领导干部自然资源资产离任审计的理论成果。

2015 年 11 月,中办、国办印发了《开展领导干部自然资源资产离任审计试点方案》。《方案》提出,要根据领导干部任期和职责权限,对其履行自然资源资产管理和生态环境保护责任情况进行审计评价,界定领导干部应承担的责任。

森林资源是自然资源的主要组成部分,森林资源资产离任审计是领导干部自然资源资产离任审计的重要领域。

据北京林业大学经济管理学院院长陈建成教授介绍,自然资源与环境审计研究中心构建了森林资源资产的实物量和价值量统计表,严格以现行法律、法规、政策和国家及地区发展规划为衡量标准和评价尺度,整理总结了目前学者对于领导干部自然资源资产离任审计的研究现状和提出的研究方向。研究人员通过分析领导干部在任期间对当地自然资源资产所应承担的责任内容,借鉴企业离任审计和领导干部经济责任审计评价指标体系构建的思路,借鉴了大量森林资源审计、资源与环境审计、领导干部审计、森林资源资产价值评估及森林资源资产统计学等相关理论中采用的评价指标,构建了领导干部森林资源资产离任审计评价指标体系。

这一评价指标体系由 6 个一级指标和 28 个二级指标构成。6 个一级指标覆盖了森林资源产权法律及政策保障体系建设、森林资源资产培育、森林资源资产利用、森林资源资产管理质量、森林资源资产保护情况、森林资源资产综合效益等多个维度的评价。

"森林资源产权法律及政策保障体系建设"涉及森林权属法律制度框架实施效果、森林管理法律制度实施效果、森林分类经营的政策框架和实施情况、人力资源培养政策机制等二级指标。"森林资源资产培育"重点衡量森林资源有效培育量、土地利用程度和森林培育成果、森林生长速度及恢复补充和永续经营等二级指标。"森林资源资产利用"以森林资源开发、利用、更新 3 个程度,以及旅游与环保关系的协调性、森林旅游的可持续性等为二级评价指标。"森林资源资产管理质量"侧重衡量造林质量、幼林抚育质量、森林资源质量、保护区建设效果、可持续发展程度等方面。"森林资源资产保护情况"考核森林火灾防范抢救措施有效性、森林防火成效、森林防火体系的健全度、造林任务完成情况等重点指标。"森林资源资产综合效益"由社会价值、旅游区活动满足社会需求程度、精神文化满足度、居民满意度、生态价值等二级指标组成。

《中国绿色时报》2016 年 7 月 29 日

揭示我国虚实水资源省际流动规律

水资源短缺是制约我国社会经济可持续发展的瓶颈。北京林业大学科研人员摸清了我国实体水调度和虚拟水贸易的"家底",揭示了实体水和虚拟水在我国省份间的流动规律,阐明了实体水调度和虚拟水贸易对于区域水资源压力的影响机理。近日,相关论文在《美国科学院院刊》发表。

实体水调度和虚拟水贸易是缓解区域水资源压力的两种重要形式。虚拟水指商品生产中所用到的水。这些商品在市场上流通产生"虚拟水贸易"。它们对地区水资源压力所产生的影响机理此前尚不明确。

研究团队采用区域间投入产出分析法,结合水资源短缺指数及情景分析,分析了实体水调度和虚拟水贸易的流向和量级,揭示了其对中国各省份水资源压力的影响规律及机理。

研究表明:实体水调度只占到中国水资源供水量的不到5%。虚拟水贸易相当于中国水资源供水量的35%,即中国1/3以上的用水用于支撑省份间的产品贸易,而不是用于生产省内直接消费的产品和服务。实体水调度和虚拟水贸易对东部沿海发达地区的水资源压力有一定缓解作用,但也加剧了主要水资源输出省份的水资源压力。改变"以供定需"的传统水资源管理模式,加强水资源需求管理,对于缓解我国未来水资源压力具有重要的现实意义。

《中国科学报》2015年1月21日

团队提出"景观水保学"

一门全新的学科——景观水保学,作为城市绿色基础设施的支撑理论,经过探索实践,逐步发展成熟。在中国水土保持学会预防监督专业委员会日前召开的学术研讨会上,深圳市北林苑景观及建筑规划设计院院长、首席设计师何昉教授作了题为《景观水保学——深圳的发展与实践》主题学术报告。这是以何昉为首的学术团队自2013年10月提出景观水保学理论以来,首次在学术大会上系统地阐述景观水保学理论及其实践。

何昉的报告分为景观水保学的提出、内涵和实践三大部分。他从自然与生态演替中的水土变化谈起,分析了中国历史上的水土保持实践,思考城市化的水土流失问题和城市水土保持工作,由此认识到景观水保学作为理论指导城市水土保持工作的重要性。

何昉提出了学科发展的重要观点:处于人居环境的基础地位的城市水保和风景园林、城市规划、建筑设计等三大学科应"四位一体"。这是结合中国特色的发展、实现新型城镇化的重要途径。他从概念、学科特征以及主要研究方向等方面,详细地阐述了景观水保的内涵。他指出,景观水保学是研究水土和人、社会、文化内在联系的学科。景观水保学以市域和乡域地表为研究对象,通过人工干预,合理梳理水、土元素的空间秩序和布局的方式,创造合理的城市自然和人文基底,并协调人、社会、文化与水土之间的关系。他通过展示城市水土保持规划、城市生态关键节点规划、万科东海岸、园博园、福田河、深圳湾、仙桐体育公园、深圳水土保持科技示范园和前海景观水保学实践等大量案例,讲解了景观水保学的发展与实践历程。

《中国绿色时报》2015 年 12 月 15 日

《中国科学报》2015 年 12 月 24 日

专家强调解决水资源靠走绿色之路

充分发挥湿地、森林等生态系统的功能,是解决日益突出的水资源问题的绿色之路。8 月 7 日,国际顶级学术期刊《Science》发表了北京林业大学教授刘俊国作为通讯作者的论文《用绿色的方式管理水资源》。相关研究为保障区域和全球水安全和生态安全提供了理论依据。

修建水利工程被称为"灰色"基础设施,设施成本高昂,且破坏生态系统。因此,人们开始重新重视更为灵活、经济且能够提供多种生态服务功能的"绿色"基础设施。

绿色基础设施是指由自然或半自然区域组成的、具有与灰色基础设施相似功能和设计目标的空间网络。湿地、森林、健康的土壤以及能够产生径流的积雪等生态系统,具有提供洁净饮用水、调节洪水、控制水土流失、储存水资源并用于水力发电和灌溉等功能,能够替代水利工程的方法进行水资源管理。

现有文献中鲜有关于绿色基础设施成本有效性的报道,关于绿色和灰色基础设施成本效益的比较研究更为少见。经济效益分析是估算灰色基础设施成本的常用方法,但这些方法常常会低估水利工程成本。据估计,世界上 3/4 的大坝工程会超支,比平均估计成本高出 96%。

尽管绿色基础设施比传统方法更可持续且经济划算,但有关绿色基础设施的成本和有效性研究还很少。因此,评价湿地、森林、潮滩、珊瑚礁等绿色基础设施的经济效益尤为重要。

研究者总结了有关绿色基础设施进行水资源管理的前沿问题,包括绿色基础设施的实施效果评价,构建"社会水文"模型进行基础设施的有效性和社会可接受性评价,以及生态修复工程的水文循环影响评价等。

研究认为,绿色基础设施是更为安全的途径。在社会经济高速发展、全球气候变化不确定性增大以及生态环境遭到严重破坏的背景下,深入讨论并量化基础设施的长期可持续性,并对其环境和经济影响进行权衡分析,具有重要的现实意义。研究者强调,在灰色基础设施的基础上补充或整合基于生态系统的绿色基础设施,对于满足当下和未来水资源需求至关重要。

《中国绿色时报》2015 年 8 月 12 日
《中国科学报》2015 年 8 月 13 日

研究认为沿海湿地保护力度过小

"中国滨海湿地保护管理战略研究项目"近日发布的研究成果表明,中国沿海湿地极度濒危。国家林业局、北京林业大学、中科院地理科学与资源研究所等单位的专家历时 18 个月完成了这项研究。

据介绍,按照目前 2016 年沿海地区经济发展规划,沿海湿地遭围垦破坏,总面积势必突破政府划定的 8 亿亩湿地保护"红线",而这是维护中国基本生态安全的底线。

研究指出,由于保护管理制度不健全,人力和财政资源不足,重要湿地区域约半数至今仍未采取任何保护举措。湿地保护这项重要的自然资源保护工作,未能纳入地方经济发展规划和政绩考核,在现实中被短期经济效益所冲击。

项目报告提出的 6 项政策建议是:颁布《湿地保护管理条例》,实行终身责任制并惩处导致湿地破坏的政府官员;扩大保护区以填补保护空白;强化全社会对湿地的重视程度;示范和展示国际最佳湿地保护实践;更好地平衡和整合经济和环境目标;加强在沿海湿地保护和恢复上的科学研究和国家合作等。

《中国科学报》2015 年 10 月 29 日

《自然》称中国碳排放被高估约 14%

8 月 20 日,国际顶级综合性学术期刊 *Nature*(《自然》)发表了北京林业大学自然保护区学院教授刘俊国作为共同作者的论文——《中国化石能源燃烧和水泥生产减少的碳排放评估》。该研究结果表明,中国的碳排放被高估了大约 14%。

Nature 期刊当天在新闻栏目对以上研究进行了专题报道。报道称,这一研究可能是迄今有关中国碳排放最准确的估算。文章采用的方法、数据及结论,对科学评价和正确认识中国碳排放情况,对研究中国乃至全球碳排放是一个重大贡献。

专家认为,中国碳排放被高估的结论,也会在很大程度上支撑今后中国政府的国际气候谈判。作为世界第二大经济体和最大能源消费国,中国已成为全球第一的碳排放大国,在国际上面临的节能减碳压力越来越大。有专家认为,再过几个月,联合国气候大会将在巴黎举行。北林大专家参与的这一研究得出的结论,能否为中国争取到更为公平合理的发展空间值得期待。

《中国绿色时报》2015 年 9 月 2 日

我国首个碳汇城市指标体系发布

6 月 8 日,中国绿色碳汇基金会发布我国首个碳汇城市指标体系。经第三方机构独立评估、审核,河北省张家口市崇礼县和浙江省温州市泰顺县达到有关标准,被中国绿色碳汇基金会授予"碳汇城市"称号。

据了解,北京林业大学团队经过一年多的研究,编制了这一指标体系。

《中国科学报》2015 年 6 月 10 日

加大世界涉林院校研究力度

"世界上绝大多数国家的涉林专业教育设置在综合性大学。欧洲一些国家则设在农业或生命科学大学。前苏联、越南和中国等国设有单独的林业大学。"据悉,北京林业大学目前正在进行一项国外林业院校研究,通过收集国外近 50 所涉林院校的有关材料进行分析,对世界涉林院校的情况有了较全面的了解,得出了许多有参考价值的结论。

在副校长骆有庆教授的指导下,该校高教研究室研究员李勇等对世界涉林院校进行了深入研究。研究结果表明,高水平的涉林院校均为综合性的公立研究型大学。由于林业教育具有显著的公益性,林科类专业大都设在公立大学。

李勇称,在世界范围内,少数学校设有独立设置的林学院。如美国俄勒冈州立大学林学院、耶鲁大学的林业与环境科学学院。林学类专业多数为设在农学院、环境学院、自然资源学院或生命科学学院的1个系。如威斯康星大学麦迪逊分校的农业与生命科学学院下设的森林与野生动物生态学系;有些林学类专业设在非林名称的系(如生态系统、植物、生命科学等)内。如加州大学伯克利分校自然资源学院的环境科学、政策与管理系下设1个林业类本科专业,即林业与自然资源专业。这既说明林业类专业在国外大学设置中比重普遍较低,也说明林业类专业与生态环境、生态系统、自然资源和农业科学的交叉与融合。

据李勇介绍,多数以农业为主的大学最终发展成为了综合性大学。一方面由于社会发展、产业结构的升级需要不同专业门类的人才,另一方面也是学校自身发展的需要。康奈尔大学等美国许多州立大学都是如此。

李勇告诉记者,林业类专业包括林学、森林经理、森林工程、木材科学与加工等与林学密切相关的学科专业,一般都设在同一个学院或系,有的学校的林业院系设置中也包括景观规划和渔业与野生动物等。景观设计与规划多数设在建筑或设计学院,也有专门的景观设计学院。

李勇特别提醒说,目前世界上只有针对农林教育整体的大学排名,尚无对涉林院校或林科教育的单独排名。因此大学排行榜中对涉林院校的排名次序仅可参考。因为有些农林教育类的大学排名虽然靠前,但林业类专业设置很少,排名靠前是由于农业类专业强的原因,所以并不能反映林业类专业教育的实际水平。如加利福尼亚大学戴维斯分校的农林教育世界排名第一,但该校农业与环境科学学院共设35个本科专业,林业类专业只有环境园艺和城市林业1个。反之,林业教育较强的院校,由于没有涉农专业或者农业教育相对薄弱,也会在总体排名落后。如2015年耶鲁大学林业与环境学院的排名就落后于泰国农业大学。

《中国绿色时报》2015年8月12日

《中国科学报》2015年8月13日

林业创新工程技术人才培养研究获突破

9月6日,北京林业大学主持的"我国林业创新工程技术人才培养模式的研究"项目通过结题鉴定。鉴定专家组认为,这一项目在研究内容、方法和结果等方面取得了创新和突破,综合评价为优秀。

专家评价说,这个课题的研究成果对完善高等林业工程人才培养理论、对有关高校林业工程人才培养模式的改革具有重要的学术价值和应用价值,对其他行业工程人才的培养改革也有借鉴意义。

此项目是由教育部和中国工程院立项的教育部人文社科专项研究。在国家把生态文明列入"五位一体"总体布局、实施"卓越工程师计划"的背景下,这一项目专门系统地研究了我国创新林业工程人才培养模式,旨在为我国林业高校及有关院校的林业工程类人才培养改革、培养林业领域的卓越工程技术人才提供科学依据。

研究人员提出了我国的林业创新工程类人才培养模式。研究恰当地处理了工程教育一般规律与林业工程教育特殊规律的关系。在探讨创新工程人才培养一般规律的基础上,对林业创新工程技术人才的内涵与特征及培养规律进行了系统的理论研究;对德国、美国和日本等主要发达国家的林业工程人才培养状况进行了实证研究;对我国其他行业实施卓越工程师培养计划的院校进展情况进行了总结;对我国林业工程教育的现状进行了分析;对国内一些大型的林业企业进行了调查。

此研究首次针对大型林业企业对林业创新工程技术人才需求进行了大规模的问卷调查,进行了专家访谈,获得了一手信息。对调查获取的信息进行了定量与定性分析,得出了较科学的结论。

据项目负责人李勇教授介绍,目前人才培养方案中,普遍缺乏明确、具体和规范的培养标准,培养目标与标准内涵模糊。这一研究首次提出了林业工程类本科人才的培养标准,界定了培养目标和培养标准的内涵;提出了实现人才培养目标和标准的培养方案,包括教学模式和保障措施。在课程设置方面,构建了由通识教育、专业基础教育和专业教育、实践教育体系相结合的课程体系。这一研究拓展了现有林业工程通识教育的内涵,形成了由自然科学、数学、人文社会科学构成的通识教育体系;强化了实践教育环节,构建了校内实践教学和校外实习相结合的实践教育体系。

据了解,校企合作是培养卓越工程技术人才的重要途径。北林大的这项研究提出了完善和加强校企合作方面的具体建议,提出了两种校企合作培养模式。校企合作机制不完善是制约校企合作的重要因素,课题组提出,应从组织和政策保障方面,建立和完善校企互利共赢、长效稳定的合作机制。

《中国绿色时报》2015 年 9 月 25 日

孟兆祯院士:风景园林要助力中国梦

风景园林行业如何为实现"中国梦"作出更大贡献?风景园林师应该承担什么新的历史使命?风景园林、规划、建筑三大行业要不要跨界融合?中国工程院院士、风景园林设计大师、北京林业大学教授孟兆祯对此有许多深入思考。

孟兆祯说,"中国梦"是综合国力,而中国风景园林梦是其中之一,其特色是参与"梦境"建设。

在他看来,原创内容最根本的是"生生不息",尽可能地让地球上的生命持续发展。他认为,当前面对的威胁,一是农村的泥石流,二是城乡的空气污染。泥石流易发地多是光秃的裸山。因此要采取分流措施,不让水聚集。在居住区上坡应营造泥石流防护林,防止泥石流直接冲下来。在防治空气污染中,园林植物也大有可为。

在认真学习了城镇化会议精神后,他说,党中央明确了对自然的尊重和保护,强调"天人合一"的宇宙观,把青山绿水的重要性阐述得非常清楚。望见山、看见水、记住乡愁,是习总书记的明确要求,也应该成为风景园林规划设计的最基本准则。

他指出,城市的绿地量达到50%才是科学的,而目前的标准绿地率是30%。要把中国的山水诗、山水画融于城镇建设之中。城、镇、乡都是美丽中国的一部分。

中国的风景园林历史悠久、源远流长。孟兆祯说,温故而知新,创新必须温故。他十分强调与时俱进,结合现代生活,特别是休闲生活的特色和需要,在风景园林规划设计中进行创新。

规划、建筑、风景园林三大行业,如何跨界合作、学科融合?孟兆祯说,在古代这三个学科统称为"兴造"。解决一切实际问题,都要综合运用。这三个学科必须有机融合。

他指出,学科是科学的分工,但解决实际问题没有分工。跨界融合,要看"界"指的是什么。城市不只是单个的城市,包括城市群,如京津冀城市群。交通规划、公共医疗网都必须跨界,不但跨学界而且跨城市界、跨省界。

建设美丽中国已经成为中国风景园林师肩负的义不容辞的历史使命。孟兆祯说,风景园林设计师要有强烈的使命感和责任感,要充分了解中国自然发展和社会发展,充分了解现代人对休闲生活的要求。这样才能做出适合人民需要的设计。

他强调,归根到底,风景园林是供民众休闲游览的。风景园林师的使命让其有明确的价值观。这就是要为人民的长远、根本利益服务。作为风景园林设计师,要敢于提反对意见。不符合客观规律和人民利益的事坚决不做,以免给人民造成重大的损失。

《中国科学报》2015 年 5 月 6 日

《北京社科之窗》2015 年 5 月 16 日

《中国林业》2015 年 6 月上

《绿色中国》2016 年 6 月

《国土绿化》2015 年 7 月

尹伟伦院士用情关注生态文明事业

中国工程院院士、北京市科协副主席、北京林业大学教授尹伟伦是个大忙人。每次约他采访,都不是件容易的事儿。唯独例外的是,一说想了解他在全国政协会议上的提案,马上就可以得到满意的答复。还有一点雷打不动,每年"两会"闭幕之后,他都会挤时间及时向学校师生传达领会精神,与大家分享对生态文明事业和美丽中国建设的意见、建议,畅谈参加盛会的收获、体会。今年亦是如此。

抓紧启动森林质量精准提升工程

今年 1 月 26 日召开的中央财经领导小组第十二次会议受到了尹伟伦的关注。他特别注意到,研究供给侧结构性改革方案、长江经济带发展规划、森林生态安全时,习近平总书记发表了重要讲话。习总书记强调指出:"森林关系国家生态安全。要着力提高森林质量,坚持保护优先、自然修复为主,坚持数量和质量并重、质量优先",并明确指示要实施森林质量精准提升工程。他说,这为新时期我国林业现代化建设发展指明了方向,应尽快加以实施、争取尽早启动。

尹伟伦直言不讳地说,森林质量不高,生产潜力发挥不出来,生态功能自然就低下,这是我国林业最突出的问题。

目前,世界平均每公顷森林蓄积为 131 立方米,德国、新西兰等林业发达国家更是达到 300 多立方米,每公顷森林年均生长量 8 立方米以上。而我国平均每公顷森林蓄积只有 89.79 立方米,比世界平均水平低 41.21 立方米,不到德国的 1/4;每公顷森林年均生长量为 4.23 立方米,只有林业发达国家的 1/2 左右;人工林每公顷蓄积仅为 52.76 立方米,不到新西兰的 1/5;用材林中可采蓄积仅占 23%,生态功能好的森林面积只占 13%,质量等级好的森林面积只占 19%。

159

对此,尹伟伦忧心忡忡。他认为,森林质量低下直接影响森林的多种功能发挥,难以适应维护国家生态安全、建设生态文明与美丽中国的基本要求。

造成这一问题的主要原因是什么?尹伟伦认为,长期以来,我们林业"重两头轻中间",只重视造林绿化和采伐利用,忽视中间的抚育经营过程与技术。由于森林经营规划制度缺失,政策扶持不到位,理论技术体系落后,采伐利用方式简单粗放,基础设施不完善,导致森林经营严重滞后,森林抚育历史欠账多,过密过疏林分多、密度适宜林分少,纯林多、混交林少,森林结构不合理。这些问题的突出表现是,难以真正发挥森林生态系统维护国土安全、淡水安全、物种安全、气候安全、生态安全以及木材安全的功能。

尹伟伦说,我国中、幼龄林占森林总面积的64%,具备培育优质高效森林的天然禀赋和机会,森林质量提升潜力巨大。根据第八次森林资源清查结果分析,现实林分生产力未达到其生产潜力20%的占43%,达到20-50%的占26%,达到50%以上的只占31%。林地生产潜力远未充分发挥出来。

搞研究出身的尹伟伦,喜欢用数据支撑自己的观点。他说,科研结果和生产实践证明,经过科学合理的抚育经营,调整优化森林采伐利用方式,我国单位面积森林蓄积量可增加20%—40%,北方森林的生产力可达年均生长量7立方米/每公顷,南方可达15—20立方米/公顷。相对于现有森林年均生长量4.23立方米/公顷,提质增效有很大空间。

据实地调查,哈尔滨市丹清河实验林场通过十多年近自然多功能经营,森林蓄积量由160.8万立方米提高到207.5万立方米,平均每公顷蓄积量由120立方米提高到152.6立方米,林木净生长率由2.75%提高到5.2%。

他兴奋地指出,如果能加强对森林的抚育经营,用二三十年时间,将我国的森林蓄积量提高到世界平均水平,我国的森林资源和生态安全状况将发生根本性变化。与建设生态文明和美丽中国、中华民族永续发展相适应的健康稳定优质高效的森林生态系统将基本建成,森林生态功能将显著增强,生态容量将明显扩大。

这些变化具体表现在五个方面。

一是森林资源总量将大幅度增加。全国森林蓄积量将由现在的151亿立方米增加到230亿立方米,增加79亿立方米。

二是森林碳汇将大幅度增加。全国森林植被总碳储量将由现在的84.27亿吨增加到130亿吨以上,增加45.73亿吨。

三是森林蓄水保水量将大幅度增加。森林每年涵养水源蓄水量将由现在的5807.09亿立方米增加到6980.09亿立方米,增加1173亿立方米(相当于3个三峡水库容量)。

四是土壤侵蚀量将大幅度减少。森林每年保育土壤量将由现在的 81. 91 亿吨增加到 97. 91 亿吨,每年土壤侵蚀量减少 16 亿吨(是目前全国主要江河流域每年土壤侵蚀量的 1. 3 倍)。

五是森林生态服务价值将大幅度提升。森林每年提供的主要生态服务价值将由现在的 12. 68 万亿元增加到 31 万亿元以上,增加 18. 32 万亿元。

如何通过实施森林质量精准提升工程,加强森林经营、提升森林质量? 尹伟伦提出了积极的建议。

尹伟伦呼吁,将森林质量提升工程列为供给侧改革、推动绿色发展的战略工程给予重点支持。由国务院制定印发中长期《全国森林经营规划(2016—2050年)》。

他建议,加大相关政策扶持力度。一是加大财政支持力度。目前,中央财政每年安排的森林抚育补贴资金 59. 5 亿元,平均每亩补贴 100—120 元,只能安排抚育任务 5300 万亩,资金总量少、补贴标准低,难以满足森林经营实际需要。建议将森林抚育补贴标准由现行的平均每亩 100—120 元提高到 300 元,每年安排补贴资金 360 亿元;二是加快推进林木采伐管理改革。建立以森林经营方案为依据的森林采伐限额管理制度。加快修订相关技术规程和管理办法,推动以皆伐、轮伐等简单的森林采伐利用方式为主向渐伐、径级择伐、单株木择伐等更高水平的精细化采伐利用方式转变,改变经营方式简单粗放状况;三是加强林道等基础设施建设。将林区道路等基础设施建设和营林机械设备研发制造、推广应用作为供给侧改革的重点内容,加大中央和地方财政投入力度,改善林业生产条件,提高机械化水平。

尹伟伦说,实施森林质量精准提升工程重在精准提升。一要分类管理、分区施策、科学经营。按照全国主体功能区定位,实行重点公益林严格保护、兼用林多功能经营、商品林集约经营策略,将森林经营方向、经营目标以及多功能森林经营理论和技术体系落实到各经营区,落实到山头地块;二要完善森林经营技术体系和技术标准。研究推广不同森林类型经营作业法,建立健全森林经营相关技术标准,依据国家标准制定符合各地实际的地方实施细则(或地方标准),加大执行力度,提高森林经营的针对性和操作性,科学规范开展经营活动;三要把现有中幼林作为抚育经营重点。加大森林抚育规模,加快森林抚育步伐,还清历史欠账,使现有中幼龄林得到及时全面抚育,并适时、多次、持续开展抚育经营。针对退化的低效林,采取补植补造、促进天然更新等抚育措施,加强退化林修复,促进森林正向演替。

发展油用植物产业助推精准扶贫

2013 年 11 月,习总书记走进了湘西花垣县排碧乡的十八洞村,第一次正式提出了"精准扶贫"的要求。

今年 3 月 8 日,习总书记参加十二届全国人大四次会议湖南代表团的审议时,他又一次问起了精准扶贫的情况。

尹伟伦清楚地记得,在 2015 年 11 月召开的中央扶贫工作会议上,习总书记指出:"脱贫致富终究要靠贫困群众用自己的辛勤劳动来实现。""引导和支持所有有劳动能力的人依靠自己的双手开创美好明天,立足当地资源,实现就地脱贫。"

尹伟伦说,林业在精准扶贫上应该也能够发挥更大的作用。他的提案之一,谈的就是大力发展油用牡丹和文冠果产业、助力精准扶贫。

油用牡丹和文冠果,都是原产于中国的优良木本油料植物,耐干旱、耐瘠薄、耐盐碱、抗寒能力强,适应范围广。它们都被列为《国务院办公厅关于加快木本油料产业发展的意见》中重点发展的树种。尹伟伦说,这些木本油料植物完全可以在荒山秃岭地区广泛种植,实现不与农争田,不与人争粮的发展粮油之路,对解决我国食用油短缺和农业耕地不足的问题具有重要意义,是精准扶贫的重要途径。

尹伟伦强调,我国 60% 的贫困人口分布在山区,林地资源是山区最重要的生产资料,是山区群众脱贫致富的希望和潜力所在。

油用牡丹和文冠果技术要求和市场门槛都不高,又可以兼顾经济和生态两个效益的发挥。据计算,种植油用牡丹和文冠果仅第一产业一亩地一年的产值就达到 8800 元,远远高于 2300 元的国家扶贫标准,而且长期受益。因此被很多群众称为"种植油用牡丹和文冠果,半亩地可脱贫,半亩地可致富!"。尹伟伦说,非常适合在山区大面积发展,以及在退耕还林工程中采用与推广应用。这是农民实现在家门口就业创业、脱贫致富的理想方式。

尹伟伦称,截止 2014 年底,全国油用牡丹种植面积为 98 万亩,主要分布在山东、甘肃、陕西、安徽、河南等 25 个省份,油用牡丹加工企业 24 家,年产牡丹籽油 2000 吨;全国文冠果种植面积为 50 万亩,主要分布在甘肃、陕西、内蒙古、辽宁、吉林、河南、山东等 14 个省份。文冠果加工企业 10 余家,年产文冠果油 200 吨。这是一个刚刚兴起的新兴产业。它的发展有待政策引导和政策支持,也有很多科技提升问题有待支持立项、研发与推广。

从目前全国油用牡丹和文冠果发展现状来看,主要存在政策支持力度不够、市场及群众认知程度较低、产业化水平有待加强等问题。为了进一步促进我国油用牡丹和文冠果产业发展,推动今后我国扶贫开发工作、实施"精准扶贫"伟大战略、确保 2020 年实现全面建成小康社会,尹伟伦郑重地提交了一份提案。

尹伟伦建议,要进一步提高认识、扩大宣传,使全社会认识油用牡丹和文冠果的生态效益、经济效益和社会效益,做大做强油用牡丹和文冠果产业;要将油用牡丹和文冠果套种的模式作为当前扶贫攻坚的抓手和平台,在全国适宜区域推广;在中国退耕还林工程将要更新的面积和新安排的面积中,将油用牡丹和文冠果套种的模式作为主导模式进行推广。

尹伟伦呼吁,科技部门应该拔出一定的科研经费,对木本油料优良品种选育、栽培技术、深加工技术等科技问题给予支持立项研究;财政部门批准建立油用牡丹和文冠果相关基金,并予以资金支持;林业部门将油用牡丹和文冠果种植面积纳入林木覆盖率计算范围。

"要制订具体的、可操作性的扶持政策和措施,以促进油用牡丹和文冠果产业发展。"尹伟伦说。

国家公园建设重在保护生态系统

在资源约束趋紧、环境污染严重、生态系统退化的严峻形势下,2013 年党的十八届三中全会《中共中央关于全面深化改革若干重大问题的决定》中首次明确提出"建立国家公园体制";2015 年中央在《关于加快推进生态文明建设的意见》《生态文明体制改革总体方案》《关于制定国民经济和社会发展第十三个五年规划的建议》等系列文件中对建立国家公园提出了具体要求。

今年 1 月 26 日,中央财经领导小组第十二次会议召开。习总书记特别强调"要着力建设国家公园,保护自然生态系统的原真性和完整性,给子孙后代留下一些自然遗产。要整合设立国家公园,更好保护珍稀濒危动物。"

尹伟伦说,习总书记的讲话更进一步明确了国家公园要加强自然生态系统、珍稀濒危物种保护的根本要求。也表明了建立国家公园体制、加快国家公园建设,是我国加强自然生态系统保护的重要改革措施,是生态文明制度建设的创新和亮点。

国家公园是保护地的重要类型,其概念源自美国,后为世界大部分国家和地区所采用。目前世界各地共建立了约 5200 余处国家公园。

尹伟伦说,国家公园是国家为了保护重要的自然生态系统及其景观和文化资源而特别划定并管理的保护地,具有保护、科研、教育、游憩和社区发展等功能,是实现资源有效保护和合理利用的特定区域。

世界自然保护联盟(IUCN)2013 将国家公园定义为"是指大面积的自然或接近自然的区域,重点是保护大面积完整的自然生态系统。设立目的是为了保护大规模的生态过程,以及相关的物种和生态系统特性。为公众提供了理解环境友好型和文化兼容型社区的机会,例如精神享受、科研、教育、娱乐和参观。"由于国家公园较好地处理了自然生态保护与资源持续利用之间的关系,被看作是现代文明的产物,也是国家进步的象征。

去年 1 月,国家发改委会同 13 个部门联合印发了《建立国家公园体制试点方案》,选定的 9 个试点省(直辖市),分别选择了北京八达岭、吉林长白山、黑龙江伊春、浙江开化、福建武夷山、湖北神农架、湖南城步、云南普达措、青海三江源作为国家公园体制试点区。到目前为止,国家公园体制试点的实施方案经过了第一轮评审及审查。

尹伟伦指出,这些试点方案编制水平参差不齐。总体上讲,多数试点单位选址的基本生态系统破碎化比较严重。有些人为拼凑之感,甚至个别选地以历史建筑古迹为主,旅游开发难以控制,缺乏自然动植物生态系统的完整性,更不可能保证其动植物生态系统的完整生态过程。

针对当前有些省份、部门及社会对国家公园的内涵及功能认识有所偏颇、国家公园管理体制不明确、未能准确把握国家公园的内涵等问题,尹伟伦对国家公园建设的健康、科学发展提出了建议。

尹伟伦认为,要坚持"保护自然生态为第一要义"的国家公园建设宗旨。国家公园不是一般的供人游憩的公园。它是保护地的重要类型,主要是以保护生态系统和自然生态过程、维持生物多样性为主要目的,必须按照中央指引的方向,坚定不移地坚持"保护自然生态为第一要义"的国家公园建设宗旨。在探索及建设实施过程中,既要借鉴世界国家公园建设管理理念,又要深入总结我国自然保护的优秀经验,探索具有中国特色、符合我国国情的国家公园建设之路。

尹伟伦建议,要尽快明确国家公园管理体制,克服试点区多样化的利益诉求。目前,由于国家层面的顶层设计尚未出台,国家公园归谁所有,由谁来管理,怎么管理等问题皆不明确。尤其是国家公园的政策、机构、资金投入等机制不够明朗,各试点省在试点实施方案编制的过程中,涉及的利益相关方较多,使得管理体制不知如何规范,导致评审和试点工作也难以把握。

尹伟伦说,这些问题的明确,既可以为国家公园的规范审定指明方向,也能保证试点单位的选址及创新机制制定的正确可行,从而使中国的国家公园试点工作更加顺利地开展。

焦点人物小档案:

尹伟伦,中国工程院院士、北京林业大学原校长。他是著名的生物学家、森林培育学家,在森林培育和生物学学科交叉领域成绩显著。他曾获得国家发明三等奖、科技进步二等奖、国家教学一等奖等荣誉。

《绿色中国》2016 年 4 月
《国土绿化》2016 年 03 期

国家公园建设谁来管？

国家公园该建，但由谁来建、由谁来管？

十八届三中全会提出"建立国家公园体制"以来，相关部委和地方政府均有行动。2015年1月，国家发改委会同13个部门联合印发《建立国家公园体制试点方案》，选定9个省（市）的北京八达岭、吉林长白山、黑龙江伊春、浙江开化、福建武夷山、湖北神农架、湖南城步、云南普达措、青海三江源作为国家公园体制试点区。目前，试点实施方案通过了第一轮评审及审查。

2016年1月26日，习近平总书记主持召开中央财经领导小组第十二次会议，研究森林生态安全工作，强调要着力建设国家公园，保护自然生态系统的原真性和完整性，给子孙后代留下一些自然遗产。要整合设立国家公园，更好保护珍稀濒危动物。

两会期间，全国政协委员、中国工程院院士尹伟伦提交提案和议案，为国家公园建设和管理建言献策。

国家公园建设重在保护生态系统

尹伟伦说，国家公园是国家为了保护重要的自然生态系统及其景观和文化资源而特别划定并管理的保护地，具有保护、科研、教育、游憩和社区发展等功能，是实现资源有效保护和合理利用的特定区域。国家公园不是一般的供人游憩的公园。它是保护地的重要类型，以保护生态系统和自然生态过程、维持生物多样性为主要目的。

尹伟伦强调，建立国家公园体制，必须按照中央指引的方向，坚定不移地坚持"保护自然生态为第一要义"的建设宗旨。

国家公园建设试点显现诸多问题

尹伟伦指出，试点方案编制水平参差不齐。总体上讲，多数试点单位选址的基本生态系统破碎化比较严重，有人为拼凑之感，甚至个别选址以历史建筑古迹为主，旅游开发难以控制，缺乏自然动植物生态系统的完整性，更不可能保证动植物的完整生态过程。

尹伟伦建议，要尽快明确国家公园管理体制，克服试点区多样化的利益诉求。目前，由于国家层面的顶层设计尚未出台，国家公园由谁来管理、怎么管理等问题皆不明确。尤其是国家公园的政策、机构、资金投入等机制不够明朗，各试点省份在试点实施方案编制的过程中，涉及的利益相关方较多，使得管理体制不知如何规范,导致评审和试点工作也难以把握。

林业可作为国家公园主管部门

尹伟伦说,在探索及建设实施过程中,既要借鉴国际上国家公园建设管理理念,又要深入总结我国自然保护的优秀经验,探索具有中国特色、符合我国国情的国家公园建设之路。

《中国绿色时报》2016年3月16日

为生态文明建设建言献策育良才

习近平总书记把生态问题讲得这么透,对林业这么重视,我们应该怎么办?这是许多林业科技工作者最近的心事。

3月9日晚,新华社长篇通讯《习近平总书记关心生态文明建设纪实》播发以来,林业科技工作者口口相传。议论声中,有对习近平总书记深刻思想和精辟论断的感叹,也有对林业建设大好形势的肯定;有对科研教育事业美好未来的期待,也有对肩头责任重于泰山的紧迫感。

培育栋梁人才,引领生态文明

作为北京林业大学的"掌门人",宋维明心里盘算的是生态建设的人才支撑问题。

在他看来,生态文明建设是人类涉及生态价值观念、生产方式、生活方式以及发展格局全方位变革和构筑的系统工程。在这个重大变革和宏大工程的实践过程中,必须以人才为基础,以科技创新为突破口。

宋维明说,林业行业特色大学必须承担起为生态文明培养人才、提供支撑、奉献智慧的使命。北京林业大学自诞生之日起,就将尊重自然、保护生态、绿化国土的理念融入生命。在当今推进生态文明、建设美丽中国的进程中,更是责无旁贷地肩负着传承生态文化、为生态文明建设提供人才保障和技术支撑的重任。

据介绍,北林大近年来不断创新培养机制,为促进生态文明建设奠定了坚实基础。一是将生态文明理念渗透到学习、研究和生活的各个方面,开设了40多门与生态文明相关的课程;二是坚持"政产学研用"一体化,并着力为生态文明建设事业培养拔尖创新人才;三是践行实践育人理念,培养学生献身生态文明建设事业的理想和情怀。

宋维明表示,林业院校要利用学校雄厚的科研力量,为生态文明建设提供强有力的理论依据和技术支撑,要探索与行业部门和生产单位协同创新的科研模式,深入开展科学研究,破解生态保护与经济发展的矛盾难题,加强技术推广、成果转化、科技示范和技术培训,把最新科技成果和实用技术及时应用到生态环境建设中;要依托丰富的生态教育资源,做生态文明的倡导者、实践者和推动者;要大力研究、发展和传播森林文化、湿地文化、花卉文化等绿色文化,促进生态文明思想深入人心。

《中国绿色时报》2015 年 3 月 16 日

加快生态文明建设 大力推进绿色发展

2015 年 10 月 29 日,党的十八届五中全会在北京召开。全会研究了关于制定国民经济和社会发展第十三个五年规划的建议。通过《中国共产党第十八届中央委员会第五次全体会议公报》(以下简称公报)。全会在高度评价"十二五"时期我国发展取得的重大成就的基础之上,深入分析了"十三五"时期我国发展环境的基本特征,紧密围绕全面建成小康社会奋斗目标,明确提出了"十三五"时期我国发展的指导思想和原则。《公报》首次明确提出"统筹经济、政治、文化、社会、生态文明和党建六大建设""牢固树立创新、协调、绿色、开放、共享五大发展理念"。这既与党的十八大将生态文明纳入"五位一体"总体布局一脉相承,也标志着绿色发展在我国国策中被提升到了前所未有的高度。建设生态文明,坚持绿色发展,是全面建成小康社会并在总体上改善生态环境质量的必然选择。为了更好地把握绿色发展在生态文明和全面小康社会建设中的作用,要紧密结合新形势下我国的绿色发展需求和现实,对全会《公报》中关于内容的论述进行认真学习和深入分析。

生态文明建设的新指向

"改革发展,理念先行"。全会《公报》中所提出的"绿色发展"理念相较于以往党和国家关于生态文明建设方面的论述而言,既有创新,也有升华,更有提高,呈现和强化了两大全新指向。

(一)生态环境总体改善的指向

传统的"绿色发展"注重的是从节能减排及污染物治理的视角测度科技创新对生态环境的积极作用。十八届五中全会《公报》中所提出的"绿色发展",是我们党在新的历史起点之上,在面对生态环境日益恶化的严峻形势之下,在实现全面建成小康社会这一百年奋斗目标的压力之下,在建设美丽中国、实现中华民族伟大复兴的历史使命感召之下,与时俱进提出的改善生态环境质量的重要论断。

《公报》从"绿色发展"所需要坚持的基本原则出发,围绕人与自然和谐、主体功能区建设、低碳循环发展、资源节约与利用、环境整治、生态屏障构筑等多个方面的内容,从生态文明和"绿色化"发展的高度进行了新的理论阐述,这不仅赋予了"绿色发展"这一模式崭新的面貌,也为今后的发展指明了方向。

(二)美丽中国建设的指向

党的十八大提出:"把生态文明建设放在突出地位,融入经济建设、政治建设、文化建设、社会建设各方面和全过程,努力建设美丽中国,实现中华民族永续发展"。十八届五中全会《公报》中首次提出"推进美丽中国建设",使"美丽中国"的表述得到了进一步的深化,也令"美丽中国"从一句抽象的理论表达"落地生根"为具象的实践形态。这是我国在"绿色发展"的实践过程中,遵循实践、认识、再实践、再认识的人类历史发展规律,不断摸索、总结经验,并在实践中加以深化所得出的科学的理论认识。在未来,"美丽中国建设"必将与"绿色发展"实现,相互包含,相互促进,并举并重,共同推动我国生态文明建设可持续发展。绿色发展的新突破口。

绿色发展作为生态文明建设的题中应有之意,其最终目标都是为了实现经济社会的可持续发展,在全面建成小康社会奋斗目标的引领之下,面对错综复杂的国际环境和艰巨繁重的国内改革发展稳定任务,实现可持续发展需要寻找新的突破口,全会《公报》依托绿色发展理念,主要从以下三个层面加以探寻。

(一)"视野和领域"的突破口

"绿色发展"不仅要立足国内,同时还必须综合考虑国际形势的发展变化,统筹国际国内两个大局,生态安全领域同样如此。作为与国家安全相关的人类生态系统的安全,已经越来越引起全世界的广泛重视。气候变暖、臭氧层破坏、生物多样性减少、森林退化、土地荒漠化等生态环境问题的出现,逐渐成为影响人类生存与发展的主要制约因素。在上述背景之下,十八届五中全会《公报》中率先提出了"为全球生态安全作出新贡献"。这表明我国在"绿色发展"中具备了国际视野,同时也反映了中国积极主动应对气候变化,保护整个地球生态环境的担当,向世人进一步展示了中国作为一个负责任大国应有的诚意和姿态。这一提法,还要求我们将生态环境发展问题放到全球化的背景下加以考量。相较于"只顾自家门前雪,哪管他人瓦上霜"的逻辑,强调中国对全球生态安全的贡献,将有利于我国以更加积极主动的姿态参与世界生态环保进程,推动世界生态环境安全建设,与其他国家一起共同构筑生态环境保护的国际新格局。

(二)"体系与格局"的突破口

本次全会《公报》从格局建设、体系建设、权责分配等多个不同角度,给出了全新的提法和论述,且提法更加新颖,论述更为独到。首先,十八届五中全会《公报》中率先提出了构建科学合理的城市化格局、农业发展格局、生态安全格局、自然岸线格局。其中,"自然岸线格局"的提法表明我国将一如既往地顺应自然,更加重视天然形成的地理分界线,避免岸线受到人为的破坏和开发;同时,自然岸线格局也表明我国将海洋这一天然分界线纳入了格局建设之中,用格局把中国的国土做了全方位覆盖;其次,《公报》中提出建立绿色低碳循环发展产业体系和清洁低碳、安全高效的现代能源体系。这一方面表明"两个体系"是绿色发展最重要的内容;另一方面在强调"绿色发展"全面性的同时,也从体系的角度将绿色发展诠释的更加生动具体;再次,十八届三中全会时我国提出了"推行节能量、碳排放权、排污权、水权交易制度"。本次全会在此基础之上,从用能权、用水权、排污权、碳排放权初始分配的角度强化了其制度属性,在推陈出新的同时又与以往的交易制度相呼应,与生态环境保护的市场化机制相配套。

(三)"举措与制度"的突破口

出于"绿色发展"需要和当前生态环境形势的压力,本次全会在《公报》中提出了两项重点工程、两次重大行动和三个关键制度,从三个不同的维度层面进一步加深和强化对生态环境发展的推动作用。具体来看,一是"近零碳排放区"示范工程和"山水林田湖"生态保护和修复工程。"近零碳排放"这一严苛的标准,要求我们以更大的气力投入到"碳排放"的整治之中;"山水林田湖"作为生命共同体,其用途管制和生态修复必须遵循自然规律,做到统一的修复与保护。二是大规模国土绿化行动和蓝色海湾整治行动。大规模国土绿化行动要求发挥林业的基础性作用,坚持全民动员、全民动手、全面绿化的方针,努力开展义务植树活动、生态修复工程、重点区域造林、防沙治沙、保护区建设、湿地保护、草原建设等一系列国土绿化行动。蓝色海湾整治行动要求更多的关注海洋生态环境建设,花大力气探索如何减少海湾污染,使海湾常绿,海水常蓝;三是明确提出了加大环境治理力度,实行最严格的环境保护制度;建立省以下环保机构监测监察执法垂直管理制度;完善天然林保护制度。"最严格"三个字凸显了当前我国生态环境已经到了不得不治、必须得治的阶段,一切治理活动都必须从严从重,方能取得实效。同时,建立省以下环保机构监测监察执法垂直管理制度使信息上传下达变更加顺畅,还避免了环节过多所带来的管理损失,确保了管理效率,通过加强地方,尤其是对市、县生态环境的监管,解决地方保护主义的壁垒和准确获取环境数据等有关问题。此外,制度的形成,使天然林保护有了具体的实践标准,具备了现实的依托,有章可循、有据可依,同时也将有利于充分发挥林业在生态环境保护中"绿肺"作用,实现生态系统的良性循环。

生态文明和绿色发展的新路径

建设生态文明，走绿色发展道路，既是实现可持续发展的前提和保障，也是社会主义现代化建设的本质要求，只有实施绿色发展战略，走绿色发展之路，才能有利于推动生态文明建设，引领经济社会可持续发展。在新的历史条件下，建设生态文明、推进"绿色发展"，既要面对新的局面，也要具备新的思路，更要有新的举措。

一是将"绿色发展"理念植入全面小康社会建设之中。本次全会《公报》中明确提出了全面建成小康社会新的目标要求，其中，"生态环境质量总体改善"成为新目标之一，从"十二五"时期的生态环境质量明显改善，到"十三五"时期的生态环境质量总体改善，我国生态环境建设质量经历了一个从无到有，从低到高，从局部到整体的深化提高过程。这要求我们在小康社会建设过程中必须始终坚持绿色发展，并以生态环境质量总体改善为导向，时刻保持发展的平衡性、包容性和可持续性，通过绿色发展理念的渗透来坚定人们走生产发展、生活富裕、生态良好的文明发展道路的决心。

二是要科学厘清五大发展理念之间的关系。绿色发展理念与创新、协调、开放、共享发展理念之间应该是相辅相成，紧密联系的，"创新"为绿色发展提供动力，"协调"为绿色发展保驾护航，"开放"为绿色发展提供机遇，"共享"促进绿色发展成果转化。在绿色发展过程中，必须时刻保持对生态环境新情况、新问题的敏感性；创新绿色发展技术、方式、体制、机制，协调经济发展与生态环境之间的矛盾；同时，加强对国外先进发展方式和理念的学习与借鉴；及时分享绿色发展的成果。

三是推进绿色发展必须树立全球性生态视野。绿色发展是当前全球所有国家和地区多需要面对的复杂课题，我国的绿色发展在起点、规模、程度、速度等方面与西方发达国家仍存在较大差距。因此，绿色发展必须立足中国，放眼世界，善于用他人先进的技术和方式来增强自身发展实力；同时，在自身发展时也要充分顾及对全球生态环境的影响，统筹国内和国际两个大局，对外要把握国际绿色发展规则制定的主导权，尽可能维护和争取发展空间；对内要切实加快绿色转型进程，促进发展成果更多地惠及民生。四是将制度建设贯穿绿色发展全过程。绿色发展要实现从理论到实践的转变必须依靠强有力的制度作支撑，用具体的制度对绿色发展理念加以规范和约束，形成全社会共同遵守的客观条例、政策、法规等。对违背绿色发展要求，影响生态环境安全的任何行为坚决用制度加以限制；同时，绿色发展相关制度建设要充分考虑客观条件的许可，考虑具体时期的主要矛盾，有针对地、分时期、按步骤地加以推进；在涉及不同群体的利益时，会对不同群体产生不同的影响,需要建立和实现更加民主的绿色发展制度建设和公共决策的机制。

《绿色中国》2015 年第 11 期

"一带一路"战略中的中国林业产业

"一带一路"已成热词。这一重大战略给中国林业产业带来了哪些机遇与挑战? 它对中国林业产业的转型升级意味着什么? 中国林业产业如何借力以实现"凤凰涅槃"? 暑假里的一天,记者带着这些问题走访了北京林业大学经济管理学院教授程宝栋。这位 80 后青年才俊思想敏锐、注重前沿,结合所做的专业研究,对此提出了许多好的意见和建议。

"一带一路"分别指的是丝绸之路经济带和 21 世纪海上丝绸之路。它东接亚太经济圈,西进欧洲经济圈,沿途连通中亚、东南亚、南亚、西亚和东非等 64 个国家。据估算,沿线总人口约占全球的 63%,经济总量约占世界的 29%。作为中国首倡、高层推动的国家战略,"一带一路"对我国现代化建设和屹立于世界的领导地位具有的深远战略意义不需赘言。

程宝栋强调,"这一重大战略显然对中国林业产业而言,同样具有重要意义。我们一定要抓住时机,加紧研究,科学谋划,积极应对,及时行动。"

林业产业遭遇"大国非强国"的窘境

改革开放以来,特别是进入 21 世纪以来,借助于人口红利、政策红利以及全球化红利,中国林业产业取得了快速发展、长足进步,成为世界林业产业大国。程宝栋提供的依据是:在 2001－2014 年间,中国林业产业总产值年均增长 22%,远高于同期 GDP 增长率;2014 年创出新高,达到 5.4 万亿元。

"但是,中国林业产业在发展进程中存在着不容忽视的问题!"对此,程宝栋从专业的角度,进行了深入的分析和解读。

从产业结构来看,表现为"第一产业基础不牢、第二产业素质不高、第三产业发展滞后"的发展特征。

从产能来看,在投资驱动战略下,中国林业产业产能快速扩张,而面对国际市场持续低迷,造纸、家具、胶合板、纤维板、刨花板、木地板等部分林产品已经出现产能过剩。

从产业发展驱动要素来看,随着中国经济发展阶段的跃升,劳动力、土地、环境等传统要素的成本快速上涨。

从产业发展外部竞争环境考察，发达国家借助其在技术、管理、渠道等方面的优势，继续占据林业产业高端位置；而发展中国家则利用其在劳动力、土地、环境等方面的要素比较优势，形成了对中国林业产业的低端挤压。

"一带一路"重大战略的实施，给走出"林业产业大国而非林业产业强国"的窘境，带来了新的机遇和新的希望。程宝栋对此充满信心。

中国林业产业转型升级靠什么？

2015年8月，国家林业局局长张建龙在江苏调研林业产业发展时进一步强调，要"加大产业支持力度，促进产业转型升级"。如何实现中国林业产业转型升级这一宏伟的目标？

程宝栋告诉记者，产业转型升级是指产业结构高级化，主要内涵包括，由劳动密集型产业向资本或技术密集型产业升级，由传统低技术产业向高新技术产业升级，用高附加值产业不断替代低附加值产业的过程。

他指出，推动产业转型升级主要有两种路径。一是产业自身的技术变迁，二是推动产业外移。

当前，"一带一路"战略已经成为中国对外开放新阶段的重要战略，其重点在于"五通"建设。其中，扩大沿线国家贸易与相互投资、实现贸易畅通，是"一带一路"战略的重点内容之一。

他认为，"一带一路"战略将扩大中国与沿线国家在不同行业以及特定行业上下游之间投资范围，推进投资便利化进程，从而为中国与沿线国家产能合作与产业结构调整升级提供广阔平台。毋庸置疑，"一带一路"战略为中国林业产业外移即对外直接投资提供了难得的历史机遇，进而通过产业外移最终助推国内林业产业转型升级。

林业产业是对外投资的先行产业

程宝栋解释说，已有的对外直接投资理论可对"一带一路"战略下中国林业产业对外投资给予有效的解释。日本一桥大学小岛清教授提出的边际产业扩张理论认为，一国对外直接投资应从本国已处于或即将处于比较劣势的产业，即边际产业开始，并依次进行。通过对外投资，不仅可以使国内的产业结构更加合理、促进本国对外贸易的发展，而且还有利于东道国产业的调整、促进东道国劳动密集型行业的发展，对双方都将产生有利的影响。当然，在小岛清投资模式下，东道国的经济发展阶段或技术差距，应接近于投资输出国的经济发展阶段。

程宝栋强调，从中国林业产业来看，劳动力密集型林业产业或资本密集型林业产业的劳动力密集区段，符合边际产业的特征，应成为产业对外投资的先行产业。

他认为,通过这种产业外移,可以促进国内资金、技术、劳动力等要素流向高附加值、高技术的林业产业部门,实现资源的优化配置。同时可带动并扩大资本密集型林业产业如林业机械设备、林业服务业如林业勘察设计、林业咨询等的出口,从而有效地推动林业产业的转型升级。

他告诉记者,"一带一路"战略沿线大多数国家的经济发展阶段接近或落后于中国。劳动力密集型的中国林业产业可在这些国家重新焕发产业发展"第二春",为当地的森林资源高附加值利用、就业及税收带动产生积极影响。这也符合中国"一带一路"战略的互利共赢思想。

他进一步指出,通过借助中国林业产业适宜的管理、技术特征,在"一带一路"沿线特定的小规模市场中,中国劳动力密集型林业产业甚至可以创造出有别于发达国家的市场竞争优势。

他说,由于拥有古代丝绸之路的历史遗韵,"一带一路"沿线国家会对中国投资者有更大的文化认同,这很可能会降低中国投资项目在具体运行中的交易成本。

"腾笼换鸟"要引进"俊鸟"

在程宝栋看来,重点讨论"一带一路"战略下的中国林业产业对外投资,并非意味着中国林业产业未来"走出去"只局限于沿线的国家。世界上森林资源丰裕的南美、非洲等区域并未在"一带一路"的战略范围内。然而,考虑到中国日趋紧张的国内木材供给形势,积极开展针对这些区域的资源获取型对外直接投资,也应得到国家相关政府部门的政策支持。

程宝栋将通过产业外移带动国内林业产业转型升级,形象地比喻为"腾笼换鸟"。他说,"腾笼"之后不能"空笼",还需要尽快引进产业关联度大、技术水平高、外溢效应强的"俊鸟"。只有这样才能实现中国林业产业的"凤凰涅槃"。引进这些"俊鸟",需要中国林业产业针对并非在"一带一路"战略范围的欧美国家,开展战略资产导向型的对外投资。

程宝栋说,全球金融危机以来,西方发达国家经济低迷,资产价值低估,大量优质资产待价而沽,这也为具有资金优势而研发和创新能力相对不足的中国林业产业对外投资提供了难得的历史机遇。

《绿色中国》2015 年 8 月

《国土绿化》2015 年 10 月

确保国有林场改革不走偏不走样

期盼多年的《国有林场改革方案》和《国有林区改革指导意见》终于出台了。这是党中央、国务院对我国国有林场、国有林区改革作出的顶层设计，是站在全局和战略的高度作出的重大决策，是新常态下的我国林业改革发展的科学指南。如何保证国有林场和国有林区改革方向不走偏、政策不走样，直接关系到国家最为宝贵的生态资源能否永续利用，直接关系到全国人民赖以生存的生态环境能否可持续发展。如何学习好、宣传好、贯彻好、落实好文件精神，全面推进国有林场和国有林区改革，不仅是各级林业主管部门当前和今后一个时期的重大政治任务，也不仅是全体务林人最重要、最紧迫的工作，而是各级政府、是全社会的重要责任和神圣使命。

首先，要充分认识国有林场和国有林区改革的重要性。国有林场和国有林区是国家最重要的生态安全屏障和维护国家生态安全最重要的基础设施，在经济社会发展和生态文明建设中发挥着不可替代的重要作用。国有林场和国有林区的改革，既是林业改革发展的应有之义和必由之路，也是生态文明体制改革的重大突破和非凡创举；既是国有林场职工实现同步小康的重要保证，也是中华民族永续发展不可或缺的生态保障；既是我国林业发展的重大战略，也是全面推动我国生态文明建设的重要基础；既对繁荣我国林业事业有着深远的意义，也对建设美丽中国、造福子孙后代、实现中华民族伟大复兴有着极为重大的影响。毫不夸张地说，国有林场和国有林区的改革事关每一位公民，事关各行各业的发展。因此，全社会都要在国有林场和国有林区改革上达成共识，共同为推进改革、加速生态林业和民生林业建设凝心聚力、出谋划策、增砖添瓦。要把思想和行动尽快地统一到党中央、国务院的决策部署上来。要广泛宣传，让广大林业干部职工和全社会掌握文件精神、了解熟悉政策，在全社会形成有利于国有林场、国有林区改革的良好舆论氛围和社会环境。

其次，要充分认识国有林场和国有林区改革的特殊性。国有林场的改革不同于一般性的企业、事业单位改革，不能照搬一般性企业、事业单位改革的做法。国有林场改革的核心内容和首要任务，就是要科学确定国有林场和国有林区的生态公益功能定位，这对于理顺国有林场、国有林区管理和经营机制至关重要。有利于发挥林场和林区的生态公益功能的措施就是好措施，破坏森林资源的事情绝对不能干。这应该成为国有林场和国有林区改革的红线！通过改革，不仅要解决好定员定编、人员分流、长期债务等历史遗留问题,更要着眼长远,保障国有林场和生态资源可持续发展。不但要对现在负责,更要对未来负责。不但要实现功在当代,更要追求利在千秋。除此而外,还要考虑到各林场、各林区自身的特殊性。历史沿革不同,地理条件不同,植物状况不同,经营方式不同,文化习惯不同等,使得林场间、林区间存在很大的差异化。因此不能用一种思路、一套方法、一个模式去应对极具个性的林场、林区的改革。要在党中央、国务院的总体要求和改革框架下,认真分析和研究不同林场、不同林区的特殊性,因地制宜、因场制宜、因区制宜。要准确把握国有林场和国有林区的功能定位,精心组织编制改革实施方案,科学划定改革底线,认真制定具体目标、任务、措施和步骤,以确保改革始终行进在科学的轨道上。

再次,要充分认识国有林场、国有林区改革的复杂性。这项重大改革是一项复杂的系统工程,牵涉面广、涉及人多。在改革中不可避免地会出现各种各样的矛盾和错综复杂的局面。对此要有充分的思想准备。不能急于求成,出台每一项政策,采取每一项措施,都要反复论证、审慎行事。不能搞政绩工程、面子工程,而要脚踏实地、切实解决实际问题。既要敢于碰硬、敢于解决遗留问题,更要耐心做好当事人深入、细致的思想工作,努力寻求最大公约数,力争得到尽可能多的人的支持。要妥善处理眼前利益和长远利益、国家利益和局部利益、公众利益和个人利益之间的关系,尽量寻求科学的、最佳的解决方案。国有林场、国有林区改革是一项创新,虽然有一些试点经验可供借鉴,但仍需要继续研究和探索。要加大调查研究、科学研究的力度,广泛听取专家、群众的意见和建议。有关部门要加强监督和管理,不能放任自流。要确保林区的和谐稳定,注重化解矛盾、防范风险,加强舆情监控,及时发现问题,妥善解决问题,努力维护林区和社会的稳定,为改革提供良好的社会环境。

《中国绿色时报》2015 年 3 月 20 日

国有林改革走进新时代

期盼多年的《国有林场改革方案》和《国有林区改革指导意见》终于出台了。这是党中央、国务院对我国的国有林场和林区改革作出的顶层设计,是站在全局和战略的高度作出的重大决策,是新常态下的我国林业改革发展的科学指南。如何保证国有林场和国有林区改革方向不走偏、政策不走样,直接关系到国家最为宝贵的生态资源能否永续利用,直接关系到全国人民赖以生存的生态环境能否可持续发展。如何学习好、宣传好、贯彻好、落实好文件精神，全面推进国有林场和国有林区改革，不仅是各级林业主管部门当前和今后一个时期的重大政治任务，也不仅是全体务林人最重要、最紧迫的工作，而是各级政府、是全社会的重要责任和神圣使命。

既要保生态又要惠民生

北京林业大学经管学院院长、博士生导师陈建成说，党中央国务院下发的《国有林场改革方案》中明确提出，国有林场改革围绕着"保护生态和保障职工生活"两大目标推进改革和制度创新。这表明党中央国务院在针对国有林场的改革中不仅高度重视保护生态环境，也同样重视林业职工的权益和生活，是对多年来默默奉献在林业第一线的广大干部职工的切实关怀。

文件在改革原则中提出"改善民生、保持稳定"，强调立足实际，切实解决好职工最关心、最直接、最现实的利益问题。陈建成说，在林业改革文件中如此具体明确的强调保障职工利益并不多见。这是我国林业改革指导思想的一个重要转折，表明了不再是为了保护生态、牺牲部分林业职工利益，不再是为了保护生态、损失林业职工利益和林区发展的条件。

陈建成认为，如何理解保生态和惠民生这两大目标的协调平衡是有效实施中央政策文件的关键所在。保生态与惠民生同等重要。各级政府和相关部门在落实相关政策过程中要采取一切措施化解这两者存在的矛盾。既要保护生态，也要保障林业职工生活质量提高，尽快达到所在地区平均水平，甚至超过当地水平，实现小康生活。

我国国有林场所处地理位置绝大部分都是重要生态区，是国家关键的生态骨架。陈建成说，保护好国有林场的森林资源就是保护遍布全国的生态关键区域。这是党中央国务院快速出台改革方案的目标。同时，党中央国务院也注意到几十年来国有林场职工为了保护生态环境做出了卓越贡献，做出了个人的极大牺牲。因此，在这次改革过程中，不仅要保障职工的权益，保护职工利益，还要通过本次改革彻底解决国有林场职工贫困问题，真正实现惠及所有人的小康社会。

陈建成强调，在未来落实改革方案的具体政策制定中，既要做好保护生态，保护森林资源的各类规划和政策措施，同时也要提出有效解决职工生活困难，强化职工社会保障程度，实现林场职工养老医疗全覆盖，不留死角，推进林场职工尽快实现小康生活，为到2020年实现全面小康社会提供有力保障。

保生态与惠民生是相辅相成、互为促进，互为支撑的。陈建成说，改革方案中对于国有林场体制改革、国有林场森林资源经营管理等各项具体改革措施中，都将保生态和保障职工权益结合在一起，强调国有林场职工是未来国有林场管理人员、技术人员的主体,强调社会服务购买中优先聘用林场职工,强调通过森林管护、特色产业等适合林场职工劳动能力和技能的形式解决富余职工安置。同时,通过有效利用国有林场职工对于森林资源经营管理的技术优势和劳动技能保障国有林场森林资源的有效管理,提升生态能力,实现保护生态的目的。

陈建成说,保生态与惠民生之间的平衡要注重长效性。在这次国有林场改革中还特别注重保生态、惠民生的长效性。为了有效保护森林资源,明确要求要将森林资源的管理人员、专业技术人员和骨干技能人员全面纳入事业单位编制,经费纳入同级政府财政预算,彻底解决国有林场基本人员的后顾之忧,使得这些人员能够全身心投入森林资源保护与管理中,提升生态能力。同时,彻底释放国有林场的富余职工包袱。在改革方案中明确要求各级政府是富余职工安置的责任主体,同时明确要求不能通过买断等简单方式将职工留给社会自行解决,要通过招聘森林管护人员,发展特色产业以及劳动技能培训等多种形式彻底有效解决富余职工安置,要安置的好,安置的稳,使得国有林场轻装上阵,全面投入保护生态的伟大事业中。

运用市场手段促进改革

北京林业大学经管学院副教授陈文汇特别注意到,在党中央国务院制定的国有林场改革方案中,多次提到充分运用市场进行国有林场管理、国有林场机制改革以及购买社会服务等。

他认为,这与深化改革的总体方向是高度一致的。发挥市场在资源配置中的主导作用,不仅在经济活动中,在公共管理领域同样高度重视市场的作用。改革方案中充分分析了国有林场功能作用,将国有林场所有的非公益性经营活动全部推向市场,通过市场化手段运营。要根据森林资源经营活动的性质,提出在国有林场森林资源培育、抚育和管护等过程中充分利用市场手段,从全社会范围购买劳动力,购买社会服务建立公益林管护机制。通过事企分开、政企分开等方式,彻底剥离国有林场多重身份,改变传统以养人方式进行资源管理的旧体制。

他强调,市场是国有林场管理和经营活动中的主导性手段。从全国形势来看,市场将是整个国家经济运行的主导方式,因此在国有林场管理和森林资源经营中要充分利用市场这一平台,吸收社会资本、人才进入国有林场,提高国有林场管理的效率和水平,进而提高全国森林资源的管理水平,提高我国森林资源的社会服务能力。国有林场可以向社会各界提供林业技术服务,包括资源培育,资源管护技术等,还可以代管集体林,集体林的生态公益林管护,租赁集体林地运用国有林场的技术和人力资源开展商品林经营。这不仅有利于提高集体林的经营水平,提高集体林的产出效率,保障国家生态安全和木材安全,而且也将增加有效手段安置国有林场富余职工。

市场是制定具体政策措施中的优先使用手段。他说,在改革方案中无论是国有林场体制,还是国有林场机制,甚至是国有林场承担的生态保护的主体责任中,都明确提出要充分利用市场手段探索改革的具体政策措施,推进国有林场高效健康发展。在明确国有林场生态责任中明确提出对于基本不承担森林资源保护和培育职责的,通过市场化手段转化为企业,对于企业性质的国有林场采取购买服务的方式获得公益服务,保持企业身份。在事企分开中明确提出国有林场从事的经营活动要采取市场化运作。对于暂不宜实行市场化的森林采伐、森林旅游等也鼓励与林业企业重组,通过规模化经营、市场化运作提高运营效率。

他指出,市场是国有林场高效运行的保障。在国有林场改革中,只有充分利用市场,才能持续降低国有林场管理和经营成本;只有利用市场,才能多方筹措资金,吸纳人才;只有利用市场,才能提高管理效率,提高森林资源经营效果。在人才、资金和管理充分配合下,国有林场良性运转,才能持续健康发展。

关键抓手是区域产业转型

北京林业大学经管学院副教授贺超说,这次《国有林区改革指导意见》的出台,充分彰显了新一届中央领导集体把林业工作放到更加突出的位置、深入实施生态建设为主林业发展战略的决心。改革的总体目标是理顺国有林区体制、完善国有林场机制、改善林区职工民生、加强国有林区生态保障能力。这个目标对国有林区的功能定位是科学准确的,也是符合世界国有林功能定位大潮的,是我国全面发展生态文明和建设小康社会的必然要求。这也是国有林区在多年的改革探索中一直追求但始终没能充分实现的目标。

他指出,体制和机制改革的关键,在于国有林区的经济基础尚未建立林区发展战略转型所必需的自我发展能力。林区长期以来依靠单一的木材经济支撑区域的经济社会发展,经济结构高度单一,没有形成木材经济以外的支柱产业。围绕生态林业发展战略进行的调减和停止天然林资源的采伐,推进国有林区政企分开,就遇到了林区民生和地方政府财政来源下降和中断的问题。

他说,破解国有林区体制和机制改革的困局应该同步实施体制改革和培育国有林的替代支柱产业入手,通过从国家层面统筹国有林区和我国整体社会经济发展,积极推进国有林区的产业结构调整和转型发展,不能仅就国有林区谈改革和调整发展。这次中央出台的"意见"确实也把积极推进国有林区产业转型列为改革的政策支持体系之一,说明改革决策层面已经充分认识到了改革困境所在。如何贯彻落实这项政策?他提出了四条建议:

一要从更大的视野考虑国有林区的产业转型问题。国有林区的问题不仅是一个局部区域经济问题,其形成是我国特殊历史阶段为了国家整体利益进行经济布局的结果,更是关乎我国未来生态文明发展战略目标实现的全局问题。

二要从国家区域经济统筹协调发展的角度推进国有林区的产业转型。国有林区的产业转型应抓住我国区域经济梯度转移发展的大好机遇。从承接东部地区产业转移的角度,配合国家政策引导,积极引导东部地区与国有林区生态发展定位相一致的绿色产业、劳动力密集型产业和高新技术产业,尤其以良好生态环境作为重要生产条件的高新技术产业,在这方面国有林区具有得天独厚的优越条件。产业转移的配套保障政策条件要充分研究拟吸引承接转移产业的综合要件,重点补强国有林区当前欠缺的要素,做到把有关产业引得进,还要留得住!

三要重点加大国有林区产业转型发展所需基础设施条件的政策支持力度。国家应该重点加强对国有林区目前初具规模的中心城市加大快速干线道路网络建设,把有关中心城市纳入高速铁路、公路和航空运输网络覆盖范围之内,结合工业园区的建设,扩充骨干通讯水电网络设施建设。要把承接转移产业的硬件和软件条件同步完善,提高对东部地区转移扩散产业的吸引力。

四要正确认识林区特色经济和支柱产业培育的关系。"意见"中提出了国有林区要大力发展特色经济林、森林旅游、野生动植物繁育等绿色低碳产业。这个思路是非常正确的,但能否成为区域的支柱产业值得进一步探讨。这些经济业态一方面对资源的独特性具有很高的要求,不适宜作为普遍的产业发展方向;另一方面,这类资源往往比较分散,单位产品的价值密度不高,原材料归集运输成本较高,同时受自然生态系统承载能力的严格限制,实施产业化发展规模上会受到一定的限制。更为有效的路径,是依托国有林区的中心城镇,在国家层面统筹区域平衡发展策略支持下,合理选择承接东部地区转移产业基础上,把林区深处的众多人口吸引集中起来,以区域中心城市的发展带动整个林区的转型发展,同时把有关的林下特色经济作为辅助产业,起到增加就业岗位、提高林区群众收入的支持作用。

确保改革不走偏不走样

国有林场、国有林区的改革走进了新时代。如何确保这项重大改革工程不走偏、不走样?北京林业大学的专家们对此进行了深入的思考。

专家强调,首先要充分认识国有林场和国有林区改革的重要性。国有林场和国有林区是国家最重要的生态安全屏障和维护国家生态安全最重要的基础设施,在经济社会发展和生态文明建设中发挥着不可替代的重要作用。国有林场和国有林区的改革,既是林业改革发展的应有之义和必由之路,也是生态文明体制改革的重大突破和非凡创举;既是国有林场职工实现同步小康的重要保证,也是中华民族永续发展不可或缺的生态保障;既是我国林业发展的重大战略,也是全面推动我国生态文明建设的重要基础;既对繁荣我国林业事业有着深远的意义,也对建设美丽中国、造福子孙后代、实现中华民族伟大复兴有着极为重大的影响。毫不夸张地说,国有林场和国有林区的改革事关每一位公民,事关各行各业的发展。因此,全社会都要在国有林场和国有林区改革上达成共识,共同为推进改革、加速生态林业和民生林业建设凝心聚力、出谋划策、增砖添瓦。要把思想和行动尽快地统一到党中央、国务院的决策部署上来。要广泛宣传,让广大林业干部职工和全社会掌握文件精神、了解熟悉政策,在全社会形成有利于国有林场、国有林区改革的良好舆论氛围和社会环境。

专家认为,要充分认识国有林场和国有林区改革的特殊性。国有林场的改革不同于一般性的事业单位改革,不能照搬一般性事业单位改革的做法。国有林场改革的核心内容和首要任务,就是要科学确定国有林场和国有林区的生态公益功能定位,这对于理顺国有林场、国有林区管理和经营机制至关重要。有利于发挥林场和林区的生态公益功能的措施就是好措施,破坏森林资源的事情绝对不能干。这应该成为国有林场和国有林区改革的红线!通过改革,不仅要解决好定员定编、人员分流、长期债务等历史遗留问题,更要着眼长远,保障国有林场和生态资源可持续发展。不但要对现在负责,更要对未来负责。不但要实现功在当代,更要追求利在千秋。除此而外,还要考虑到各林场、各林区自身的特殊性。历史沿革不同,地理条件不同,植物状况不同,经营方式不同,文化习惯不同等,使得林场间、林区间存在很大的差异化。因此不能用一种思路、一套方法、一个模式去应对极具个性的林场、林区的改革。要在党中央、国务院的总体要求和改革框架下,认真分析和研究不同林场、不同林区的特殊性,因地制宜、因场制宜、因区制宜。要准确把握国有林场和国有林区的功能定位,精心组织编制改革实施方案,科学划定改革底线,认真制定符合实际的具体目标、任务、措施和步骤,以确保改革始终行进在科学的轨道上。

要充分认识国有林场、国有林区改革的复杂性。专家指出,这项重大改革是一项复杂的系统工程,牵涉面广、涉及人多。在改革中不可避免地会出现各种各样的矛盾和错综复杂的局面。对此要有充分的思想准备。不能急于求成,出台每一项政策,采取每一项措施,都要反复论证、审慎行事。不能搞政绩工程、面子工程,而要脚踏实地、切实解决实际问题。既要敢于碰硬、敢于解决遗留问题,更要耐心做好当事人深入、细致的思想工作。努力寻求最大公约数,力争得到尽可能多的人的支持。要妥善处理眼前利益和长远利益、国家利益和局部利益、公众利益和个人利益之间的关系,尽量寻求科学的、最佳的解决方案。国有林场、国有林区改革是一项创新,虽然有一些试点经验可供借鉴,但仍需要继续研究和探索。要加大调查研究、科学研究的力度,广泛听取专家、群众的意见和建议。有关部门要加强监督和管理,不能放任自流。要确保林区的和谐稳定,注重化解矛盾、防范风险,加强舆情监控,及时发现问题,妥善解决问题,努力维护林区和社会的稳定,为改革提供良好的社会环境。

《绿色中国》2015 年 5 月

《国土绿化》2015 年 6 月

专家强调:林产品贸易有助低碳经济

低碳经济与林产品贸易的关系究竟如何?低碳经济对林产品贸易产生了什么影响?林产品贸易能否有助于实现低碳经济目标?通过什么途径能够实现林产品贸易与低碳经济双赢?北京林业大学的专家们通过研究,从理论与实践结合的层面对这一系列问题给出了回答。

宋维明、缪东玲、程宝栋等专家组成的团队,结合中国林业和林产品贸易的实际,积极研究探索中国低碳经济与林产品贸易协调发展的途径,力求从林产品贸易视角找出林业应对全球气候变化的有效之策。相关研究成果的结晶《低碳经济与林产品贸易》新著,日前已由中国林业出版社出版。

低碳经济与林产品贸易之间的关系研究,是一个挑战性极大的全新课题,涉及国际国内复杂的政治、经济和社会深层次问题。宋维明、缪东玲、程宝栋等专家的这一研究,在选题、方法、视角等方面均有突出的特色和创新。

学者们没有停留在对低碳经济的一般性论述和研究上,而是针对林产品贸易的现状和特殊问题,系统研究了低碳经济与林产品贸易之间的内在联系,并找出了林产品贸易面临的碳壁垒和碳争端。

研究者们将起源于气候问题争论,在林业领域,特别是林产品贸易领域展开的打击木材非法采伐及其相关贸易、森林经营认证、产销监管链认证、合法性认证、碳认证和碳标签等涉林低碳行动及措施作为分析对象,着重分析了其内涵和实质,取得了有学术价值的系列成果。

研究认为,在解决碳排放和资源稀缺等各种矛盾过程中,林业起着不可替代的作用。以森林为经营管理对象的林业,是经济与社会发展向低碳化转型的重要力量。林业政策必然要被纳入气候政策和低碳政策的范畴。各国政府将更加重视森林碳汇等多功能利用,出台各项政策措施,推动林业碳汇、林木生物质能源、非木质林产品、生态旅游等相关低碳产业的诞生和发展,从而延长林业产业链。

学者们告诉记者,林产品贸易关系到利用森林木材资源进行生产和交换活动,涉及森林资源的消耗。这种消耗与森林的碳吸存、碳替代功能利用之间存在着对立统一的关系。回答林业与低碳经济之间的关系,进而回答林产品贸易与低碳经济之间的关系,需要在林产品贸易与林业产业发展、林业产业发展与林业发展、林业发展与低碳经济发展之间建立起科学的逻辑关系。只有揭示这一逻辑关系,才可能为低碳经济转型提供包括林产品贸易发展模式在内的林业发展模式的支持。他们的研究正是为此所作出的努力。

学者们指出,在气候话题不断被引入国际经济和政治博弈的背景下,国际林业领域特别是林产品贸易领域,与之相关的行动也在不断扩大和深化。这一方面表现出人们日益关注森林木材资源利用的合法性与可持续性要求,重视林业生产和贸易的低碳化发展目标等;另一方面也反映了在认识和利用林业及林产品贸易与低碳经济内在关系上,有十分复杂的背景,包括国际经济和政治激烈的博弈斗争背景。如何在理论上为正确认识这些问题提供科学的指导是十分必要的。这就是这项研究的意义所在。

中国是发展中的大国,也是林产品生产、消费和贸易大国。学者们也在实践层面上研究了如何更好地处理低碳经济与林产品贸易发展过程中存在的问题,提出了林产品贸易与低碳经济协调发展、实现双赢的对策建议。主要建议有:在产业链建设上,要加强技术自主创新,打造林产品的低碳竞争优势;在资源链建设上,要立足国内木材供给,优化国际木材资源配置;要积极开展低碳外交,谋求有利于我国林产品贸易的新规则;要努力促进林产品贸易的低碳化发展,构建新常态下可持续的林产品贸易体系。

《中国绿色时报》2014 年 8 月 28 日

森林,发展低碳经济之本

"低碳经济"在我国逐渐热起来了。如何看待低碳经济? 森林与低碳经济有什么关系? 林业在发展低碳经济中应该发挥怎样的作用? 在 2014 年 9 月上旬,北京林业大学和中国林业经济学会技术经济专业委员会联合举办的前沿问题论坛上,有关专家从不同角度就上述问题展开了深入的研讨。

森林碳汇应是国家支持的重点

"森林具有以最小成本、实现最大固碳效益的潜力。林业应该成为中国政府进一步加大支持力度的重点。"原国家环境保护局副局长、中国环境与发展国际合作委员会秘书长、清华大学和中国人民大学博士生导师张坤民教授说，全世界都在毁林，只有中国的林地是增长的，这是值得自豪的事情。应该深入研究和充分发挥森林的碳汇作用，把森林的碳汇作用和造林成本算清楚，这有利于争取国家和政府的支持。张坤民建议，深入研究林业政策改革，进一步推动造林和林业管理，提高林业工人和林农的福利；进一步推动沙产业的发展。人进沙退，林业部门在这方面大有作为。张坤民说，他去宝钢调研时，听企业负责人介绍种了多少树，植了多少草皮，养了多少动物，称自己的工厂为生态工厂。他认为，这些草地、树木、动物只能说明企业领导和职工热爱自然，不能说明工厂就是生态工厂了。企业实际总的排放量还是相当大的。

森林的碳汇作用不容忽视

北京林业大学党委书记吴斌说，森林的碳汇作用必须得到高度的重视。低碳经济的背景是气候问题。所谓的低碳，一是减排，二是碳汇。既要尽量减少，又要尽量吸收。减排是必要的，但碳汇在某种意义上说更加重要。发展经济以及人类生活，碳排放是不可避免的，但要尽量使碳汇和碳排放保持平衡。这就需要发挥林业的作用。北京林业大学副校长宋维明教授说，他曾参观过巴西的一家企业。企业大量种树，而后采伐树木烧炭，接下来炼钢。他说，树在吸收碳，是碳汇，烧炭和炼钢则是排放碳，但只要"排"和"吸"保持平衡就可以了。在平衡过程中，实现经济发展目标和就业，增加了 GDP，就完成了对人类和社会发展的贡献。北京大学环境科学与工程学院教授徐晋涛说，林业在发展低碳经林破坏导致的温室气体排放占碳排放总量的五分之一。如果能够把这个趋势遏制住，温室气体减排就取得了非常大的成功。同时，扩大森林资源，改善土地利用方式，也可减少温室气体排放，这是一种成本非常低的政策工具济中饰演非常重要的角色。由于森林破坏导致的温室气体排放占碳排放总量的五分之一。如果能够把这个趋势遏制住，温室气体减排就取得了非常大的成功。同时，扩大森林资源，改善土地利用方式，也可减少温室气体排放，这是一种成本非常低的政策工具。

把林业放在低碳经济的背景下再思考

北京林业大学经济管理学院副院长温亚利提出，要把林业低碳经济的发展战略纳入国家框架下思考，而国家框架必须纳入全球框架之中。中国林业发展，应该是基于社会多功能需求定位下尊重自然的发展，不是被动地应对，而是主动地去适应。当下首先要进一步研究中国林业和林业经济发展的关联问题，研究林业和低碳经济有什么关联，通过什么机制关联。要把林业放在这个背景下去思考。从林业自身的角度看，一方面森林是最大的陆地碳库，另外又是生物质能源，作为生产资料和生活资料均具有环保性,在利用中消耗的能源低,是一种低碳经济材料。但不同的树种,在固碳方面的作用是不一样的,对环境的影响也不一样。

北京林业大学经济管理学院副院长田明华教授认为,低碳经济的发展,会引导大量资金投向节能减排领域,有可能会挤占政府投向林业的财政资金。从林业自身来讲,必须开展深入细致的研究,把握林业在低碳经济中的地位,争取林业在低碳经济中的主动地位。低碳经济的发展,可能会使森林的多功能利用偏向吸碳和减排。因此,要注意在低碳经济中林业多目标的协调问题。

提倡零碳,保持低碳,走向活碳

"低碳经济模式的核心在于低排放、高吸收和碳持续。森林对此都能发挥重要作用。林业要在低碳经济当中争取主动地位。林业部门要加强对低碳经济的研究。"中国林业经济学会技术经济专业委员会主任陈建成教授说,森林提供的能源,可减少化石燃料排放的温室气体;林区烧柴、林产加工等则可以通过新技术、循环经济、绿色经济和开发生物质能源来达到低排放,减少因非法采伐等引起的森林破坏、森林火灾和病虫害等,以降低碳排放;通过科学规划增加森林面积,通过科学经营提升森林质量,建设健康森林,可以实现高吸收;建立造林与更新长效机制,处理好生态效益和经济效益的关系,使经营主体保持积极性,使森林经营与林农致富紧密结合,从而实现碳持续。陈建成认为,从森林与农业、森林与工业、森林与能源、森林与环保等相互促进关系看,森林通过对这些行业的促进,实现多领域的减排,从而达到森林的间接减排效果。尽管零排放是不可能的,但"零碳"作为人类的理念和目标却有积极、现实的意义;保持低碳,意味着经济社会发展过程中不断降低碳的净排放量,对高碳单位实行碳税调节、指标减排、制度约束;走向活碳,则要求把经济发展与生态保护等统一到可持续发展上来,建立碳信用、发行碳股票、促进碳交易、推进碳贸易、实现碳致富。

《国土绿化》2015 年 2 月

存量垃圾用于绿化推进乏力

存量垃圾向何处去? 这是一个十分严峻的问题。记者从前不久召开的存量垃圾资源化利用研讨会上获悉,我国在存量垃圾资源化利用、变废为宝方面取得了一定成绩,但仍面临众多问题亟待解决。

存量垃圾无害化、资源化利用,已成为垃圾处理和城市管理的一个重要课题。研讨会上,专家们交流了我国在存量垃圾无害化处理及其在工程绿化中资源化应用领域的理论与技术成果,拓展了存量垃圾资源化利用的研究思路。

无害化资源化利用是大方向

中国水土保持学会工程绿化专业委员会常委、北京林业大学教授郭小平告诉记者,存量生活垃圾是我国专有概念,指堆放或填埋于存量垃圾场中的生活垃圾。

郭小平称,生活垃圾、污泥、园林绿化废弃物是城市建设过程中产量最高、危害最大的固体废弃资源。以北京市生活垃圾为例,目前运营的垃圾填埋场有 14 座,总占地面积约 400 多公顷,使用寿命在 10 年至 18 年,北神树、安定填埋场已面临封场,新填埋场选址困难。此外,垃圾堆肥由于销路不畅,产业面临萎缩。北京市有非正规垃圾填埋场 1011 座,垃圾总量达 8000 万吨,占地面积达 2 万亩。这些固体废弃物的处理要耗费大量人力物力,占用宝贵的土地资源。存量垃圾无害化、资源化,已经成为非正规垃圾填埋场治理的重点。

用于工程绿化成研究热点

如何将垃圾腐殖土、污泥、园林废弃物等无害化、资源化利用,突破工程绿化、植被建设缺土少肥的瓶颈,是近年来的科研热点。

郭小平表示,生活垃圾、园林绿化废弃物及污泥经由发酵或高温惰化技术,可生产出花木基质、有机肥、有机覆盖物等。通过添加菌剂、调理剂可对生活垃圾粗堆肥进行二次发酵堆肥处理,提高现有城市生活垃圾粗堆肥的腐熟度;矿化垃圾腐殖土与泥炭、蛭石等基质材料的混配可作为花卉盆栽基质。

曾获北京市职工优秀技术创新成果奖的"存量垃圾无害化资源化项目",将垃圾筛分土无害化处理成种植土用于林业建设,主要作为废弃矿山生态修复客土资源。存量垃圾筛下土无害化技术、改良渣土用于喷播等集成技术等,实现了垃圾场循环利用,节约了绿化用土和造地。

园林绿化剩余物处理能力弱

专家指出,北京的园林绿化剩余物总量每年约 500 万吨以上,而消纳处置能力不足 10%;城市污泥量每年约 110 万吨,约有 70% 的污泥缺乏有效出路,污泥资源化状况不容乐观。

废弃物资源化利用是建设节约型和环境友好型城市的迫切需求。目前北京市现有 1700 万亩林地土壤有机质含量仅为 0.5% 至 0.8%,亟待培肥,而发达国家则一般为 3%—5% 以上。若林地有机质含量提升到 3%,则每亩地需有机肥 50 吨。全市林地土壤改良的有机肥需求量十分巨大。通过加大城市污泥与园林废弃物的协同利用,长期监测混合堆肥产品的功效性和安全性,可为首都造林绿化、矿区生态修复、沙地治理等改善林地质量,提高土壤生产潜力,提供安全的生物活性产品。

用于工程绿化变废为宝

专家表示,将有机质含量较高、腐熟度较好的存量垃圾腐殖土、垃圾堆肥产品,用于废弃矿山绿化、公路绿化、园林绿化、盆栽花卉领域,可变废为宝,大量节约种植土、泥炭资源。

据郭小平介绍,依托北京市科委《非正规垃圾填埋场地污染治理技术研究与示范工程》《石景山区黑石头垃圾填埋场治理后期植被恢复的监测与评价研究》课题,科研团队近年来以北京市2006年以来已治理的878座非正规填埋场筛分垃圾腐殖土资源化为切入点,通过室内、田间发酵实验、基质混配盆栽实验、土壤水力学实验、人工降雨冲刷实验,对垃圾腐殖土、垃圾堆肥应用的安全性、适宜性、抗侵蚀性进行评价,筛选出适宜植物生长的垃圾腐殖土、垃圾粗堆肥适宜施用量和方法。获批《改良采石场渣土绿化基质及其配制方法和应用》《利用垃圾腐殖土配制的仙客来栽培基质及其配制方法》和《含采石场渣土、畜粪、秸秆和木炭粉的绿化基质及其制备方法》等3项国家专利,并获得北京市科技三等奖,现已应用到北京市废弃矿山生态修复、园林绿化工程、公路绿化工程等项目中。

在改进园林绿化剩余物—污泥混合堆肥工艺基础上,将混合堆肥产品应用于林地改造、沙地造林、古树复壮以及平原造林等工作中。郭小平指出,其产品的功效性及生态安全性还需进一步监测和综合评价研究。存量垃圾资源化利用,除了理论和技术上的不断创新和发展,高效集成化处理装置的研发也是从源头上实现存量垃圾无害化、资源化的必要环节。

《中国科学报》2016年7月19日
《中国绿色时报》2016年7月26日
《中国花卉报》2016年8月12日

木材资源安全必须依靠森林高效培育

中国木材资源安全必须依靠中国森林的高效培育来解决,无论是人工林还是天然林,都需要科学抚育和经营。近日召开的第十五届全国森林培育学术研讨会上,与会专家一致达成《森林培育广州共识》。

全国森林培育学术研讨围绕用材林生产力提高的理论与实践、木材战略储备基地建设实践、主要速生丰产林及珍贵用材树种培育理论与实践、多功能森林培育的理论与实践等展开。中国工程院院士沈国舫在《中欧三国林业考察后的思考和启示》主题报告中提出,不能把森林的"保护"和"利用"对立起来。森林的科学抚育经营要符合绿色发展的理念。"绿水青山"是保护"金山银山"的生态屏障，"绿水青山"如果保护和经营得当，就能够变成"金山银山"。

专家们就多功能森林培育的理论与思考、森林培育学教材建设探究、黄土高原人工林健康经营的理论与技术、人工造林与水资源问题等作了精彩报告。21 位来自高校、科研院所、基层单位的代表，从种苗生产、造林技术、抚育技术、木材战略储备基地建设等方面介绍了最新研究成果。

《中国绿色时报》2015 年 12 月 16 日

绿色教育：大学的责任与行动

春天的北京林业大学校园，天蓝云白，花红柳绿。北京林业大学校长宋维明教授在接受采访时，纵论绿色教育的时代必然性，阐释绿色教育对大学功能要求的完善，介绍北京林业大学绿色教育的实践，让人们看到了这所中国最高绿色学府在绿色教育中的不懈追求和做出的巨大努力。

绿色教育是时代的必然

宋维明说，生态文明建设是时代的客观要求，绿色教育是时代的必然，承担绿色教育是大学责无旁贷的任务。绿色教育是对生态环保意识、能力以及行为方式进行教育培养的综合过程，也是对环境教育、可持续发展教育的延续与充实。大学在绿色教育中的责任与行动，体现在对时代发展的认识上，体现在对自身职能的解读上，体现在学校建设发展的各项任务中。

他指出，绿色教育体现对现实问题的审视。教育的过程是人类审视自身的过程。当前的现实问题是绿色意识的缺失、绿色发展的企盼。绿色教育则重点关注绿色发展的现实，分析关于人与自然不和谐的关键症结，用知识、技术、文化等手段，回答怎样解决，靠谁解决绿色问题等。

他认为，绿色教育体现对新文明形态的创新与引领。教育对文明的体现与解读是最为直接的。儒家教育构建了农业社会的道德准则；现代的科学教育支撑了工业革命的快速发展。一种新的文明形态，总是带来理念的创新、技术的进步、方式的改变，以及文化的革新。生态文明的"绿色形态"同样需要绿色教育通过理念、技术、文化的创新与引领，提供其所需要的一切物质与精神层面的保障。

他强调，绿色教育体现对文明形态的传播与传承。教育的目的是培养符合社会发展要求的人，同时反过来进一步促进时代的进步。这样的双向过程，既是对不断发展的新文明的解读，也是对业已形成的文明的传播与传承。正如我们今天所探讨的一切关于生态文明的新思维、新理念、新方式,都要通过教育传播和传承,才能辐射更多的人共同行动,共同努力。

绿色教育是大学功能进步的标志

在宋维明看来,高校承担着人才培养、科学研究、社会服务、文化传承创新的重要功能。这些功能通常围绕社会发展的现实主题而发挥和实现。可持续发展、绿色发展已经成为时代发展的主题。在此背景下,通过推动绿色教育,履行可持续发展的社会责任,进而推动社会经济发展和生态文明建设,首先是大学功能的完善,更是大学功能的进步。绿色教育的展开,为大学功能在新文明形态下的拓展和完善创造了新的空间。

他说,绿色教育为人才培养提出了新要求。高校是人才培养的摇篮和人才汇聚的高地。建设生态文明,需要高校培养具有生态文明素养和知识技能的现代人才。这些新型的人才,将成为生态文明的宣传者和先锋实践者,也是带动全社会提高生态文明意识和建设热情的示范者。从这个意义讲,绿色教育体现了高校对新的文明形态建设人力资源的贡献。

绿色教育为科学研究指明了新方向。他说,科学技术是第一生产力,在人类文明进步中发挥了决定性作用。但是单纯强调科学技术化的应用,忽视应用的自然承载能力,导致自然的破坏和生态的退化。日益尖锐的科技应用与生态环境恶化并行的矛盾,迫切需要科技研究方向的绿色化调整和转型。作为科技创新的重要阵地,绿色教育为科技创新和建设生态文明方向上的统一提供了保障。通过推行绿色教育,使科学技术的研发与生态环境的修复保护相互协调,真正使科技创新支撑引领绿色发展。

美国威斯康星大学校长查理斯·范海斯在1904年提出了著名的威斯康星精神:主张高等学校要为社会发展和经济发展服务。随着经济发展,大学发展也呈现出与社会互动和满足良性需求的动态的发展过程。宋维明认为,绿色教育为社会服务开辟了新领域。绿色教育必须主动响应社会的绿色发展需求,与政产学研用各方面进行深度对接合作,创新人才培养模式,开展绿色科技创新,多维度提供绿色社会服务,开辟绿色服务的新领域。

"绿色教育为文化传承创新提供了新载体"。他指出,文化是生态文明软实力的重要载体。高等教育的文化传承创新功能在生态文明建设中将发挥重要的导向、激励、约束、凝聚作用。绿色教育成为增强大学生态文化普及、传播和输出功能的新载体。大学则通过绿色教育这个载体,积极承担起倡导生态文化的社会示范责任,以及构建生态文化传承创新机制的责任。

绿色教育需要加紧探索实践

作为一校之长，宋维明特别强调绿色教育要落实到办学的实践中。他说，在全面实施生态文明战略中，北京林业大学突出把握绿色教育的实践性特征、开放性特征、主体性和社会性特征，全方位推动人才培养、科技创新、社会服务和文化传承创新与绿色发展紧密融合，开展了一系列有效的实践探索，为国家生态文明建设提供了有力支撑。

构建绿色教育体系、培养高素质绿色创新创业人才，是北京林业大学神圣的使命。他说，学校秉承"知山知水，树木树人"的校训，弘扬"红绿相映，全面发展"的育人理念，立足理念育人、协同育人、实践育人等不同维度，使绿色教育贯穿人才培养全过程。

据介绍，该校通过形成"基础、综合、创新"的系列化、多层次、阶梯状的课内实践教学体系，以及"科研训练＋学科竞赛＋创新创业实践＋绿色文化传播"的课外实践教学体系，构建绿色教育的分类实践培养模式，先后开设近40门绿色文化、生态文明类公选课，充分让学生身心浸染"绿色"。

学校积极引导学生转变就业观念，大力开拓毕业生面向生态保护建设基层一线就业的渠道，一大批林学、水土保持、园林、自然保护区等优势专业毕业生进入行业主流就业，到生态环境建设的一线服务，成为国家生态保护建设的骨干力量。

在多年的实践中，学校立足生态文明建设需求，构建特色鲜明的学科支撑体系。他说，学校已经构建了有力支撑国家生态文明建设的学科体系，在森林资源培育、园林与人居环境、生物质材料与能源、生态与环境、森林生物学、生态文明理论等方面形成了特色优势，林学、风景园林学一级学科整体水平位居全国之首。

该校的特色优势学科主动进入生态文明建设主战场，取得了一大批重大科研、学术成果。据悉，该校的院士专家主持参与了全国水资源、可持续发展林业、环境宏观、生态文明建设等重大战略研究，在三峡工程阶段性评估、南方雨雪冰冻灾后生态恢复、汶川地震生态修复等一系列国家生态安全、资源保护建设规划制定中发挥了重大作用。专家学者还就雾霾治理、创新国家公园体制、精准提升森林质量等重大生态安全问题，开展科学研究，积极建言献策。

宋维明说，北京林业大学坚持注重引领示范，推进生态文化传承创新，带动社会公众践行绿色理念。构建学校与政府、企业、社区、媒体有机互动的生态文明教育合作伙伴关系，在社会各个领域倡导绿色理念和引领绿色生活。建设了国家生态文明教育基地、中国青少年环保志愿者之家、京津冀青少年生态文明教育研究中心等多层次教育实践平台，引导大学生投身到生态环保实践活动中。

在引领示范方面，已经形成了一批生态安全教育实践的特色品牌活动。大学生们连续 32 年开展"绿色咨询"活动;20 年间连续举办 20 届引导社会公众践行绿色生态理念的首都大学生"绿桥"活动;学校联合全国 50 所高校举行全国青少年绿色长征活动已经持续了 10 年等。

绿色教育主动服务生态文明建设

宋维明说,近年来,学校聚合校内外资源,打造政产学研用一体化合作平台,全力开拓生态文明建设服务的空间。具体体现在三个方面。

一是校地协同支撑国家和区域绿色发展。学校与政府部门和科教机构合作建设了林业行业第一个协同创新中心——"林木资源高效培育与利用协同创新中心",发起成立国家木材储备战略联盟,组建了国家能源非粮生物质原料研发中心,服务国家木材安全战略;与陕西、内蒙古、辽宁林业厅合作开发油用牡丹资源,共建"祖国靓丽风景线",打造林地经济示范实验林场建设典范;联合贵州省林业厅连续 5 年在生态文明国际论坛上举办生态安全分论坛,提交森林碳汇、生态治理等政策建议,产生了重大的社会效益;适应首都建设一流创新中心、京津冀生态安全战略等需求,构建服务于首都生态文明建设的"北京高精尖创新中心""城乡生态环境北京实验室";与保定市政府合作共建白洋淀生态研究院、木结构建筑研究与检测中心,推动京津冀生态湿地保护建设、京保石生态过渡带建设、木结构建筑研发应用等。

二是校企协同打造绿色产业创新联合体。学校发挥国家级大学科技园的聚集效应,建设了中关村生态环保产业技术研究院,打造生态环保产业的高端人才基地、研发总部基地和龙头企业总部基地。2013 年吸引国内外 10 余家知名的生态环保企业入驻产业园区。先后发起成立国家花卉产业技术创新战略联盟、中国生态修复产业技术创新战略联盟;与吉林森工集团共建"森林经营与管理研究所",与亿利资源集团联合设立"北林亿利生态修复研究院";与北京首发天人生态公司围绕路域生态修复等进行深度研发合作。

三是校社协同共建生态文明高端智库平台。学校抓住国家推动社会治理体系改革的机遇,主动与国内生态环保社会团体等进行联合,推动了一系列合作。2013 年以来,学校先后与中国农工民主党、中国生态文明研究与促进会等组织,共建生态与健康研究院、生态文明研究院等特色智库平台,围绕生态安全与健康、生态文明理论、集体林权改革和森林可持续经营开展政策研究和理论创新。

《绿色中国》2016 年 2 月

在线教育带给林业教学哪些新体验？

在日前举行的"高等教育信息化校长高峰论坛"上，北京林业大学副校长骆有庆作了题为《林业高校在线教育的推进与思考》的主题报告，展示了我国林业高校在线教育取得的进展。

在线教育是通过应用信息科技和互联网技术进行内容传播和快速学习的方法。包括慕课在内的网络课程是在线教育的核心形态之一。

我国林业高等教育形成了多种层次、多种形式、多学科门类的林业教育体系。据介绍，我国有 6 所林业高校、1 所森林警察学院，大批高校和中等职业学校设有林学院或涉林专业。在校林科专业本专科、高职学生约为 13 万人。开展涉林研究生教育的单位有 75 个，在校林业学科研究生 1.3 万人。

在线教育已成时代潮流，我国林业高等院校在这一领域做出了积极探索，取得了初步战果。

1. 林业慕课在加拿大获奖

据骆有庆介绍，利用亚太林业教育协调机制，北林大和 UBC（不列颠哥伦比亚大学）主持，联合墨尔本大学、菲律宾大学、马来西亚博特拉大学开发了 6 门林业慕课，获得了加拿大国家级优秀创新教育技术大奖。

林业高校推进在线教育还取得一系列进展，比如，发起创立了亚太林业教育协调机制。6 年前，北林大发起创立了亚太林业教育协调机制，在加拿大、新西兰、菲律宾、南非等地有规模较大的协调会议，建立了资源共享联盟。2014 年 5 月 8 日，北林大发起创建了"全国林业高校特色网络课程资源联盟"，首批盟员单位包括全国 10 所林业高校。今年 5 月 16 日，全国林业院校继续教育网络课程资源联盟在北林大成立；建立了林业教育信息化研究会这一研究平台。2014 年 12 月，北林大发起成立了中国林业教育学会教育信息化研究会，今年 5 月召开了第一届理事会第二次理事会议暨首届学术年会。

2. 在线课程资源逐步丰富

北林大十分重视发展在线教育，并积极推进全国林业高校在线教育事业。

据骆有庆介绍，北林大创建了网络课程制作中心，构建了智能高清广播级数字录播系统，制定了与国际接轨的慕课基本规范。

北林大的在线教育平台由相互独立、课程共享的 3 个子平台构成。这 3 个子平台分别是亚太可持续林业管理创新教育项目平台，全国林业特色资源课程联盟平台和北林大在线学习资源与课程平台。

在线教育发展的标志之一,是在线课程资源逐步丰富。

北林大的在线教育资源除有亚太地区林业教育的6门慕课外,还有9门国家级精品课、8门北京市精品课、46门校级精品课。在全国林业高校特色网络课程资源联盟内的资源交换与共享的基础上,一大批课程正在建设之中。

据介绍,北林大的"互联网+"新型教材建设也取得了进步,理学院教授张文杰已与出版社签订了出版合同,将制作《大学物理教程》的小规模专有在线课程。北林大的在线教育管理不断强化,出台了面向教师的《视频类公共选修课管理办法》和面向学生的《视频类公共选修课学习指南》。

3. 翻转课堂的探索者

翻转课堂是国际上比较流行的教学模式,指重新调整课堂内外的时间,将学习的决定权从教师转移给学生。互联网时代,学生通过互联网学习丰富的在线课程,不一定要到学校接受教师讲授。互联网尤其是移动互联网催生了翻转课堂式的教学模式。

骆有庆本人就是慕课情境下翻转课堂的探索者。他是《森林有害生物》这门课的主讲人。他不但把教学PPT发给学生,而且还交给学生100多个研讨题,其中含知识要点题、综合题和思辨题3类。他将每一部分各章节都落实到学生主讲。课前学生们自习国家级精品视频公开课《森林有害生物控制》,他们可重新组装这个课件。一节课的2/3由学生讲,1/3的时间由骆有庆主持点评和交流,然后给学生布置课外观察性作业。

这一翻转课题探索取得了可喜效果。课程受到了学生的欢迎,教学效果之好出乎意料。学生的主动性、能动性得到了充分发挥,批判性和创新性思维得到很好锻炼。学生们在翻转课堂上,学会了如何在竞争中合作、在合作中竞争。

4. 慕课不是万能的

网络教学风生水起,优点多多,将来我们是不是要抛弃经典的教学方式?

对此,骆有庆指出,慕课必须是可共享的优质课程资源,但绝不可能完全替代现有实体课程,只是作为改进传统学习方式、提高学习效果的补充,是构建翻转式教学模式的基石,是进行启发式、讨论式、探究式教学的前提。慕课情景下的混合式教学,即在线教学与面授教学的结合形式或线上线下教学结合应运而生。

他说,目前国内慕课总体上处于创建和发展初期,存在着7个方面的主要问题:课程质量论证不充分;学分论证和互认机制尚处在探索阶段,机制尚不完善;诚信考试机制不完备;不同学校专业课程体系的封闭性与现有慕课资源的开放性尚未有效衔接;尚未实现每门课程知识点的系统化,属片段化、知识科普化为主,难以满足专业核心课程的需求;国际化较弱,主要是中文版,英文版极少;教师对传统教学模式的惯性很强。

他提醒,网络教学是与时俱进的教学手段之一,但不可能完全替代经典教学方式,不能盲从或随波逐流。慕课不是万能的、通吃的,在不同类型课程中适应性不一。最适合网络教学的是公共基础课,如数理化、人文社科、素质养成、思政等通用型、广谱型课程,以及部分专业基础课和专业核心课,理论课比较适合网络教学,而实践类课程较难用网络教学实现。

5. 在线教育是机遇更是挑战

骆有庆认为,对于林学类专业核心课程等具有很强的自然生态地理区域特点或属性的学科门类,要在全球范围内共享相同内容的一门课程是不可能的。在中国这样疆域广大的国家,即使在国内共享也有一定困难,如《树木学》就分南方本和北方本,《造林学》也是如此。慕课建设一定要注意学校优势、国家特色和质量保障,才能形成国际影响力。

他强调,在优质在线教育资源建设的共识共建共享共认链条中,共识是基础,共建是手段,共享是目的,共认是关键。

他满怀激情地说,在线教育是新的发展机遇、更是挑战,是林业高校彰显优势特色、提升核心竞争力和体现软实力的重要路径。信息技术与教育教学的深度融合是时代潮流,在线教育必将给林业高等教育带来前所未有的教学效果和教学体验。

《中国绿色时报》2016 年 6 月 29 日

《绿色中国》2016 年 7 月

中国林业在线教育方兴未艾

在日前举行的"高等教育信息化校长高峰论坛"上,北京林业大学副校长骆有庆作了题为"林业高校在线教育的推进与思考"的主题报告,展示了我国林业高校推进在线教育取得的进展。

在线教育是通过应用信息科技和互联网技术进行内容传播和快速学习的方法。包括慕课在内的网络课程是在线教育的核心形态之一。

我国林业高等教育形成了多种层次、多种形式、多学科门类的林业教育体系。他说,我国有 6 所林业高校、1 所森林警察学院,大批高校和中等职业学校设有林学院或涉林专业。在校林科专业本专科、高职学生数为 13 万人。开展涉林研究生教育的单位有 75 个,在校林业学科研究生 1.3 万人。在线教育的大潮中,我国林业高等院校作出了积极探索、取得了初步战果。

林业慕课在加拿大获奖

骆有庆介绍,利用亚太林业教育协调机制,由北林大和 UBC 主持,联合墨尔本大学、菲律宾大学、马来西亚博特拉大学开发了 6 门林业慕课,获得了加拿大国家级优秀创新教育技术大奖。

林业高校推进在线教育取得的进展还有:发起创立了亚太林业教育协调机制。6 年前,北林大发起创立了亚太林业教育协调机制,在加拿大、新西兰、菲律宾、南非等地有规模较大的协调会议;建立了资源共享联盟。2014 年 5 月 8 日,北林大发起创建了"全国林业高校特色网络课程资源联盟",首批盟员单位包括全国 10 所林业高校。今年 5 月 16 日,全国林业院校继续教育网络课程资源联盟在北林大成立;建立研究平台——林业教育信息化研究会。2014 年 12 月,北林大发起成立中国林业教育学会教育信息化研究会。今年 5 月,召开了第一届理事会第二次理事会议暨首届学术年会。

在线课程资源逐步丰富

北林大十分重视发展在线教育。据骆有庆介绍,北林大创建了网络课程制作中心,构建了智能高清广播级数字录播系统,制定了与国际接轨的慕课基本规范。

北林大的在线教育平台建设取得进展。平台由相互独立、课程共享的三个子平台构成。分别是:亚太可持续林业管理创新教育项目平台;全国林业特色资源课程联盟平台;北林大在线学习资源与课程平台。

在线教育发展的标志之一,是在线课程资源逐步丰富。除有亚太地区林业教育的 6 门慕课外,还有 9 门国家级精品课、8 门北京市精品课、46 门校级精品课;全国林业高校特色网络课程资源联盟内的资源交换与共享的基础上,一大批课程正在建设之中。

他介绍,互联网 + 新型教材建设也取得了进步。北林大理学院教授张文杰已与出版社签订了出版合同,将制作《大学物理教程》的小规模专有在线课程。

北林大的在线教育管理不断强化,出台了面向教师的《视频类公共选修课管理办法》、面向学生的《视频类公共选修课学习指南》。

翻转课堂的探索者

骆有庆本人就是慕课情境下的翻转课堂的探索者。他是《森林有害生物》这门课的主讲人。他不但把教学 PPT 发给学生,而且还交给学生 100 多个研讨题,其中含知识要点题、综合题和思辨题三类。他将每一部分各章节都落实到学生主讲。课前学生们自习国家级精品视频公开课《森林有害生物控制》。他们可重新组装这个课件。一节课的三分之二由学生讲,三分之一的时间他主持点评和交流,然后给学生布置课外观察性作业。

他主持的翻转课题探索取得了可喜效果。课程受到了学生的欢迎,教学效果之好出乎意料。学生的主动性、能动性得到了充分发挥,批判性和创新性思维得到很好锻炼。学生们在翻转课堂上,学会了如何在竞争中合作、在合作中竞争。

慕课不是万能通吃的

骆有庆指出,慕课必须是可共享的优质课程资源,但也绝不可能完全替代现有实体课程,只是作为改进传统学习方式、提高学习效果的补充,是构建翻转式教学模式的基石,是进行启发式、讨论式、探究式教学的前提。慕课情景下的混合式教学,即在线教学与面授教学的结合形式或线上线下教学结合应运而生。

他说,目前国内慕课总体上处于创建和发展初期,存在着七个方面的主要问题:课程质量论证不充分;学分论证和互认机制尚处在探索阶段,机制尚不完善;诚信考试机制不完备;不同学校专业课程体系的封闭性与现有慕课资源的开放性尚未有效衔接;尚未实现每门课程知识点的系统化,属片段化、知识科普化为主,难以满足专业核心课程的需求;国际化较弱,主要是中文版,英文版极少;教师对传统教学模式的惯性很强。

他提醒说,网络教学是与时俱进的教学手段之一,但不可能完全替代经典教学方式,不能盲从或随波逐流。慕课不是万能的、通吃的,在不同类型课程中适应性不一。最适合的是公共基础课,如数理化、人文社科、素质养成、思政等通用型、广谱性课程等,以及部分专业基础课和专业核心课。理论课较适合,而实践类课程较难。

在线教育是机遇更是挑战

骆有庆认为,对于具有很强的自然生态地理区域特点或属性,实践性很强的学科门类,如林学类专业核心课程,要在全球范围内共享相同内容的一门课程是不可能的。在中国这样疆域广大的国家,即使在国内共享也有一定困难,如《树木学》就分南方本和北方本,《造林学》也是如此。慕课建设一定要有学校鲜明的优势、国家的特色、质量的保障,才能具有国际影响力。

他强调,在优质在线教育资源建设的共识共建共享共认链条中,共识是基础,共建是手段,共享是目的,共认是关键。

他满怀激情地说,在线教育是新的发展机遇、更是挑战,是林业高校彰显优势特色、提升核心竞争力和体现软实力的重要路径。信息技术与教育教学的深度融合是时代潮流,将带来前所未有的教学效果和教学体验。

《绿色中国》2016 年 7 月

我国生态治理机制创新建议书发布

6月26日,生态文明贵阳国际论坛2015年年会·生态治理与美丽中国论坛发布了《面向未来的中国生态治理机制创新与能力建设》政策建议书。

建议书说,在新常态下,人民群众的生态需求成为社会主导需求之一,我国生态保护建设有着巨大的投资需求和广阔的市场空间,生态产业将步入快速发展阶段,必将在促进经济转型升级方面有更大的作为。通过生态保护建设,发展壮大生态产业、生物产业、碳汇产业,形成稀缺且可持续的生态资本资源和重要的绿色基础设施,实现生态产业化和产业生态化,"用绿水青山打造金山银山",有助于加速产业升级、增强我国经济发展的后劲。

建议书指出,要发挥政府主体作用,坚持多元合作,构建开放合作的生态治理参与体系。要从体现生态文明要求出发,通过健全政绩考核制度、责任追究制度,落实各级政府的主体责任,确保生态保护建设工作真正落地、见实效。全方位落实生态保护建设多元共治的治理理念,加快构建全民生态保护建设行动体系,发动企业、民间组织、社会公众投身和有序参与生态保护建设。坚持政产学研用紧密合作,凝聚高校、科研院所、国际组织、企业等优势资源,建设富有特色的生态治理特色新型智库,加强生态治理核心议题的决策咨询研究,为政府科学决策提供支撑。

与会专家认为,自然生态系统保护建设是建设生态文明的重要基础性工作,必须从战略高度上予以高度重视。加强自然生态系统保护建设,从源头上扭转生态环境恶化趋势,是提供"蓝天常在、青山常在、绿水常绿"等公共生态产品、创造可持续发展生态红利的战略性、长期性任务。特别是经济新常态下,通过保护和修复自然生态系统,让透支的生态休养生息,为经济转型升级创造更大的生态承载容量和生态资产保障,是保障国土生态安全的关键所在,是实现生态环境质量总体改善目标的治本之策。

《中国绿色时报》2015年6月30日

生态文明贵阳国际论坛年会即将开幕

生态文明贵阳国际论坛2016年年会将于7月8日–10日举行,今年年会主题为"走向生态文明新时代:绿色发展·知行合一"。《中国绿色时报》记者从 6 月 28 日召开的论坛 2016 年年会林业系列论坛新闻发布会上获悉,今年将举办 4 场涉及林业系列主题论坛。

4 场林业系列主题论坛包括:"国家公园建设与绿色发展""干旱半干旱区生态系统治理""生态福利与美丽中国""原野自然——生态文明中的重要一环"。

"国家公园建设与绿色发展"高峰论坛是生态文明贵阳国际论坛 2016 年年会重点推介论坛之一。论坛以自然保护与国家公园建设的"觉醒·进化"为核心议题,将围绕国家公园建设与全球经验、政策实施、法律保障、运营维护等多方面内容展开深入探讨和广泛交流,进一步促进国际交流合作,并引领社会公众关注中国国家公园建设。"干旱半干旱区生态系统治理"主题论坛将围绕"占全球陆地表面积的 40% 的干旱半干旱区的植被退化、土地退化、经济贫困"等重要生态难题,聚焦"生态治理、生态服务、生态减贫"主题,为全球干旱半干旱区域生态系统治理、生态减贫方法及路径探讨搭建起开放、交流、共享的平台。

"生态福利与美丽中国"主题论坛以"创新生态修复供给生态福利"为主题,突出学术交流、协同创新的特色,发挥"政、产、学、研、用"各方面高端智力资源的共享优势,集中研讨我国生态公共产品需求面临的机遇和挑战、实现生态福利供给的制度创新与政策行动、生态福利创造与区域经济可持续发展、创新驱动引领生态修复产业化等核心热点议题。"原野自然——生态文明中的重要一环"主题论坛将重点关注原野自然的重大社会效益、自然经济发展机会和为人类文化提供灵感源泉、为野生动植物提供生存空间等方面的内容。

年会期间,将举办"生态家园建设与乡村振兴"工作坊,以面向全社会的开源共建、共享平台,探寻以生态为核心的乡村建设新理念、新标准、新体系、新模式,以林业创新助推精准扶贫,共建生态家园,共享生态文明成果。

《中国绿色时报》2016 年 6 月 30 日

生态福利与美丽中国论坛将办

在林业"十三五"建设中如何实现生态产品供给? 如何看待生态福祉与绿色发展的关系? 自然生态系统具有哪些生态服务价值? 7 月 8 日举办的生态福利与美丽中国主题论坛,将对这一系列林业发展中的热点问题展开深入研讨。

北京林业大学 5 月 31 日发布消息说,该论坛已入选 2016 年生态文明贵阳国际论坛主题论坛之一。这是北林大与贵州省林业厅等单位合作,连续 6 年在这一国际论坛举办主题论坛。

据了解,今年的主题论坛以"创新生态修复供给生态福利"为主题,突出学术交流、协同创新的特色,发挥政产学研用各方面高端智力资源的共享优势,集中研讨我国生态公共产品需求面临的机遇和挑战、实现生态福利供给的制度创新与政策行动、生态福利创造与区域经济可持续发展、创新驱动引领生态修复产业化等核心热点议题。论坛主席由北京林业大学校长宋维明担任,其间还将发布在生态文明体制机制改革方面的相关研究成果。

《中国绿色时报》2016 年 6 月 8 日

举办生态福利与美丽中国论坛

7 月 8 日,在生态文明贵阳国际论坛 2016 年年会期间,北京林业大学、世界自然保护联盟等联合举办生态福利与美丽中国论坛,以"创新生态修复供给生态福利"为主题,组织中外嘉宾围绕"十三五"生态产品供给的制度创新、构建生态修复产业体系等热点议题进行研讨。

国家林业局总经济师张鸿文、全国人大环资委副主任委员龚建明、世界自然保护联盟主席章新胜发表演讲。贵州省副省长刘远坤、中国工程院院士尹伟伦等出席。

张鸿文说,森林具有生态、经济、社会和文化等多种功能,是人类生存发展的根基。加强林业建设,可以改善人居环境、生产生态产品、促进旅游休闲康养、增加生态福祉、造福人民群众。党中央、国务院历来高度重视林业建设,党的十八大以来对林业的重视程度和支持力度进一步加大。习近平总书记就生态文明建设和林业改革发展作出了一系列重要批示指示,为林业改革发展指明了新的方向。

张鸿文指出,良好的生态环境是最公平的公共产品,是最普惠的民生福祉,也是林业生态建设的出发点和落脚点。"十三五"时期,全国林业系统将牢固树立创新、协调、绿色、开放、共享的发展理念,深入实施以生态建设为主的林业发展战略,以维护森林生态安全为主攻方向,以增绿增质增效为基本要求,加快推进林业现代化建设。到 2020 年,森林覆盖率提高到 23.04%,森林蓄积量增加到 165 亿立方米以上,森林生态服务价值达 15 万亿元,国家森林城市达 200 个以上,年林业旅游休闲康养突破 25 亿人次,林业产业总产值达 9 万亿元。为此,要创新体制机制,释放改革红利;创新修复机制,加快国土绿化;创新保护制度,加强资源保护;创新发展理念,增进绿色惠民;创新开放模式,扩大国际合作。

张鸿文指出,林业是重要的公益事业,需要全社会共同参与支持。举办以"创新生态修复、供给生态福利"为主题的生态福利与美丽中国主题论坛,对推动我国生态建设,增加人民生态福祉具有重要意义。希望广大林业高校、科研机构继续关注林业改革发展,加强科技创新、成果推广和人才培养,为林业现代化建设提供强大的智力支持和人才保障,让林业为广大人民群众提供更多更好的生态产品,努力为增加人民生态福祉、建设生态文明和美丽中国作出新的更大贡献。

《中国绿色时报》2016 年 7 月 11 日

生态福利与美丽中国论坛发布多项成果

于 7 月 8 日举行的"生态福利与美丽中国"主题论坛,坚持以成果产出为导向,发布了 4 项实践及理论成果。

论坛发布了中国生态修复产业技术创新战略联盟对接贵州生态修复合作项目。项目由北京林大林业科技股份有限公司、北京林业大学国家大学科技园依托北京林业大学科技资源和学科优势,联合中国生态修复产业技术创新战略联盟,整合科研机构及相关企业,引入国家花卉工程技术研究中心等产业创新资源,立足贵州生态优势,着力建立长效合作机制,目前已先后启动与毕节地区百里杜鹃管委会、遵义市汇川区的生态修复项目合作,集中在生态工程建设、生态环保科技成果产业化、生态产业发展规划、花卉品种培育及保护、湿地公园建设 PPP 项目引进、科技人才培养等领域,进行全方位的技术、人才、产业等支撑,推动合作项目落地。

中国生态修复产业技术创新战略联盟贵州基地、北京林业大学国家大学科技园产学研基地在论坛上揭牌。两基地将搭建联通首都和贵州的生态修复产学研合作平台。

《生态文明建设中的贵州林业行动》在论坛上发布,系统阐述了"十三五"贵州生态保护建设规划的重点目标、战略行动和保证体系。

论坛发布了北京林业大学经管学院的两项生态文明体制改革研究报告。其中,"两山"理论与林业市场经济研究报告,从理论与实践探索两个层面,阐述市场经济条件下林业发展和生态福祉供给研究的最新成果。创新性自然资源和环境审计制度建设研究报告,重点介绍了自然资源资产审计相关评价指标体系设计、运用和反馈的研究进展。

《中国绿色时报》2016 年 7 月 11 日

新常态下的中国生态治理之路

夏至已过,中国的许多地区都已进入一年中最热的季节。贵州省会贵阳却是清爽怡人。6 月 26 日,"生态治理与美丽中国"分论坛如期召开,拉开了生态文明贵阳国际论坛的帷幕。在长达 3 个半小时的讨论中,专家学者、高层领导们始终聚焦在"新常态下我国生态治理的机制创新与能力建设"这一核心议题上。

2011 年至今,北京林业大学作为生态文明贵阳国际论坛的战略合作伙伴,与贵州省林业厅等单位合作,连续举办了森林碳汇、西部林业生态建设、自然保护与生态安全等主题论坛,使生态治理与美丽中国梦成为生态文明贵阳国际论坛长期保留的论坛之一。

和往年相比,出席本届论坛的演讲、对话嘉宾规格更高,国际化程度更为突出。在北京林业大学校长宋维明主持的基调演讲中,第十届全国政协副主席张怀西,国家林业局副局长刘东生,世界自然保护联盟主席、生态文明贵阳国际论坛秘书长章新胜,都发表了重要观点,纵论新常态下中国生态治理大计,在全场引起了极大反响。

在全球生态治理中发出中国声音

当前,生态问题国际化趋势日益明显,国际生态和规则正面临深刻变革。林业具有生态、经济、社会等多重属性,林业国际合作受到各方关注,需要切实增强世界眼光和战略思维,主动适应生态全球化趋势,推动生态外交和林业国际合作。北京林业大学校长宋维明的演讲围绕着如何在全球生态治理中发出中国声音而展开。他首先剖析了目前全球生态治理面临的三个问题。

一是全球生态治理面临"公地悲剧"窘境。他指出,其根源在于"生态责任赤字"和"核心价值观分野"。由于历史和现实的原因,不同国家在全球生态治理问题上存在严重的分歧与利益诉求,"严重的问题"不等于"共同的问题"。生态环境是人类生存发展的根本基石,保护环境与生态应该是国际社会所有个体和组织的责任与义务,但是,生态环境的公地特征,有关的国际制度不具备严格的惩罚性,对不同国家和地区仅具有软约束,所以只能是靠责任和自觉。当前全球生态治理中普遍存在"生态责任赤字"。有两个明显表现:一是对当前环境恶化负有历史的不可推卸责任的发达国家不愿意承担以往的过失,力图逃避责任;二是国际社会各利益攸关方出于各种原因没有做好应该做的事。

二是不同经济体利益诉求差异的扩大,国家间、地区间的博弈升级,全球生态治理行动远滞后于理念。发达国家与发展中国家在全球生态治理中存在分歧,发达国家有先发展的历史优势,有资金、有技术、有经验、有能力,而发展中国家受生态环境恶化影响最直接、最严重,发展与保护对多数发展中国家来讲是一对矛盾综合体。在发展中国家内部,不同发展水平、不同地区的发展中国家存在很大分歧,发达经济体内部之间同样如此,都不愿为全球生态治理负更多责任。由此,全球生态治理行动远滞后于理念。

三是非政府组织(NGO)在全球生态治理中地位特殊、声音多元、影响突增但作用有限。非政府组织应该如何有效推进全球生态治理呢?宋维明概括为"一个工具,两种策略"。一个工具就是非政府组织借助信息工具影响全球生态治理。两种策略是内部人和外部人策略。即打通在全球生态治理中的界限划分。对内,非政府组织以智库形式提供决策支持和辅助;对外,非政府组织利用与民众的友好联系,借助多种方式进行施压。内外结合,形成非政府组织特殊独特的地位和作用。

宋维明说,中国为发展中大国,在全球生态治理体系中发挥重要而关键的作用。中国要在全球生态治理实践中找准自己的定位、扮演好自己的角色。

中国要不要参与全球生态治理?答案是肯定的。宋维明指出,中国作为负责大国,全球生态治理作为生态文明的具体实践,中国必须参与其中并力主发挥更为主要和关键的作用。中国正在以实际行动推进全球生态治理的开展。不仅如此,中国的人工林、速生丰产林正在快速发展,制约其发展的制度约束、融资约束等正在消解。

宋维明引用了德国智库慕尼黑经济研究所 2010 年度发布的公报数据。1990年至 2005 年间,全球森林总面积缩减 3%,巴西、印度尼西亚和苏丹等国家砍伐森林状况严重,而中国的森林面积却在增加,中国的人工造林面积占全球人工造林面积的 73%。根据中国速生丰产林建设的规划,2001 年至 2015 年计划造林 618万公顷,全面建成后,每年可提供木材 1.4 亿立方米,可支撑木浆生产能力近 1386万吨、人造板生产能力 2150 万立方米,提供大径材 1579 万立方米,约占国内生产用材需求量的 40%。

宋维明说,实际上全球生态治理可分为两个维度:供给和需求。前者可视为绿色生态资源的积累即正向积累;后者是绿色生态资源的消耗,也就是负向积累。从中国的文化特质及行为秉性来看,仅关注一个方面显然不是中国的选择,也不符合中国的文明逻辑。从某种意义上来讲,中国早已参与到全球的生态治理行动之中,而且还为全球生态治理探索了一条各利益攸关方相对更容易接受的道路,不会造成"保护"与"发展"的剧烈冲突。

宋维明强调,中国必须参与全球生态治理。而且不仅仅是参与,更重要的是将中国的理念与实践以提前探索的形式展现出来。即使出现问题也有机会进行调整和修正。相比国际社会无休止的争论与分歧,更显得务实和可行。

中国如何参与全球生态治理? 宋维明说,中国已经积极地参与到全球生态治理的实践之中。当前和今后要考虑问题的核心在于如何更好地在其中发挥作用、彰显价值。通过中国的参与为全球生态治理增加正能量,实现正向积累。

全球生态治理面临各种困境、窘境和难处,焦点在于谁应该负更大责任? 谁应该享有更大权力? 谁已经享受了很多权力? 过去的权力与责任与今天乃至未来的权利和责任如何分配如何协调? 宋维明说,由于这些问题没有统一的答案,使全球生态治理在理念共识的路上走了很久,却并没有走上行动共识的大道。在发展中国家和发达国家、发展中国家之间、发达国家之间均不同程度存在着差异和分歧。

如何解决这些差异和分歧? 中国如何在这种情境下有所作为? 宋维明说,世界范围内的国家和地区之间,平等是所有人奉行的基本准则,所以不存在谁比谁更重要的问题,理念共识没有太多的障碍即已形成。但财富和权力的分野相当悬殊,行动共识由于利益的存在且诱惑巨大而障碍重重。这是当前全球生态治理走入困境的根本原因。中国作为一个发展中国家,虽是大国,但所能发挥的作用、所能施加的影响,尤其是对其他国家和地区,的确有限也很局限。但中国是负责任的大国,源远流长的文明演进与文化遗传,使中国愿意积极主动站出来承担责任。

中国如何参与全球生态治理? 宋维明认为,实践是第一要务。大力推进生态文明建设;大力发展速生丰产林;全面停止东北天然林资源采伐并推向全国;全力推动中国制造 2025 付诸实施,实现绿色制造中国梦等等。这些具体的举措都是中国参与全球生态治理的具体行动。搁置分歧和争议,调控需求、扩张供给,为生态环境的改善和优化付出现实努力,为全球生态治理的推进提供可以参考和对照的蓝本。

高度重视自然生态系统保护建设

经过深入研讨,与会的中外专家一致通过了《面向未来的中国生态治理机制创新与能力建设》政策建议书,并在论坛上正式发布。

专家认为,自然生态系统保护建设是建设生态文明的重要基础性工作,必须从战略高度上予以高度重视。加强自然生态系统保护建设,从源头上扭转生态环境恶化趋势,是提供"蓝天常在、青山常在、绿水常绿"等公共生态产品、创造可持续发展生态红利的战略性、长期性任务。特别是经济新常态下,通过保护和修复自然生态系统,让透支的生态休养生息,为经济转型升级创造更大的生态承载容量和生态资产保障,是保障国土生态安全的关键所在,是实现生态环境质量总体改善目标的治本之策。

建议书说,在新常态下,人民群众的生态需求成为社会主导需求之一,我国生态保护建设有着巨大的投资需求和广阔的市场空间,生态产业将步入快速发展阶段,必将在促进经济转型升级方面有更大的作为。通过生态保护建设,发展壮大生态产业、生物产业、碳汇产业,形成稀缺且可持续的生态资本资源和重要的绿色基础设施,实现生态产业化和产业生态化,"用绿水青山打造金山银山",有助于加速产业升级、增强我国经济发展的后劲。

专家呼吁,要牢固树立系统化的生态治理理念,以治理体系建设及制度创新为动力,实施生态保护和建设新战略。生态治理是国家治理体系和能力现代化的有机组成部分。要实现生态治理从环境污染末端治理向全过程生态治理转型,必须紧紧围绕增强生态产品供给这一要务,充分运用系统化的生态治理思维,将生态治理纳入国家治理体系,推进制度创新,实施生态保护建设新战略,实现生态治理能力现代化。

专家认为,加快建立系统完整的生态保护建设制度体系,规范约束开发、利用、保护自然资源的行为,是生态治理的核心任务之一。必须坚持源头严防、过程严管、后果严惩,治标治本多管齐下,加快生态法治化进程和监管执法体系建设。对传统立法进行生态化改造,尽快修订森林法、草原法、野生动物保护法等法律,加快生态补偿、湿地保护、生物多样性保护等自然保护建设领域的立法工作。强化生态保护建设领域的执法监督,实现对生态破坏的"零容忍"。

专家说,实施生态保护和建设新战略,要坚持生态优先、优化布局、改善民生、深化改革、创新驱动等核心理念,树立系统化的生态思维,突出抓好生态保护、强化生态修复、构建国土生态安全体系、推动绿色发展等主要任务。要关注生态保护建设政策管理的协同化问题。严守资源环境生态红线,应从国家生态安全格局整体目标出发,既明确主责部门的责任,更注重生态保护建设涉及部门的协调沟通、相互联动,避免生态管理的碎片化风险。要坚持自然修复和人工修复相结合的方针,统筹"保护"和"建设"的关系,兼顾木材安全和木材可持续利用问题,加强天然林保护和木材战略储备人工林培育,做到两手发力、生态经济效益协同倍增。

专家强调,围绕支撑服务国家重大战略,规划和建设生态保护与建设重大工程,确保形成国土生态安全战略格局。主动适应"一带一路"战略、构建对外开放型经济的需求,突出生态环保、防沙治沙、清洁能源开发、海洋生态保护等重点,加强"一带一路"国内部分的生态治理工作,大力发展绿色生态产业。主动关注"一带一路"沿线国家的利益关切,加强生态环境、生物多样性和应对气候变化的国际合作,优化生态条件保障,共建绿色丝绸之路。贯彻京津冀协同发展、长江经济带建设的战略部署,实施区域性生态保护与建设重大工程,抓好生态保护建设的区域合作,建设绿色集约发展的示范区。京津冀生态一体化要以水源保护林、风沙源治理等为重点,加强张承生态功能区建设,推进京津保中心区过渡带生态建设,实施严格保护,完善区域生态补偿机制,构筑京津冀生态环境共同体。长江经济带建设要加强流域湖泊水域生态系统保护建设,优化和强化生态功能,建设长江绿色生态走廊。

建议书指出,要发挥政府主体作用,坚持多元合作,构建开放合作的生态治理参与体系。要从体现生态文明要求出发,通过健全政绩考核制度、责任追究制度,落实各级政府的主体责任,确保生态保护建设工作真正落地、见实效。全方位落实生态保护建设多元共治的治理理念,加快构建全民生态保护建设行动体系,发动企业、民间组织、公众、投身和有序参与生态保护建设。坚持政产学研用紧密合作,凝聚高校、科研院所、国际组织、企业等优势资源,建设富有特色的生态治理特色新型智库,加强生态治理核心议题的决策咨询研究,为政府科学决策提供支撑。

专家强调,把握国际生态治理体系构建的新机遇,大力实施生态绿色外交战略,提高生态治理国际合作的主动权。生态治理的国际合作和生态外交是我国对外开放的组成部分,也是新常态下国家外交战略的重要内容。要积极构建生态外交新战略,从生态产品供给和需求两个维度参与全球生态建设的国际合作。要针对国际生态治理体系构建,充分利用各种交流平台,主动提出中国新主张、新倡议和新行动方案,争取更多的话语权和主动权,增强我国在国际生态治理规则和标准制定的话语权,维护国家战略利益,促进全球生态安全。

《绿色中国》2015 年 7 月(节选)
《中国绿色时报》2015 年 8 月 19 日(节选)

在生态治理全球化中发出中国好声音

如何看待建立国际生态治理体系的新机遇和新挑战? 如何确立国家生态绿色外交新战略? 如何推进生态治理中的国家合作? 在前不久北京林业大学主办的"生态治理与美丽中国"国际论坛上,围绕这些热点话题,论坛主席、北京林业大学校长宋维明发表了自己的看法。

生态治理越来越体现全球化的趋势。在生态治理全球化背景下,如何顺应这样的趋势,如何发出自己的声音,如何体现中国的特色,这些都是宋维明一直思考的问题。

"严重的问题"不等于"共同的问题"

宋维明说,全球生态治理的问题主要集中在 3 个方面。首先是生态治理的全球性。它不是某个国家、某个地区、某些组织能完成的事情,必须是统一的利益共同体合作。但由于历史和现实的原因,不同国家在全球生态治理问题上存在严重的分歧与利益诉求,使得"严重的问题"并不等于"共同的问题"。

宋维明指出,全球生态治理面临"公地悲剧"窘境,其根源在于"生态责任赤字"和"核心价值观分野"。生态环境是人类生存发展的根本基石。保护环境与生态本应是国际社会所有个体和组织的责任与义务。但由于生态环境具有公地特征,有关的国际制度不具备严格的惩罚性,对不同国家和地区仅具有软约束,所以只能是靠各自的责任感和自觉性。

在当前全球生态治理中,普遍存在"生态责任赤字"。其表现是:对当前环境恶化负有历史的不可推卸责任的发达国家不愿意承担以往的过失,力图逃避责任;国际社会各利益攸关方出于各种原因并没有做好应该做的事。

全球生态治理的各种困境、窘境和难处,焦点在于谁应该负更大责任? 谁应该享有更大权力? 谁已经享受了很多权力? 过去的权力与责任、与今天乃至未来的权利和责任如何分配如何协调? 由于这些问题没有统一的答案,使得全球生态治理在理念共识的路上走了很久,却并没有走上行动共识的道路上。

全球生态治理行动滞后理念

"理念强于实践的行动。这是现在全球生态治理中面临的第二种问题。"宋维明指出,不同经济体利益诉求差异的扩大,使得国家间、地区间的博弈升级,全球生态治理行动远滞后于理念。

发达国家与发展中国家在全球生态治理中存在分歧。发达国家有先发展的历史优势,有资金、有技术、有经验、有能力,而发展中国家受生态环境恶化影响最直接、最严重。发展与保护对多数发展中国家而言,是一对矛盾的综合体。处理好两者间的关系十分困难。在发展中国家内部,不同发展水平、不同地区的发展中国家也存在很大分歧。发达经济体内部同样如此,都不愿为全球生态治理负更多责任。这就造成了全球生态治理行动远滞后于理念的结果。

在全球性的生态治理活动中,不同利益的诉求千差万别、层次很多,不同的国家,不同的发展水平,不同的历史,对生态发展要求的诉求也是不同的。特别是生态治理和经济发展有相互促进性,但也有矛盾。在发展中国家,当发展问题成为主题时,对环境保护会产生一定的影响。正因为有不同状态的诉求,应该建设全球统一的生态治理体系。但真正实践起来，由于利益的追求不一样，目标不一样，各国在实践上的行动千差万别、力度也千差万别。

生态治理的主体是各国政府

全球生态治理的主体是谁？宋维明说，目前，在全球生态治理活动中，影响力最大的并不是哪个国家或政府，反而是在被非政府组织不断地推进着。

宋维明指出，非政府组织通常借助"一个工具、两个策略"来实现这种推动。一个工具，就是指非政府组织借助信息工具影响全球生态治理，通过信息传播工具、通过媒体，形成强大的社会影响力；两个策略就是内外策略。一方面对内作为智库，给政府提供咨询、做辅助性工作。对外通过组织些群众性活动推动，给当事者外部压力。

他认为，这类活动确实做得很多，影响也越来越大。但作用和实效并不一定很突出。其原因在于，它并不是全球生态治理的主体。

"全球生态治理的责任历史地落在了各国政府的肩上。对此，各国政府不能推卸这种责任。"

中国要不要参与全球生态治理？

对于这个问题，宋维明的回答是肯定的。他说，这是战略层面的考虑。作为负责任的大国，全球生态治理作为生态文明的具体实践，中国必须参与其中并力主发挥更为主要和关键的作用。

2015年4月25日，中共中央、国务院发布了《关于加快推进生态文明建设的意见》。这是中国政府对党的"十八大"报告中关于生态文明建设论述进一步落到实处的具体表现。"中国正以实际行动推进全球生态治理的开展。中国的人工林、速生丰产林正在快速发展，制约其发展的制度约束、融资约束等正在消解。"宋维明说。

全球生态治理可分为两个维度：供给和需求。前者可视为绿色生态资源的积累，是正向积累；后者是绿色生态资源的消耗，为负向积累。仅关注某一方面显然不是中国的选择。从某种意义上来讲，中国早已参与到全球的生态治理行动之中，而且为全球生态治理探索了一条各利益攸关方相对更容易接受的道路，不会造成"保护"与"发展"的剧烈冲突。

"中国必须要参与全球生态治理，而且不仅仅是参与，更重要的是将中国的理念与实践展示出来。相比国际社会的无休止争论与分歧，这更显务实和可行。"宋维明强调说。

中国如何参与全球生态治理？

宋维明说，如何参与全球生态治理，这个战术层面的问题也十分重要。中国已经积极地参与到全球生态治理的实践之中。当前和今后要考虑问题的核心在于,如何更好地在其中发挥作用、彰显价值,通过中国的参与为全球生态治理增加正能量,实现正向积累。

宋维明说,中国是一个负责任大国。中国一直积极主动地承担应该承担的责任。中国自古以来推崇身体力行而鄙弃夸夸而谈。

实践是第一要务。中国在生态治理中从理念到实践都做出了与这个国家相称的努力。提出了生态文明建设的理念,并作为国家发展的重大战略部署,提出了具体要求,采取了必要措施。这在其他国家都没有做到。在实践层面,从上世纪开始,林业部门就积极地推动国家生态环境建设,启动了林业的六大工程等,取得了显著成效。进入新世纪后又有新的重大林业政策出台。保护生态环境、加快生态治理,正在成为国家建设非常重要的内容和越来越多的共同行动。在宋维明看来,这些具体的举措都是中国参与全球生态治理的具体行动。

宋维明认为,在全球的生态治理体系建设中,各国都应承担起自己的责任。先进国家、发达国家应该承担它在发展过程中未能承担的历史责任。发展中国家应更多地考虑如何处理好保护和发展的关系。

他说,现在这些问题争论很多,各国达成共识非常困难。中国不希望只做争论者,而要做实践者,希望与更多国家合作,共同完成这一伟大的历史使命。搁置分歧和争议,为生态环境的改善和优化付出现实努力,为全球生态治理的推进提供可以参考和对照的蓝本。

中国有句古话,"达则兼济天下,穷则独善其身"。中国正在生态治理中践行这样的理念。

全球生态治理中沟通很重要

宋维明指出,随着经济全球化,生态问题国际化趋势日益明显,国际生态规则正面临深刻变革。林业具有生态、经济、社会等多重属性,生态绿色外交和林业的国际合作日益受到各方关注。我们要用世界眼光和战略思维,主动适应生态全球化的趋势,推动生态绿色外交和林业国际合作,促进全球生态治理体系的建立。

"全球生态治理的推进需要各国领导人、各国专家学者等各方的沟通"。宋维明说,只有不断地沟通、交流,才能逐步形成共识。北京林业大学从2011年开始,在生态文明贵阳国际论坛上承办了五届生态主题的分论坛,就是在努力搭建这样的平台,力图使世界各国的专家学者聚集在一起,共同探讨面临的生态治理问题。这种交流、沟通、碰撞是非常重要的。

他强调,举办生态治理领域国际论坛的目的是通过这样的平台,把中国倡导的理念和已有的实践告诉全世界,发出中国生态治理好声音。同时也向世界各国学习,汲取他们的经验,以便更好地为生态治理这个全人类共同的事业多做贡献。

《绿色中国》2015 年 8 月

《国土绿化》2015 年 9 月

林业发展凸显绿色惠民新特色

小暑节气,一年中最炎热之时。生态福利与美丽中国主题论坛如期在爽爽的筑城召开,拉开了生态文明贵阳国际论坛的序幕。

生态文明贵阳国际论坛是经中央批准,中国惟一以生态文明为主题的国家级、国际性高端峰会。这是北京林业大学连续第六年举办主题论坛。它已成为国际论坛的保留论坛和特色品牌。

供给生态福利,增加绿色惠民?这届论坛的核心议题更加接地气、贴民生,与美丽中国紧密相连,与公众百姓息息相关,充分反映出了林业发展的新特色。

林业的目的是绿色惠民

贵阳国际生态中心 2 楼的舞阳河厅,座无虚席。

国家林业局总经济师张鸿文率先登台发表了主旨报告。他强调,森林具有生态、经济、社会和文化等多种功能,是人类生存发展的根基。林业是生态建设和保护、生产生态产品的主体部门。

习近平总书记深刻指出,林业建设是事关经济社会可持续发展的根本性问题;森林是国家、民族最大的生存资本,关系生存安全、淡水安全、国土安全、物种安全、气候安全和国家外交战略大局;发展林业是全面建成小康社会的重要内容,是生态文明建设的重要举措;林业要为全面建成小康社会、实现中华民族伟大复兴的中国梦不断创造更好的生态条件。张鸿文说,习总书记的系列讲话,明确了林业在生态文明和美丽中国建设中的重要作用和地位,赋予了林业部门新的重大历史使命。

我国林业建设的成就举世瞩目:全国森林覆盖率达 21.66%,人工林保存面积稳居世界第一;全国沙化土地面积缩减,成为全球沙漠治理的典范;全国建立林业自然保护区 2407 处,面积达 21.75 亿亩,有效保护了 90% 的陆地生态系统类型、85% 的野生动物种群、65% 的高等植物群落和 50% 的自然湿地。我国已成为世界林产品生产和贸易第一大国。

与此同时,森林资源总量不足、质量不高、功能不强的林情没有根本改变,我国仍然缺林少绿、生态脆弱、生态产品供应不足。全国森林覆盖率居全球第 139

位,人均森林面积和蓄积量只有世界平均水平的 1/4 和 1/7,近 1/5 的国土面积受到风沙危害,影响 6 亿多人。全国有 5000 多种野生动植物受到威胁或处于濒危状态。木材对外依存度达近 50%……

张鸿文说,加强林业建设,就是增加生态产品供给,为全社会提供更多的、普惠的民生福祉。这是林业生态建设的出发点和落脚点。

绿色惠民,是我国林业人提出的新口号。张鸿文称,"十三五"时期,全国林业系统将以生态建设和保护为主要任务,以维护森林生态安全为主攻方向,以增绿增质增效为基本要求,为全面建成小康社会、建设生态文明和美丽中国作出更大贡献。他提出的两个数据让人振奋:力争使森林生态服务价值达到 15 万亿元;到 2020 年林业旅游休闲康养突破 25 亿人次。

他说,要把加强资源保护放在首位,让森林、湿地、荒漠生态系统和野生动植物充分休养生息。坚持保护优先、生态优先,组织实施国家生态安全屏障保护修复、天然林资源保护、湿地保护与恢复、濒危野生动植物抢救性保护等重点工程,加大保护力度,严守生态红线。"将所有天然林都保护起来!把 8 亿亩湿地全面保护起来!加快建立一批野生动物类型的国家公园,严厉打击象牙等野生动植物非法交易。"张鸿文的话掷地有声。

加快国土绿化是重中之重。张鸿文说,要坚持生态修复和人工治理相结合,实施新一轮退耕还林、三北防护林体系建设、国家储备林建设等重点工程,加快"一带一路"、京津冀、长江经济带等重点地区造林绿化和防沙治沙步伐,努力增加森林资源总量。创新产权模式和国土绿化机制,调动全社会力量积极参与植树造林。建立健全森林经营方案制度,积极开展森林抚育、低产低效林和退化林分改造,加强混交林和珍贵大径级用材林培育,着力提高森林资源质量。

增进绿色惠民是全国林业系统的共同目标。张鸿文指出,要加快推进森林城市和森林乡村建设,努力改善城乡人居环境,增加人民生态福祉。推进林业供给侧结构性改革,大力发展木本油料、苗木花卉、林下经济、森林旅游等绿色富民产业,不断扩大林产品有效供给,推动林业产业转型升级。争取提高森林生态效益补偿标准,吸纳有劳动能力的贫困人口就地转成护林员,通过保护生态实现稳定就业和精准脱贫。同时,加强生态体验、科普宣教等生态文化基础设施建设。

扩大开放合作也是重要任务之一。林业服务国家外交战略和对外开放战略,表现出了新时期林业发展的新特点。张鸿文说,要加强与林业发达国家、有关国际组织的合作,积极引进、消化和吸收国外林业先进技术,主动与欠发达国家分享我国林业发展经验。认真履行涉林国际公约,全面增强森林、湿地碳汇功能,积极参与推动全球生态治理。引导鼓励林业企业"走出去",统筹利用好国内外两种资源、两个市场，全面提升我国林业对外开放水平。

张鸿文说，林业是重要的公益事业，林业要为广大人民群众提供更多更好的生态产品。绿色惠民需要全社会的共同参与和大力支持。

生态健康直接影响人类健康

全国人大常委、环资委副主任委员、农工党中央专职副主席龚建明的演讲，直奔生态健康与人类健康、与全面小康的主题。

龚建明说，生态健康是随社会、经济的发展提出的新概念。它首先是从生态系统自身开始，进而发展到从人的角度来看待生态系统健康，内涵不断拓展延伸。广义地讲，生态健康指人与生态环境关系的健康，是测度人的生产、生活环境及其赖以生存的生命支持系统的代谢过程、服务功能完好程度的系统指标，包括人居物理环境、生物环境和代谢环境的健康，产业和区域生态服务功能的健康，以及人体和人群的生理和心理生态健康等多方面的内涵。

"生态系统的健康支撑着人类的健康。没有生态系统的健康，难以维持人类的健康。"龚建明指出，生态环境的破坏导致人类健康的破坏，进而成为制约世界可持续发展的突出短板。据今年5月23日第二届联合国环境大会发布的《健康星球、健康人类》报告，全球生态健康问题面临严峻的形势。2012年，全球约有1260万人的死亡与环境恶化有关。空气污染导致死亡人数每年高达700多万。只有大力保护地球的自然生态系统，增强生态系统的恢复力和生态容量，才能夯实人类可持续发展的基础。

龚建明严肃地说，由于长期累积叠加，环境承载能力已达到或接近上限，进入生态健康的高风险期。大气、土壤、水体污染严重，城镇、农田生态系统格局变化剧烈，森林、湿地生态系统人工化趋势明显，生态系统的生态服务功能受到损害。当清新空气、美丽蓝天和干净水源成为稀缺资源的时候，生态健康前所未有地变成了中国人的首要追求，成了中国梦的核心目标，成了中国人幸福追求的基础条件。

"我们必须大力倡导生态健康新理念，构建生态健康保障新体系，提供最好的生态公共产品，加快补齐生态环境短板。"龚建明强调。

到2020年建成全面小康社会，维护生态健康、推动绿色发展，既是应有之义，又是必然选择。龚建明指出，要围绕这一核心目标任务，从体制、政策、管理、技术的变革着手，着力推动供给侧结构性改革，着力推动生态健康事业创新发展，努力实现生态环境质量总体改善的目标。

要坚持问题导向，健全生态环境资源管理体制机制。龚建明说，要注重解决最后一公里问题，建立系统完整的生态文明制度体系，实行最严格的源头保护制度、损害赔偿制度、责任追究制度,完善环境治理和生态修复制度,用制度保护生态环境,推动自然资本大量增值,发挥良好生态环境增加人类福祉的效益。

龚建明指出,随着经济转型的不断深化,构建生态健康产业成为经济发展的新热点。生态健康产业是外部性的产业,涉及水、土、气、矿、生产、消费、流通、还原和调整,急需唤起社会各界包括企业、科研机构等对生态健康产业的关注,加大社会资源的投入力度,动员全社会的力量,形成由政府引导、科技催化、企业运作、民众参与、舆论推动的全民生态健康产业构建新格局。按照创新驱动的要求,形成多维度、多产业的协同,延伸包括生态修复、生态康养、环境健康等在内的大生态健康产业链条。

农工党中央从 2004 年创办"中国生态健康论坛"举办了 10 届,探讨生态、资源、环境、健康方面的前沿议题。从 2008 年起,联合国家发改委、环保部等 10 个部门,连续举办了 9 届的"中国环境与健康宣传周",每年在全国 31 个省市的 400 多座城市开展丰富多样的宣传活动,已成为国内面向公众开展环境与健康宣传教育工作的高层次主流平台;去年联合北京林业大学等单位成立了"生态与健康研究院",开展生态与健康领域的重大理论、总体战略、政策措施研究创新,探讨经济社会发展总体格局中生态文明建设发展体系、布局、结构、路径和基本制度等若干重大问题。龚建明说,生态健康需要各方面力量的共同推动。他希望协同更多的力量,共建生态健康智库平台联盟,积极开展生态健康领域的理论探索、法制建设和制度创新,形成生态健康创新实践的"统一战线",把生态健康创新与实践推向新的台阶。

龚建明特别强调,结合生态保护做好贫困地区精准脱贫。坚持生态保护与扶贫开发并重,加大贫困地区生态保护修复力度,通过实施生态补偿、增加转移支付等方式,不断改善区域生态环境质量,促进贫困群众增收脱贫。希望国家实施的重大生态工程项目进一步向贫困地区倾斜,提高贫困人口参与度和受益水平。加大贫困地区生态保护修复力度,增加重点生态功能区转移支付。结合建立国家公园体制,创新生态资金使用方式,利用生态补偿和生态保护工程资金使当地有劳动能力的部分贫困人口转为护林员等生态保护人员。加大贫困地区新一轮退耕还林还草力度。开展贫困地区生态综合补偿试点,健全公益林补偿标准动态调整机制,完善草原生态保护补助奖励政策,推动地区间建立横向生态补偿制度。

为人民创造更多生态福利

今年全国人大审议通过的"十三五"规划纲要明确提出,全面提升各类自然生态系统稳定性和生态服务功能,扩大生态产品供给,提升生态公共服务供给能力。论坛主席、北京林业大学校长宋维明说,这些要求的本质是强调在改善和提升自然生态系统的同时,进一步强化对公众的生态服务、生态供给,为人民创造出更多的生态福利。

正是基于这样的思考,在他的倡导下,论坛主题确定为"创新生态修复,供给生态福利"。这一主题突出了生态修复在实现绿色惠民、美丽中国等方面的基础性支撑地位,回应了人民群众关于生态产品和生态福利供给的现实需求。

在论坛主席、北京林业大学校长宋维明看来,制度创新是供给生态产品、创造生态福利的重要一环。作为生态治理能力建设的硬任务,制度创新是生态文明治本之策的关键所在。

宋维明说,生态产品的供给要遵循生态系统的整体性、系统性和生态规律,从政府主导、抢救式、应急式的供给方式向长效治理体系转变,拓宽政府、市场、公益的生态供给路径;以生态产品构建系统的资源约束、空间管控制度,促进微观治理向宏观调控转变,形成有利于生态产品供给的产业结构、绿色生产生活消费方式。

在谈到新常态下生态福利需求的基本特征时,宋维明说了两个方面。一是生态福利的绝对需求更加强烈。伴随大气、水体、土壤生态环境问题的集中爆发,公众更加关注生态环境、健康福祉,生态产品供给成为公众关心的热点、焦点问题,由此产生了公众对生态福利的强烈绝对需求;二是生态福利有效需求不断扩大。有效需求指公众愿意支付一定货币来获得生态福利的需求。在生活水平提高、公众健康意识增强的背景下,人们更愿意支付一定量的货币来获得更好的生态环境。森林疗养产业、室内环境健康产业的井喷式增长就是明证。

"这要求我们按照'两山理论'和绿色发展理念,打破既有的思维束缚,进一步创新制度环境,有效拓宽生态福利供给路径,从而实现协同共赢",宋维明说。

他接着指出,当前有必要、也有条件创新制度环境,拓宽生态福利的供给路径。对此,他做了三个方面的阐述。

第一,政府主导的抢救应急式生态福利供给,需要与时俱进、改革创新。传统的政府主导方式存在三个问题。一是不能满足需求,二是提供的效率相对较低,三是过分强调行政手段,容易导致社会公平的损害等。

第二,信息技术、契约意识的增强使得通过市场提供生态福利变得更为可行。随着信息手段的发展、社会契约精神的提高,经济激励手段所需的监督成本、契约成本等交易成本大大下降,使得通过市场来提供生态福利更为可行。

第三,公众生态福利责任意识显著提升。越来越多的公众主动认识到自身在提供生态福利方面需要承担责任、义务,愿意为生态公共产品提供资金、行动等支持,使得生态福利供给方式更具多元性。

如何加大制度创新力度、拓宽生态福利供给的路径? 宋维明的回答是:生态福利供给的政府路径,需要进一步加大投入,提高系统性、有效性、公平性。政府的生态福利供给需要坚持问题导向,聚焦关键环节。一方面要推动生态文明建设的"党政同责""一岗双责"落地,倒逼政府推动生态保护和经济发展的融合协调,解决负向激励制度的"发展强、保护弱"的不良倾向;另一方面,更多地运用市场化机制,选用税收、补贴、交易等市场为基础的政策。还可以将政府直接生产转化为政府出资、市场提供。在公平性方面,则需对生态福利的提供者进行合理补偿。

宋维明认为,生态福利供给的市场路径,需要搭建制度平台和交易机制。碳排放交易、二氧化硫排放权交易、水权交易、生态产品认证等方式,有利于企业、公众购买相关的权利或资源,从而发挥市场在生态资源配置中的积极作用。但市场机制的建立和运行,需要政府进一步创新制度环境,搭建交易平台,切实降低交易成本,保证各方利益。

生态福利供给的第三条道路,是推动公益路径建设和社会共治。宋维明说,这主要指社会组织、NGO 组织、社区、公众参与提供生态福利。要建立合理引导公众参与、鼓励监督、主动捐赠,提供生态福利的政策环境,促进生态福利供给的社会行动体系。

宋维明说,中国正在走一条弯道超车的绿色发展之路。只有从政策制度体系创新入手,补齐生态短板,才能促进绿色惠民,杜绝重走生态破坏的弯路。

建立生态福利供给新体系

论坛的议题包括了中国绿色发展机遇与生态福利供给,生态产品供给的制度创新与政策行动,借鉴国家森林康养发展经验,用绿水青山增加生态福祉等等。专家学者们围绕"生态修复创新"、"生态产品供给"、"生态福利创造"等热点问题,建言献策,众筹智力,探索建立以自然资本稀缺为出发点的生态福利供给新体系、实现自然保护和经济发展双赢的新途径。

章新胜先生既是世界自然保护联盟理事会主席,又是生态文明贵阳国际论坛秘书长。他的工作千头万绪,但仍准时来到这个论坛现场,围绕"自然生态系统的生态服务价值"发表了演讲。

他说,地球上所有生命都依赖于生态系统提供的服务,包括人们呼吸的空气、摄入的水分、吃到的食物以及各种各样的生态产品。所以生态系统对人类可持续发展至关重要,是人类社会所必需的基础。他强调,世界上 1/3 的城市都是从受保护地区获得服务的。有超过 7 万种植物用于人类各种各样的药物。世界上 40% 的经济发展是建立在生物生态基础之上的。如果没有办法实现生态系统和生态服务的可持续性,人类社会就没有办法实现可持续发展。

他认为,GDP 目前是一个相对有用的指标体系。但要强化生态系统的服务功能,而不是简单地讲绿色经济。保护自然的同时,要解决经济和社会的需求。美丽中国是中国发展的新目标,绿水青山、金山银山都是我们需要的。他说,"这和世界自然保护联盟的愿景是一致的。130 个国家政府及非政府的代表非常认同这一愿景。"

北京市政协原副主席、北京大学中国可持续发展研究中心主任叶文虎教授说,生态文明社会要给老百姓创造生态福祉、提供生态福利。我们需要反思,除了大自然赋予的生态福利以外,人类在做什么? 是在享用、破坏,还是在保护、建设?过去已经破坏了很多,今天必须搞生态修复。同时,生态修复也是创造生态福利的手段。如果保护生态的结果使得经济下滑,那么这样的"生态文明"是不可能取代工业文明的。要创造生态福利,使老百姓共享生态福利,使生态福利能够持续地增长。这是生态文明社会建设急需解决的难题。对此,习总书记指出了方向——"绿水青山就是金山银山"。今天很多地方的绿水青山还不是金山银山,还是相当贫困落后的地区。这就需要研究、探索,如何把绿水青山变成老百姓可以享用的金山银山。

中国社会科学院农村发展研究所原所长、著名经济学家李周研究员说,我们面对的严峻问题是如何有效利用资源。首先要设定资源利用的红线,要有反映资源稀缺程度的价格,把产权界定清楚;其次要培育生态道德。人类的生理需求是有限的,但人的心理欲望是无限的。生态道德解决心理的欲望引发的各种危机。生态道德的提出,将人与人的道德拓展到人与自然的道德,以此来培育公众的责任感和使命感。他强调,要借助法律法规的力量把生态红线做硬做实,建立生态补偿和赔偿制度,形成科学的生态监测体系和评估方法。让绿水青山变成金山银山,需要运用生态法制来守住发展绿线。用生态法制来加强生态管理,实现经济增长。一是建立和应用生态资产的负债表,二是构建生态资产变化的建设体系,三是认真实施生态补偿制度。

日本森林保健学会理事长、东京农业大学教授上原巖先生说,1999 年日本森林学会提出了森林疗养,主要用于残疾人、心理疾病患者、老年人及小孩子等。到了 2003 年,日本的森林疗养学会将其拓展为人们的调整和放松。先是利用日本资源非常充足的森林区域,后来则用被一定程度砍伐的森林区域来进行森林疗养。通过森林疗养,一方面使得人们享受森林,另一方面也唤起人们对森林的热爱。这已经成为林业发展的一大趋势。

重大理论成果支撑绿色惠民

在论坛上,北京林业大学的专家发布了两项最新研究成果,为绿色惠民提供了有力的理论支撑,成为论坛的一大亮点。

"绿色青山就是金山银山"论断是习近平总书记的重要生态建设思想。北京林业大学专门组建了"两山"项目团队,系统研究总结"两山"思想体系及其理论涵义,对有关实践探索进行调研分析,研究共性规律。

经管学院院长陈建成教授称,项目组重点梳理了"两山"理论的发展历程;从经济学视角深入剖析"两山"论断的内涵及理论;总结浙江、云南等地的实践探索,检验完善构建理论体系;有针对性地提出用"两山"理论指导实践的政策建议。

项目组多维度地解析了"两山"论断的理论内涵。专家认为"两山"论断是辩证统一论、生态系统论、顺应自然论、民生福祉论和综合治理论的有机结合,是人与自然和谐发展的马克思主义中国化的最新成果,体现了中国发展方式绿色化转型的本质要求。专家强调,要努力跨越"用绿水青山去换金山银山"的传统消耗型利用发展初级阶段,要加快向"既要金山银山,也要绿水青山"和"绿水青山就是金山银山"的绿色发展更高阶段的转型。

研究人员分析了实现"两山"转型发展的主要驱动力。通过微观经济学层面的理论分析,专家认为社会对绿水青山需求驱动、国家绿色发展公共政策导向、绿水青山资源非消耗型利用技术的进步、生态产品服务市场化的进程是"两山"转型发展的关键主要驱动要素。

项目组研究提出,自然资源产权的明晰是"两山"理论制度构建的关键任务之一。研究认为,自然资源产权的明晰,对于经济可持续发展、人力资本积累和生态产品供给都有重要影响。要高度重视自然资源产权的明晰在生态文明制度构建中的基础性地位。要进一步明确自然资源产权,建立完善的保障体系,形成多元化的自然资源经营主体。

专家们提出,各地应将"两山"之路与产业绿色转型有机结合起来,创新发展模式。项目组通过剖析浙江、云南等多地实践探索,提出要坚持因地制宜利用当地的生态资源环境,探索适应不同产业和经营主体的生态友好型和环境保护型发展新模式。

构建领导干部森林资源资产离任审计的评价指标体系,是北林大专家们奉献的又一理论成果。

2015年11月,中办、国办印发的《开展领导干部自然资源资产离任审计试点方案》提出,要根据领导干部任期和职责权限,对其履行自然资源资产管理和生态环境保护责任情况进行审计评价,界定领导干部应承担的责任。

专家认为,全面客观地量化领导干部任职期间的自然资源资产管理和生态环境保护履职履责情况,有助于强化各级政府部门严守生态红线、加强生态建设与保护的责任体系建设,弥补过去单一考核体系未能考虑经济牺牲生态的不足,完善对领导干部的考核制度,改变政府环境责任无人问责、环保政绩考核无从落实的局面。

北林大成立了我国第一个自然资源与环境审计研究中心,致力于研究构建领导干部自然资源资产离任审计评价指标体系,完善并推行自然资源资产和生态问责制度。

森林资源是自然资源的主要组成部分,森林资源资产离任审计是领导干部自然资源资产离任审计的重要领域。该中心从森林资源资产入手,构建领导干部森林资源资产离任审计评价指标体系。

经管学院院长陈建成教授说,中心构建了森林资源资产的实物量和价值量统计表,严格以现行法律、法规、政策和国家及地区发展规划为衡量标准和评价尺度,整理总结了目前学者对领导干部自然资源资产离任审计的研究现状和提出的研究方向。通过分析领导干部在任期间对于当地自然资源资产所应承担的责任内容,借鉴企业离任审计和领导干部经济责任审计评价指标体系构建的思路,借鉴了大量森林资源审计、资源与环境审计、领导干部审计、森林资源资产价值评估及森林资源资产统计学等相关理论中采用的评价指标,特别是涉及到领导干部森林资源资产离任审计方面的指标,构建了领导干部森林资源资产离任审计评价指标体系。

据了解,该评价指标体系主要由6个一级指标和28个二级指标构成。6个一级指标覆盖了森林资源产权法律及政策保障体系建设、森林资源资产培育、森林资源资产利用、森林资源资产管理质量、森林资源资产保护情况、森林资源资产综合效益等多个维度的评价。

"森林资源产权法律及政策保障体系建设"一级指标由5个评价指标支撑,涉及森林权属法律制度框架实施效果、森林管理法律制度实施效果、森林分类经营的政策框架和实施情况、人力资源培养政策机制等方面。

据了解,五个一级指标的具体内容包括:"森林资源资产培育"重点衡量森林资源有效培育量、土地利用程度和森林培育成果、森林生长速度及恢复补充和永续经营等二级指标;"森林资源资产利用"由森林资源开发、利用、更新3个程度,以及旅游环保关系的协调性、森林旅游的可持续性等为二级评价指标;"森林资源资产管理质量"侧重衡量造林质量、幼林抚育质量、森林资源质量、保护区建设效果、可持续发展程度等方面;"森林资源资产保护情况"考核森林火灾防范抢救措施有效性、森林防火成效、森林防火体系的健全度、造林任务完成情况等重点指标;"森林资源资产综合效益"由社会价值、旅游区活动满足社会需求程度、精神文化满足度、居民满意度、生态价值等二级指标组成。

专家们强调,"领导重视,绿色惠民才能落到实处。"

《绿色中国》2016 年第 8 期

国际知名专家研讨自然保护大计

时隔 36 年后,世界自然保护联盟全球理事会再次访华,将北京林业大学作为访问的第一站。10 月下旬,理事会 20 多位自然保护领域的国际知名专家聚集北京林业大学,参加自然保护体系建设高端国际研讨会,共商全球自然保护大计。研讨主题包括生物多样性保护、保护地的管理机制及有效性、保护地立法、生态系统管理等。

世界自然保护联盟全球理事会总干事英格·安德森在发言中强调了自然保护的重要性和面临的严峻挑战。她希望中国青年们在自然和生态保护事业中发挥引领作用。世界自然保护联盟全球理事会主席章新胜、奥地利驻华大使艾琳娜、国际竹藤网络中心总干事费翰斯等参加了研讨。

世界自然保护联盟大洋洲地区主任卡米介绍了《全球自然保护的现状与未来发展趋势》。世界自然保护联盟墨西哥环境委员会主席雷蒙作了《国家公园规划与管理》的学术报告。北京林业大学自然保护区学院院长雷光春论述了中国在国家公园体制建设中面临的任务与挑战。北京师范大学葛建平教授团队代表报告了中国东北虎和东北豹恢复与保护重大生态工程的进展情况。

在专家讨论中,世界自然保护联盟亚洲地区主任阿班、澳大利亚气候变化应对项目主任麦基、世界自然保护联盟中美洲及加勒比海地区主任格雷特、国际竹藤网络中心总干事费翰斯、奥地利驻华大使艾琳娜、世界自然保护联盟东部和南部非洲地区主任卢瑟、世界自然保护联盟南美洲地区主任维克托等专家,就如何在全球视域下有效建立自然保护体系这一主题进行了热烈讨论。

世界自然保护联盟理事们饶有兴致地参观了北京林业大学濒危动植物博物馆,对该校在自然保护教学、科研、传播中所作的贡献表示赞赏。

北京林业大学党委书记王洪元介绍,该校在自然保护领域取得了一系列重大科技成果,建有世界上唯一的自然保护区学院。

世界自然保护联盟是全球历史最长、规模最大的环境组织,拥有 1200 多个政府和非政府组织成员,是具有联合国大会永久观察员地位的国际组织。

《中国绿色时报》2015 年 11 月 18 日

国际知名学者在京演讲生命之网

7 月 29 日,"物种形成与生命之网"研讨会和学术交流活动在北京林业大学举行。美国科学促进会院士、著名进化遗传学家阿诺德教授,瑞典国际知名生态遗传学家、森林遗传学家王晓茹教授等应邀做学术演讲。他们以进化生物学、生态遗传学和保护生物学等多个学科为基础,通过讨论进化生物学经典文献及进一步剖析物种分化的实例,系统解读"生命之网"理论、前沿研究以及物种形成、繁衍,乃至灭绝的机制和过程。

这次研讨的议题都是现代生物学研究领域中的热点问题,主要分为物种存在模式、物种形成机制、杂交、遗传分化与物种形成,物种形成的群体基因组学等。

生物多样性的起源、构成及其维持机制是现代生物学研究的基础,是进化生物学、生态学、保护生物学、种质资源利用等多个学科的核心问题。"生命之网"理论认为,生物界类群间界限是可穿透的,生物多样性存在的形式和特征由基因重组构成的网状结构所决定。近年来,针对不同生物类群的大量研究表明,杂交、遗传重组对新适应性起源和物种形成有重要作用。

中科院植物所、北京师范大学、中国林科院、中科院西双版纳植物园、北京林业大学等科研机构、高校的数十位专家学者参加了这一重要的学术活动。

《中国绿色时报》2016 年 8 月 3 日
《中国花卉报》2016 年 8 月 19 日

2016 国际雉类学术研讨会在京召开

10 月 21 日 – 23 日,2016 国际雉类学术研讨会在北京林业大学召开。中外专家围绕全球珍稀雉类、鹑类、松鸡、珠鸡等鸡形目鸟类的研究、保护、人工繁育、可持续管理等进行学术交流,重点关注生存受到威胁的物种及其栖息地的保护与管理。

北京林业大学副校长李雄介绍,很多鸡形目鸟类与人类生活关系密切,其保护与研究受到各界高度关注。中国是世界上鸡形目鸟类资源最丰富的国家之一,特有种类繁多,如红腹锦鸡、褐马鸡、黄腹角雉等雉类驰名中外。研讨会对中国乃至全球鸡形目鸟类保护、研究以及人才培养起到重要的促进作用。

研讨会共有9个大会报告、19个特邀报告,组织召开了"自然保护区鸟类资源保护与科研基地建设研讨会""灰腹角雉及其它鸡形目鸟类数量调查与监测"与"动物园鸡形目鸟类的易地保护"3个圆桌会议,还举办了墙报展示、鸟类摄影展及仪器设备展示等活动。

本届研讨会由世界雉类协会和中国动物学会鸟类会分会主办,北京林业大学承办。来自美国、英国、德国、荷兰、丹麦、捷克、印度、中国等20多个国家和地区的180余位代表参加了研讨会。世界雉类协会会长、中国科学院院士郑光美与世界雉类协会主席基思出席了研讨会。

《中国绿色时报》2016年10月27日

《中国科学报》2016年10月27日

举办森林生态系统国际学术研讨会

5月17日至19日,森林生态系统国际学术研讨会在北京林业大学召开。9名国际知名学者和2位国内学者做主题报告,纵论森林生态系统领域的热点、焦点、亮点和难点。

研讨会上,克劳斯教授被授予北京林业大学名誉教授。北林大校长宋维明为他颁发了聘书。据悉,在德国哥廷根大学任教的克劳斯教授从2005年开始与北京林业大学展开合作研究,一直致力于加强与北林大的合作与交流,从结构化经营、森林大面积经营动态监测等方面极大地推动了该校森林经理学科的向前发展,为培养青年学者及学生作出了重要贡献。

来自美国、德国、西班牙、芬兰等国家和地区的百余名代表参加了研讨会。与会专家就天然混交林最优林分状态的π值法则、欧洲中部地区的生物多样性和森林经营、提供最优生态系统服务功能的森林经营方式等话题进行了深入研讨。

《中国绿色时报》2016年5月27日

《中国花卉报》2016年6月16日

召开森林资源可持续经营国际学术研讨会

10月18日,森林资源可持续经营国际学术研讨会在北京林业大学召开,专家们深入探讨在多种全球化问题背景下,全球森林可持续经营、林业发展模式及路径、林业政策及政府林业治理等热点问题，就推进森林资源的可持续经营，更好协调生态保护与经济社会发展的关系，进行了研讨和交流。

据悉，为了纪念林业经济理论的重要奠基人福斯特曼，国际林业经济学者在全球范围内发起了这一学术研讨会，如今已办成国际林业经济领域的盛会和林业经济研究者交流的重要平台。前四届研讨会分别在德国、美国和芬兰举办。本届是首次在发展中国家举办。来自美国、德国、加拿大、瑞典、芬兰、挪威、澳大利亚、新西兰、哥斯达黎加等9个国家的数十位专家学者，国内14所院校和研究机构的代表参加了研讨会。

国家林业局副局长刘东生在致辞中说，林业作为国土生态安全和国家生态建设的主战场，得到了国家和社会各界的高度重视，林业建设取得了重大成就。2015年，林业产业总产值达5.81万亿元，林产品进出口贸易额达1400亿美元，分别是2010年的2.6倍和1.5倍，我国林产品生产和贸易跃居世界首位。"十三五"是中国全面建成小康社会的决胜阶段，也是推进林业改革发展的关键时期。我们将以维护森林生态安全为主攻方向，以增绿增质增效为基本要求，深化改革创新，加强资源保护，加快国土绿化，增进绿色惠民，强化基础保障，扩大开放合作，加快推进林业现代化建设。

刘东生说，近年来，虽然国际社会对推进现代可持续林业的政治意愿强烈，但人口增长、农田扩展、城市化、气候变化、投资不足、政策失灵、技术缺失等阻碍可持续林业发展的因素长期存在，如何以更加包容的方式处理好森林与人的关系、协调好经济社会对森林的多样化需求，更好地促进森林可持续经营，是各国林业管理者都面临的挑战。同样，中国林业发展在取得重大成就、面临重大机遇的同时，也面临众多挑战，如何构建符合国家发展需要的现代林业体系，如何全面提升森林资源可持续经营管理水平，如何协调生态保护和经济发展的关系，如何进一步完善林业政策和管理制度体系等，均需要系统研究和不断改革创新。

专家研讨的主题有，气候变化与森林可持续经营、不同所有制度下福斯特曼模型与森林经营、风险与不确定性下的森林管理、森林培育最优管理、林业与农村发展、林地产权、森林资源共同管理与公共参与、针对木材与非木材效益的综合森林管理(非木质林产品、游憩、生物多样性、水土保持、生态服务付费等)等。

《中国科学报》2016年10月26日
《中国绿色时报》2016年11月3日
《中国花卉报》2016年11月9日

中外专家聚焦生态旅游与绿色发展

12月3日,第九届旅游研究北京论坛在北京林业大学举行。本次论坛的主题是"生态旅游与绿色发展——多样·共生·可持续"。除300余位国内外著名专家学者、业内人士、高校师生代表在现场参加研讨外,全程的网络直播使两万多人即时观看了论坛盛况。

原国家旅游局副局长杜一力在《生态旅游的痛点》报告中,剖析了我国生态旅游理论大于实践的现状,从政策和措施的角度提出了"生态产业化,产业生态化"与"全域旅游全覆盖"的方式。

清华大学建筑学院景观学系教授杨锐的报告题目是"国家公园与游客影响管理",对国家公园与游憩的关系进行了辨析。他在借鉴美国国家公园游客影响管理的经验、深入分析国家公园游客影响管理技术的基础上,从认识层面、政策法规层面、理论与技术研究层面、能力建设层面为我国国家公园游客影响管理提出了建议。

美国普渡大学教授 Alastair M. Morrison 报告主题是"中国准备好迎接绿色旅游的到来"。他指出,不让生态旅游浮于表面、承担起责任、定义独特的营销主张、进行营销推广、准确的定位,是生态旅游发展的制胜法宝。他分析了目前中国生态旅游发展和营销现状,指出生态旅游在中国正蓬勃发展、游客生态意识正逐渐增强。

国务院发展研究中心研究员苏杨做了题为《中国国家公园体制试点的进展、难点及和风景园林行业的关系》的报告,从国家公园体制试点及其与风景园林行业的关系、国家公园体制建设难点、风景名胜区参与国家公园体制试点的注意事项三个方面进行阐述。通过研究美国和加拿大国家公园的案例,对目前我国公园体制的建立及发展给出了建议。

北京林业大学教授张玉钧报告的题目是"中国应发展怎样的生态旅游"。他介绍了我国从生态旅游概念的产生和引进,到对生态旅游概念的理解,再到实际生态旅游实践活动的发展历程。对比当下中国生态旅游发展过程中出现的概念泛化、商业化、低标准化的现象,他提出了"在中国存在真正的生态旅游吗"的疑问。他强调,在生态旅游的发展中,生态保护是前提、自然教育是责任、社区参与是保障。要在协调各利益相关者的基础上,走向生态旅游共治共赢。

北京林业大学教授孙玉军在"我国森林生态旅游及其前景"报告中指出,在多功能林业时代,以森林游憩为载体,以森林公园为平台,森林生态旅游以其生态性的旅游和对森林资源的可持续利用的特色,服务时代需求而成为未来林业的朝阳产业。

森林游憩行为的生态影响机制、韩国生态旅游的现状与活动、全国生态旅游规划中生态风景道构想、自然教育与户外环境解说展示设计等报告也受到了与会者的高度关注。

论坛还举行了"保护地与绿色发展"、"环境教育与生态旅游"、"遗产旅游与文化传承"等三个平行论坛。

论坛组委会面向全国高校的硕士研究生、博士研究生和本科生征集优秀论文。经过严格的评审,评选出 12 篇优秀论文。

北京林业大学园林学院成为北京旅游学会"生态旅游发展研究中心",并举行了揭牌仪式。

《中国科学报》2016 年 12 月 5 日

中美碳联盟年会在北林大闭幕

6 月 26 日,第 13 届中美碳联盟年会在北京林业大学闭幕。来自中美两国高校、政府部门和科研机构的百余名专家学者参加了此次年会。

据悉,该年会的主要议题包括生态系统和景观过程对极端天气和气候事件的响应敏感性,应对气候变化的生态系统、景观、土地和资源的适应性管理,基于多手段(通量观测、遥感、模型模拟)融合的碳－氮－水－能量耦合研究等。

据悉,中美碳联盟成立于 2004 年,是由中国和美国多家科研机构、大学的科学家组成的生态系统生态学研究团体。该联盟致力于关注国际研究前沿并引入新的关注点,积极探索针对可预见的气候情景,适应性地进行生态系统、景观、土地和资源管理,以维持(或增强)生态系统功能和服务价值。

《中国科学报》2016 年 6 月 30 日
《中国花卉报》2016 年 7 月 11 日

中美研究生态系统碳水循环机理有成效

6 月 24 日至 26 日,中美碳联盟第十三届年会在北京林业大学召开。

本届年会主要议题包括生态系统和景观过程对极端天气和气候事件的响应敏感性,应对气候变化的生态系统、景观、土地和资源的适应性管理,基于多手段(通量观测、遥感、模型模拟)融合的碳－氮－水－能量耦合研究等。会上,北京林业大学教授张志强以及美国林务局南方实验站教授孙阁当选为新一届联盟共同主席。

来自美国农业部林务局、密歇根州立大学、新罕布尔大学、中国林科院、中科院南京地理所、中国热带农科院橡胶研究所及清华等高校的专家学者百余人参加了大会。

中美碳联盟于2003年在北京林业大学成立,是由中国和美国多家科研机构、大学的科学家组成的生态系统生态学研究。联盟秉承“人类活动和气候变化影响下的生态系统碳循环变化”的理念,联合中美科学家,致力于关注国际研究前沿并引入新的关注点,积极探索针对可预见的气候情景,适应性地进行生态系统、景观、土地和资源管理,以维持(或增强)生态系统功能和服务价值。

成立至今,中美两国林学、生态学、地球科学、环境科学等领域的专家学者加强合作,采用涡度相关通量观测网、遥感以及模型模拟等手段,就人类活动影响下的生态系统碳水循环机理开展了广泛、深入的研究,大量研究成果在国内外知名学术刊物上发表,在学术界产生了广泛而重要的影响。

研讨环节,10余位国际著名专家做了主题学术报告。其中,密执根州立大学教授陈吉泉的报告题目是“基于涡度相关通量研究的未来”;孙阁教授做了“蒸发散:生态系统服务功能的无名英雄”的报告;清华大学“千人计划”国家特聘专家、遥感水文学国际知名专家洪阳教授做了“清华大学全球水能量遥感反演和水循环数据平台建设”的学术报告;国际知名全球生态学专家、新罕布尔大学肖劲锋教授带来“涡度相关数据是否支撑地球变绿、变棕”的学术报告。

《中国花卉报》2016年7月14日

专家对世界未来城市荒漠化说不

世界未来的城市不能重蹈荒漠化的覆辙。这是参加“荒漠化,城市,与我”——未来城市季度主题沙龙的专家们达成的高度共识。日前,来自国内外荒漠化防治的专家、教授、官员和高校师生会聚北京林业大学,探讨世界荒漠化防治的前沿问题。

联合国防治荒漠化公约组织秘书处执行秘书长、世界未来委员会委员莫妮可·巴尔布在研讨会上发表了“荒漠化,城市,与我”的主旨演讲,论述了城市化通常意味着钢筋混凝土的森林、土地退化通过各种方式影响城市、土地退化造成农村居民流落他乡、气候变化加速了土地退化和土地退化影响城市的经济发展等方面的问题，阐述了荒漠化和土地退化的关系，并认为应该从保护土地的角度来实现可持续发展，用实际行动使土地退化得以逆转。

国内外专家们结合自己的最新研究成果，就如何展开城市沙漠化防治等问题发表见解，并解答了现场的提问。

北林大校长宋维明说，土地退化是危及人类生存与发展的重大问题，防治荒漠化已被列为国际社会优先发展和采取行动的领域。北林大建校 64 年以来，长期致力于生态环境建设与荒漠化防治工作，为中国的生态环境建设作出了重要的贡献。学校参与了《联合国防治荒漠化公约》的制定，参与了联合国环境规划署、联合国粮农组织、联合国开发计划署开展的大量土地退化与荒漠化防治方面的国际项目，为促进环境保护和可持续发展作出了积极贡献。他希望与更多的国际公益组织、企业界人士开展更为广泛、更为深入的合作，保护人类共同的家园。

《中国绿色时报》2016 年 7 月 8 日

中德专家研讨木质纤维生物质材料

3 月 7 日，中德木质纤维生物质材料研讨会在北京开幕。研讨会由国家自然科学基金委员会中德科学中心资助，北京林业大学林木生物质化学北京市重点实验室及德国耶拿大学有机和高分子化学研究所共同举办。

北林大校长宋维明说，林木生物质材料的发展是对传统林产品加工及制浆造纸产业发展的变革与创新。同时，生物质资源作为绿色环保的原料，也是新兴的生物质绿色高效利用行业发展的新的基础。在林木生物质的培育、开发和利用研究方面，北林大已形成鲜明的特色和优势。

研讨会围绕生物质材料和能源、纤维素溶剂体系、纤维素高值化材料和生物质基先进材料等热点展开研究和讨论。举办研讨会，将促进中德两国研究人员在该领域的研究，实现中德两国研究人员的深度合作，产出实质性成果。

在 3 天时间里，来自德国耶拿大学、哥廷根大学、汉堡工业大学、犹他大学、德累斯顿莱布尼茨高分子研究所、明斯特大学、马里博尔大学的专家与中国科学院化学所、清华大学、中国科技大学、北林大等 20 余所科研院所的专家教授，作了 40 余场高水平的学术报告。

《中国绿色时报》2016 年 3 月 16 日

世界风景园林师讲坛将办

记者日前从北京林业大学了解到,5 月 28 日世界风景园林师高峰讲坛将在该校举行,讲坛主题为"景观的价值与保护"。

该校园林学院院长李雄称,景观承载着人类的生活,记录着人与自然相互影响的痕迹,为人类提供享受美、自然与文化多样性的机会,是生物多样性的最后储藏所。反思和探讨景观的价值,始终是风景园林师们积极探索的话题。该校邀请国内外专家学者共同探讨,希望在不同的价值观和视角的碰撞中,科学审视景观所具有的价值,解决在景观保护实践中所面临的困惑,进一步促进风景园林业的发展。

专家认为,世界的景观正在发生前所未有的变化,面临着一系列的问题和挑战。景观多样性、多变性以及对景观价值认识的不足和偏差,导致了景观可持续发展的困境。当前面临的三大任务是:发掘、探讨和继承景观价值,探索景观保护和管理的理论与方法,保护和抢救有价值的景观。

主办方向记者介绍,目前,已邀请到 11 位来自美国、德国、荷兰等国的演讲嘉宾,均是国际风景园林界的翘楚。讲坛报告题目有:在气候变化时代保护文化景观、城乡共同体中的文化景观、保护线性文化景观、城市景观中的文化遗产、景观价值与保护的地理文脉、荷兰低地的风景园林、机场的文化景观等。

《中国绿色时报》2016 年 4 月 5 日
《中国花卉报》2016 年 4 月 15 日

世界风景园林师高峰讲坛在京举办

5 月 16 日、17 日,北京林业大学校园大师云集。"2015 世界风景园林师高峰讲坛"会场里吸引了 800 位中外代表,约 400 人未能进入会场,只得通过视频转播参加。

这次讲坛的主题是"风景园林的多样性"。来自国内外 16 位业内一流专家学者、设计师和媒体主编,对风景园林多样性的内涵和外延进行了多方面、深层次的探讨,达成了多项共识,提出了诸多新的见解。

中国工程院院士、北京林业大学教授孟兆祯在主旨报告中说,中国山水画对中国园林的发展有着深远的影响。"虽由人作,宛自天开""巧于因借"等的思想是重要的园林理法。他通过退思园、网师园、谐趣园、杭州花圃、西湖、圆明园、环秀山庄、奥林匹克森林公园、2013 年北京园林博览会等众多案例阐述了借景、相地、布局、置石等中国园林传统优秀理法，总结提出了"一法贯众法，万法归一"的中国风景园林艺术多样性统一法则。

中国工程院院士、北京林业大学教授尹伟伦在主旨报告中提出，世界众多园林构成了多样性，同时每种园林形式又有其个性。

南北园林个性突出、差异明显。正是这种个性化差异体现了园林的多样性。东西方园林也各自表现为个性，构成其多样性与差异性。为了表现园林的个性和实现园林的多样性，园林设计师不能墨守成规，而要突破固有模式。古今中外多样性的园林呈现，正是园林设计师们勇于创新的结果。由植物配置构成的植物多样性，是园林的重要组成部分。园林设计脱离了植物，园林也便没有了生命。

在高峰讲坛上作主题报告的还有荷兰代尔夫特理工大学景观设计学教授DirkFrederik Sijmons，奥本大学建筑与设计学院助理教授 David Hill，东京农业大学风景园林科学学院阿部伸太等 14 名国内外知名学者。期间，还举办了青年风景园林师圆桌讨论等。

《中国绿色时报》2015 年 5 月 20 日

举办世界风景园林师高峰论坛

如今的风景园林发生着前所未有的变化，面临着哪些问题与挑战？5 月 28 日－29 日，2016 世界风景园林师高峰论坛在北京林业大学举办。来自国内外的 500多位风景园林专家、行业骨干、高校师生参加了这一学术盛会，围绕"风景园林的价值与保护"这一主题展开深入研讨。

反思和探讨风景园林的价值，始终是积极探索的风景园林师们不可避免的话题。论坛上，国内外知名学者和著名设计师们共同探讨风景园林的价值，探索风景园林保护和管理的理论与方法，力求寻找保护和抢救风景园林的最佳路径。

来自美国奥本大学、俄勒冈大学、麻省大学、爱荷华州立大学、谢菲尔德大学、哈佛大学的专家教授，以及德国景观规划和景观生态咨询顾问、荷兰代尔夫特理工大学教授，和中国专家们一起，围绕如何认定风景园林的价值等问题进行了圆桌讨论，解答了与会者的现场提问。国内 12 所高校风景园林学科的青年教师代表们也进行了讨论，展示了他们对风景园林价值的新看法。

《中国绿色时报》2016 年 5 月 31 日

第52届世界风景园林设计师大会举办

6月13日,第52届世界风景园林设计师大会在俄罗斯历史名城圣彼得堡闭幕。来自30多个国家的专家学者及学生参加了这场以"历史的未来"为主题的盛会。

本届大会通过论文摘要征集,邀请了各国的100多名专家、学生进行主题演讲。北京林业大学园林学院副教授曹新、博士生骆畅、硕士生李凤仪应邀在大会做主题演讲,论文全文被大会收录。该校另有多名学生论文进行海报展示并收录论文摘要。

在大会闭幕式上,同时举办的国际大学生设计竞赛揭晓,3组学生作品在250多份作品中脱颖而出,分获一、二、三等奖。一等奖由西班牙巴亚多利德大学学生摘取,作品名称为 *Scales of time*;北京林业大学学生吴然、胡楠、刘玮、李婉仪、魏翔燕的作品 *Growing Dam* 获二等奖;三等奖由同济大学学生获得,作品名为 *Carbon Footprint Education Park in Disused Quarry Site*。

据悉,下一届会议将于2016年在意大利举办,会议主题为"Tasting the Landscape"。

《中国绿色时报》2015年6月30日

主办世界艺术史大会园林庭院论坛

日前,第34届世界艺术史大会园林和庭院论坛在北京林业大学召开。此次论坛以"多元文化背景的园林史研究"为主题,深度探讨了国际大背景之下的园林文化。与会者涵盖了国内外园林艺术教育、科研、实践专家学者。

作为世界艺术史大会开启的首个论坛,此次论坛由北京林业大学主办。论坛鼓励参与者就园林艺术观念、案例、技术、历史等方面展开跨文化、跨学科的直接对话。15名国内外知名专家学者经过共同探讨,达成了多项共识,也提出了诸多不同见解和意见。

《中国科学报》2016年6月23日

中外专家聚焦国际观赏园艺学术前沿

8月20日,中国观赏园艺学术研讨会闭幕。来自美国、韩国、加拿大以及国内的600余名学者参加了这一学术盛会。中外专家就"发展观赏园艺,建设美丽家园"的主题,对国际观赏园艺的学术前沿热点问题进行了深入研讨。

据悉,有47位专家、学者作了学术报告,内容涵盖了观赏园艺领域的产业发展、种质资源、育种、分子生物学、发育生物学、抗性生理、采后、花卉应用及新技术应用等方面。主题报告有:北京林业大学教授张启翔的"转型期我国花卉产业创新发展的机遇与挑战"、韩国庆尚大学教授郑秉龙的"韩国主要观赏园艺植物的繁殖"、美国德州农工大学副教授顾梦梦的"中美两国观赏园艺产业发展之比较"、福建农林大学教授兰思仁的"福建省观赏种质资源保育及开发利用"等。

南京农业大学园艺学院院长陈发棣、中国昆明杨月季园艺公司董事长杨玉勇获"中国观赏园艺2015年度特别荣誉奖"。他们在中国花卉研究及产业发展中作出的突出贡献得到了肯定。

研讨会由中国园艺学会观赏园艺专业委员会和国家花卉工程技术研究中心主办。《中国观赏园艺研究进展2015》学术论文集也已出版。其中的7篇论文获研讨会优秀论文奖。

《中国绿色时报》2015年9月1日
《花草园林》2015年9月1日
《中国花卉报》2015年9月16日

海峡两岸园林学术论坛举办

7月19日-20日,海峡两岸园林学术论坛在北京林业大学举行。海峡两岸170余位园林行业专家、高校师生及行业媒体参加了这届盛会。

据悉,台湾所有开设风景园林相关专业的高校,都派出了专家学者。台湾大学、东海大学、朝阳科技大学、勤益科技大学、嘉义大学、明道大学、中华大学、中原大学、文化大学、辅仁大学等13所院校的60名师生,与北林大师生共同开展广泛的学术交流。论坛由中国风景园林学会教育工作委员会、台湾造园景观学会、台湾景观学会和北林大共同主办。

在为期两天的论坛中,中国工程院院士、北林大教授孟兆祯作题为"中国园林特色"的报告,阐释了中国园林"山水清音、景面文心""巧于因借,精在体谊"等特点,与师生深度交流。朝阳科技大学景观及都市设计系王小璘教授、北京林业大学园林学院王向荣教授、台湾大学园艺暨景观学系张育森教授等 20 多位两岸学者作了主题报告。论坛还专门设置了研究生学生报告环节,展示了两岸青年一代风景园林设计师的学术成果。

北林大副校长李雄教授称,论坛是两岸风景园林界交流合作的新起点,期待未来有更多的交流与碰撞。论坛的举办是两岸园林界学术交流的一次突破与尝试,受到了两岸师生的高度评价,对弘扬我国传统园林文化、加强海峡两岸高校间的学术交流大有助益。

《中国绿色时报》2016 年 8 月 2 日

《中国花卉报》2016 年 8 月 8 日

举办风景园林创新论坛

4 月 16 日,风景园林规划设计论坛在北京举办。论坛围绕"城市事件型景观"的主题,对优秀风景园林规划设计机构的精品实践项目进行分享。据介绍,该论坛是北林对近年在风景园林规划设计实践的理论思想和实践问题的思考和总结。

北京林业大学园林学院院长李雄对"北林园林设计"概念进行了阐释,对核心理念进行了解读。

耄耋之年的中国工程院院士、北京林业大学教授孟兆祯,为论坛录制了视频报告。他强调了在传统中创新继承的核心理念,并指出,风景园林规划设计须"继往开来,与时俱进","继往开来"是"与时俱进"的基础和条件。

《中国科学报》2016 年 4 月 21 日

风景园林论坛聚焦城市事件型景观

报道"城市事件型景观"这个新概念,在 4 月 16 日举办的风景园林规划设计论坛上成为热词。论坛围绕城市事件型景观主题进行了深入研讨,对优秀风景园林规划设计精品项目进行了分析,使与会者对城市事件型景观规划设计有了深入的了解。

　　据悉,大型城市事件表现为体育赛事、博览会展、节事庆典等多种形式,对于展现城市形象、促进经济发展、带动地区更新与转型有着重要的意义,已成为助推城市发展的一种积极模式。论坛立足城市事件型景观的规划与设计,探讨了这一新领域的诸多理论和实践问题,为从事规划设计与教育实践的专业人员开拓了全新的视野。

　　12位业内专家在报告中对风景园林学科在城市事件型景观中承担的重要角色进行了多侧面的探讨,对社会相关的热点问题和行业现象进行了深入反思。他们报告的内容包括:事件景观的地域性回归与重构、城市事件中植物景观营造的角色、从"供给侧"与"需求侧"看风景园林与城市事件,以及中国园林园艺博览会规划设计策略、郑州园博会规划设计实践等。

　　中国工程院院士孟兆祯特别为论坛录制了视频报告。他指出,人类历史的进步离不开继承和发展。对于风景园林规划设计而言,"继往开来,与时俱进"有十分重要的意义。他引经据典,结合自己设计的实际案例进行了深入解读。

《中国绿色时报》2016年4月26日

"北林设计"成知名品牌

　　从日前举办的北京林业大学风景园林规划设计论坛上获悉,"北林设计"已经成为我国风景园林设计界的知名品牌。在论坛上,行业顶尖专家、一流学者、领军设计师及企业家进行了点评交流,内容涵盖了北京林业大学所属的风景园林规划设计研究院、北林地景、北林苑、北林科技以及各教授工作室近年来的设计实践精品。

　　中国工程院院士、北京林业大学孟兆祯教授阐述了风景园林规划设计在新时期的新目标。他指出,风景园林学科要响应中央关于建设生态文明、美丽中国的号召,打造"诗意的栖居",创造"山水城市",依托自然山水的脉络,让居民"见山见水,不忘乡愁"。

　　北林大副校长王自力说,从1952年北林创立我国第一个园林专业至今,培养了大批风景园林规划设计高级人才。"北林设计"由小到大、由弱到强、从起步到繁荣、从单一到多元,在我国生态文明建设、人居环境建设理论与实践方面取得了突出的成绩,已成为风景园林行业的著名品牌和行业的标杆。在我国经济的腾飞、人居环境的改善和全球可持续发展对我国风景园林规划设计提出了新要求和新挑战的大背景下,北林大园林学院、风景园林规划设计研究院、北林地景、北林苑、北林科技等团队并肩作战,使"北林设计"成为凝聚力的代名词。"北林设计"作为我国风景园林事业的排头兵,应引领我国风景园林行业的发展方向,承担建设"美丽中国"的使命与实现"无山不绿有水皆清"美好蓝图的责任。

北林大园林学院院长李雄称,在近60年的发展中,"北林设计"秉承中国传统园林的造园精神,对传统造园理念与手法进行了很好的继承与发扬。设计团队将"师法自然"所蕴含的世界观、人生观融合到风景园林规划设计实践中去,尊重每一片山水与田园,"巧于因借""精在体宜",以传统之心,载现代之体,不断地在思考探索中国园林的独创性、艺术性与地域性。"北林设计"活跃在城市生态安全格局构建、区域绿道建设、村镇人居环境改善、城乡统筹发展、新型城镇化建设的第一线,为新时期建设"生态文明"和"美丽中国"代言。

《中国科学报》2015 年 5 月 7 日

《中国绿色时报》2015 年 5 月 19 日

专家纵论全球化背景下的本土风景园林

10 月 31 日—11 月 2 日,中国风景园林学会 2015 年会在北京召开。1600 名来自全国的风景园林专家、科技工作者及师生参与了研讨。年会以"全球化背景下的本土风景园林"为主题,设有绿色基础设施、城市风景园林、乡村风景园林、风景园林工程与管理等 4 个专题分会场,进行广泛交流和探讨。

远道而来的国际风景园林师联合会的代表罗伯茨指出,中国园林为世界园林艺术作出了重大贡献,而中国传统园林艺术中与自然和谐的精神已成为时下国际热点。中国的风景园林行业应当抓住时机,不断发展。

住房和城乡建设部城建司副司长章林伟强调,要把风景园林行业融入国家生态文明建设战略中。中国风景园林行业应从大国迈向强国。

中国工程院院士孟兆祯说,"人民呼唤绿水青山"。他从绿水青山孕育了中华民族;山水诗、山水画,为中国山水铸就了灵魂;盛世呼唤山水;力求精妙山水文章等 4 个方面进行阐述,强调在风景园林设计中,忠实古迹,尊重、顺应和保护绿水青山。

中国工程院院士崔愷提出让建筑融入风景,注重与自然风光的和谐,创造人享受自然的空间,运用生态策略对自然的保护。

中国科学院植物研究所研究员马克平介绍了中国和世界生物多样性编目的

进展,倡导"将整个地球变成活的标本馆"。

北京市园林绿化局副局长强健强调,集雨型绿地是绿地在原有功能上的延伸,绿地的本质功能,如生态、休憩功能,不能因消纳雨洪而被忽视。

同济大学教授张松说,作为活态遗产的乡村,具有重要的生态环境价值,以及作为构成人类文化多样性重要性的乡村生活方式的社会价值。

华东师范大学教授象伟宁的报告,回答了"作为景观规划师,用什么方法证明做出了造福万代的正确决策?""在大背景下,规划师应扮演什么角色?"等问题。

北京林业大学教授王向荣的报告,展现中国各地丰富多样的风景园林景观资源逐渐变得单一的现状。他认为有些地方城市绿地设计无视土地上自然文化的遗存和演变。他强调风景园林设计师要认清我国自然文化和景观的唯一性,修复景观、保护景观、创造景观,共同构成中国国土景观的独特性和唯一性。

年会由中国风景园林学会主办,北京林业大学园林学院、北京园林学会、中国园林博物馆、中国城市规划设计研究院、中国城市建设研究院承办。

《中国绿色时报》2015 年 11 月 3 日

《中国科学报》2015 年 11 月 5 日

专家呼吁加强圆明园遗址有效保护和科学利用

10 月 18 日,纪念圆明园罹劫 156 周年暨"圆明园遗址有效保护、科学利用"专题研讨会在北京林业大学召开。来自中国社科院、故宫博物院、北大、清华等高校和科研机构及园林管理部门的专家,考古学家刘庆柱、古建彩画界泰斗王仲杰、历史学家王道成、园林史学家常润华等学术大家参加了研讨。

圆明园是中国古典园林营造的巅峰,是规模最为宏大的皇家园林,也是最为重要的历史园林遗址,它的保护是遗产保护的一个重要问题。与会专家和学者一致认为应加强多学科研究和交流,促进圆明园保护事业的发展。

围绕圆明园遗址的历史与现状、遗产保护与利用、园林设计手法与继承等,专家们畅所欲言,各抒己见。马智新结合 2014 - 2016 年圆明园的变化,阐述了圆明园遗址的保护现状;孟兆祯院士委托助手代为做了题为《着手保护利用,着眼恢复园林》的发言;阙维民教授就《北京大学的圆明园遗址科研与教学》做专题发言,北大的学生做了《圆明园西湖十景的历史与现状》的报告;故宫博物院研究员、84 岁高龄的著名古建彩画专家王仲杰先生就《圆明园古建彩画艺术》的研究方法进行阐述;专家的报告还有,《中国皇家艺术园林设计手法与继承——庄重与飘逸、典雅与灵动》《再议颐和园耕织图文化景观的修补》《从圆明园遗址保护看对历史文化的尊重》《圆明园九州清宴与洛阳九州池的异同》《圆明园收藏及流失海外文物数量别论》等。论坛引发了与会专家代表的深入思考,再次呈现了圆明园学的浩瀚博大。

中国圆明园学会成立于20世纪80年代初,是经民政部批准成立的国家一级社会组织,30多年来,在保护、研究和发展圆明园文化方面发挥了重要作用。中国圆明园学会传统文化发展研究会、历史文化与旅游景区开发研究会在研讨会上宣告成立。

据悉,北京林业大学具有从事圆明园相关研究的传统。早在80年代,白日新先生对圆明园的研究就影响甚广,孟兆祯、唐学山、罗菊春等专家一直关注和参与圆明园研究。

《中国科学报》2016年10月25日

《中国绿色时报》2016年11月22日

华北高校研讨风景园林专业规范

近日,京津冀鲁内等17所华北高校的风景园林本科专业负责人、骨干教师等50多人,汇集在北京林业大学园林学院,研讨高校风景园林专业本科指导性专业规范。

专业指导委员会主任委员杨锐介绍了专业规范的编制背景及使用情况,副主任委员李雄进行全面解读,委员李迪华、曹磊、苏丹分别就"生态文明建设带给风景园林行业与教育的改变与机会""夯实基础,突出特色——建筑类院校风景园林专业人才培养模式探索""美术学院景观设计专业教学"等主题作报告。河北农业大学、山东建筑大学和内蒙古农业大学有关负责人分别介绍了本地区风景园林本科教育情况。专家们还对专业规范中的关键问题、难点问题等进行研讨,并就风景园林教育界所共同关注的问题进行了分析。

活动由高校风景园林学科专业指导委员会主办。

《中国绿色时报》2016年1月26日

专家学者研讨园林植物景观与生态

园林植物景观如何在生态文明建设中发挥更大的作用？6 月 6 日 – 7 日，风景园林植物与人居环境建设论坛对此展开了讨论。来自 100 多家园林植物资源开发、苗木生产、绿化工程及养护、植物景观规划设计的企业、科研院所、高校的 300 多位代表，聚集在北京林业大学，以"园林植物景观与生态"为主题进行了研讨。

北林大副校长、著名花卉专家张启翔教授说，风景园林设计肩负建设美丽中国的重任。园林植物的研究、保护及其景观设计，应该积极担当重要的角色。将园林植物融入国家生态文明建设的热潮中，是风景园林业面临的新机遇和新挑战。

论坛邀请知名专家学者和企业家围绕主题进行了深度阐释，此外，还开设了"植物景观规划设计及生态修复""园林植物资源及绿化工程"等分论坛，通过主题演讲与圆桌讨论相结合的方式，引发演讲者与听众的互动交流。

《中国绿色时报》2015 年 6 月 16 日

《教育周刊》2015 年 7 月 14 日

园林学院青年教师研讨学术

尽管临近期末最为繁忙，但北京林业大学园林学院的青年教师们依然没有放松学术练兵。在近日举办的青年学术年会上，全院 66 名青年教师分成 5 组，围绕风景园林、城乡规划、建筑学、园林植物与观赏园艺、旅游管理学科等方面开展深入研讨，展示了最新的学术成果。

北京林业大学副校长张启翔指出，在全国科研体制改革新形势下，青年教师要充分发挥高校创新性强的优势集中攻关，解决影响园林行业发展的关键问题。园林植物与观赏园艺专家戴思兰与青年教师们分享了自己多年积累的科研选题、文本撰写等经验。教授林菁、刘志成等对青年教师们的学术报告进行了点评。

在园林植物与观赏园艺学科的研讨中，青年教师们聚焦重要性状分子解析、育种、繁殖栽培等内容；风景园林学科的学术报告紧密结合当今风景园林的理论与实践发展需求，从乡土历史景观的演变、绿色基础设施、数字化设计技术、植物景观、园林史、乡村景观、生态修复等多个领域展开讨论；城乡规划学科的研讨内容则涉及城市绿地系统、城市起源、农村土地使用模式、绿色住区、人性化交通、游憩空间规划等方面。

《中国绿色时报》2015 年 12 月 29 日

智力众筹聚焦北京风景园林

名为"北京绿廊 2020——融合自然的城市更新与共享"的展览日前在北京拉开帷幕，引发了业内人士的关注。展览从风景园林专业视角，展示城市发展变迁，力求借用风景园林特色的规划设计，来传达对城市更新与发展的思考。

据了解，展览是北京林业大学专业教师与百余名研究生"智力众筹"的成果。师生们利用两个学期的时间，以"北京绿廊 2020"为主题，聚焦北京西北部城区，选取了"三山五园"这个历史环境区域和原京张铁路、北四环路沿线两个线性城市空间，尝试结合绿道建设和基础设施改造，探讨逐步构建"融合自然的城市更新与共享"模式。

组织者称，在城市巨变中，城市面貌被"格式化"般地"重写"。灰色混凝土编织起城市发展的宏大叙事骨架，碎片化的"绿色"元素被挤压在缝隙中。师生们期望，通过风景园林设计的力量，在高密度、灰色的城市中构建"第二自然"，让绿色成为未来城市生活的主旋律。

"城市中的自然——存量更新与绿色再生"主题论坛同期举办。

《中国绿色时报》2016 年 11 月 1 日
《中国花卉报》2016 年 11 月 3 日

首都高校风景园林研究生纵论城市更新

11 月 19 日，首都高校风景园林研究生学术论坛在北京林业大学召开。

论坛的主题是"与自然共生的城市更新"。研究生们聚集在一起，用青春的视角，探讨生态城市背景下城市更新的理论与实践结合战略，努力促进生态与景观融合，共同寻求全新的综合设计方法，使其成为连接城市生态、景观与规划等各相关学科之间的桥梁，打破专业间的界限，进而形成风景园林学和各相关学科间的"无界"融合。

8 所北京高校的 11 名博士、硕士研究生进行了主题演讲。与会者针对风景园林行业热点问题进行了深入探讨。

清华大学张引从城市更新的角度出发,阐述了城市更新中公正的体现及意义,强调在快速城市更新的冲击下注重初始自然的公正教育;北京大学钱宇阳围绕"基于景观过程模拟的城市更新理论与实践"题目,介绍了景观过程模型构建的理性模拟、多解模拟和感知模拟,强调在解决城市综合病中首先应对现状研究进行深层次分析,进行总体定位,完成生态系统设施、交通系统规划及土地功能布局的总体设计;中国农业大学周霞从以魏晋南北朝时期的皇家园林为例,阐述了中国古典园林的公共性理念以及古典园林空间的"公共性"。北京林业大学李方正则反思了位置服务大数据在风景园林中的应用,提出景观设计师的"服务至上"实践标准。

研究生们关注的话题还有"场所的构建与变迁""城市更新中景区生态系统保护管理新视角——生态系统恢复力研究""北京市石景山区城市绿地统计及小气候研究"等。

《中国绿色时报》2016 年 11 月 29 日

女植物生物学科学家组团来校

10 月 31 日,16 位国内外著名的女植物生物学科学家走进北京林业大学,举办了既高端专业,又别开生面的学术报告。

据北林大女教授协会会长、著名园林植物科学家戴思兰介绍,这一活动旨在鼓舞从事植物生物学相关领域研究的大学生。这些女科学家都是我国植物生理与分子生物学学会植物生物学女科学家分会的成员。这个分会是全国首个植物相关领域的女科学家团体。

中国科学院院士匡廷云、曹晓风,美国科学院院士陈雪梅,北京大学生命科学学院副院长、知名教授顾红雅等为师生们作主旨报告,内容包括植物学研究获得的人生启迪、揭秘跳跃基因的机理、达尔文与小猎犬号等。专题报告则围绕着女科学家们的最新研究成果展开。

金秋时节,正值菊花盛花期。北林大首届菊花展览同时举行,师生们"以花邀朋",与女科学家赏菊品菊,体会我国菊花文化的神奇魅力。菊展面对高校师生和专业学者,突出了专业性和精致性,展出精品菊花 300 多个品种、2600 余件盆花展品和菊花插花作品,还设置了介绍菊花知识、历史和文化、菊花与生活等内容的展板。

《中国绿色时报》2016 年 11 月 9 日

中国千种花卉计划高峰论坛召开

日前,2015 中国千种新花卉计划高峰论坛在上海辰山植物园召开。论坛由北京林业大学国家花卉工程技术研究中心发起。专家们交流了各区域特有花卉种质资源研究现状,研讨了千种新花卉开发策略和实施方案、新花卉开发标准以及千种新花卉编目提纲。

北林大副校长张启翔教授作了《中国千种新花卉计划及开发策略》报告。他从发展新花卉的重要性、新花卉的资源、千种新花卉开发策略和新花卉的实施方案 4 个方面,对千种新花卉计划进行了详细说明。他说,我国千种新花卉计划的实施,要经过新花卉种类名录的确定、筛选标准的制订、栽培技术的研究,然后再进行繁殖生产和推广。

来自全国各地的专家学者们针对海南野生花卉、西南地区特有野生花卉、长白山野生花卉、天山阿尔泰山区部分野生花卉、武汉樱花、苦苣苔科植物以及蓝莓盆栽的种质资源开发利用、创新等问题进行了交流与讨论。

专家们认为,开发丰富的花卉种质资源是培育我国花卉产业核心竞争力的关键。在保护我国特有花卉种质资源的基础上,大力开发新花卉作物,对推动我国花卉产业持续健康稳定发展,以及推动国际花卉市场品种更新换代具有重要意义。

《中国绿色时报》2015 年 2 月 17 日

花卉种质创新与分子育种确定研究重点

梅花重要观赏性状解析、启动基因组计划、千种新花卉研究计划,是花卉种质创新与分子育种北京市重点实验室今年的三大主要工作目标。1 月 23 日,120 多位专家教授、研究人员参加了该重点实验室主办的学术年会,围绕这些重点工作进行深入研讨。

实验室主任、北京林业大学副校长张启翔全面总结了 2015 年的研究进展和成果,对今年重点工作进行部署。教授戴思兰、成仿云、贾桂霞、高亦珂等作了学术报告,题目分别是《瓜叶菊舌状花呈色的机理》《向实用迈进的牡丹微繁殖技术》《百合远缘杂交育种技术体系的构建》《鸢尾育种研究进展》《梅花高密度遗传图谱构建及重要性状 QTL 定位》等。

中国林业科学院研究员卢孟柱、王雁、北京林业大学教授张德强等对花卉种质创新与分子育种研究进一步明确定位、凝练方向、聚焦问题等方面提出了建议。

《中国绿色时报》2016 年 2 月 2 日

《中国花卉报》2016 年 2 月 22 日

科技创新与牡丹产业发展高峰对话会举行

5 月 15 日,科技创新与牡丹产业发展高峰对话会、研讨会在北京延庆举行。国家林业局副局长彭有冬出席了对话会。

据悉,对话会上,政、产、学、研、用各方面代表进行了广泛交流,探讨科技创新与牡丹产业的结合,探寻促进中国牡丹产业现代化与可持续发展路径,以实际行动迎接 2019 年中国北京世界园艺博览会的召开。

北京林业大学校长宋维明说,牡丹在国内外有着广泛的影响,但从产业化角度观察,其发展过程中存在深层次的问题亟待解决,生产模式离现代化园艺生产有一定差距,整个产业缺乏领军式企业。希望通过强强联合,按照牡丹产业发展规律和创新规律,广泛开展"政产学研用"一体化协同创新实践,充分发挥北京在自然气候、科技、经济与文化等方面的优势,着力打造"北京牡丹"产业与品牌,引领我国牡丹产业可持续健康发展。

国家林业局原副局长李育材、中国工程院院士尹伟伦等作主题报告。

在研讨会上,与会企业代表共同探讨了"科技创新与牡丹产业现代化""牡丹综合开发与推广技术"等热点问题,对当前牡丹产业发展面临的机遇与挑战进行了深入剖析。

这一活动是由北京市园林绿化局、北京世界园艺博览会事务协调局、延庆区政府和北京林业大学主办的。

《中国绿色时报》2016 年 5 月 18 日

《中国花卉报》2016 年 6 月 2 日

专家研讨农林经管实验教科实验室建设

近日,全国农林经济管理实验教学与科研实验室建设研讨会在京召开。该研讨会由北京林业大学经济管理实验中心组织,全国 50 多所农林院校的 120 多位代表参加了研讨。

在会议上,代表们围绕"农林业经济管理'虚实结合'实验教学模式的研究与实践""虚拟仿真实验教学中心建设的思考与实践""农林业经济管理实验研究研讨"等议题展开研讨,集中讨论了农林业经济管理科研实验室建设的焦点问题。

代表们在实地调研中,对北林大经济管理实验中心的建设与运行、虚拟仿真实验教学平台开发、农林业虚拟仿真试验中心的"共商、共建、共享"等问题进行了探讨。

《中国科学报》2016 年 10 月 20 日
《中国绿色时报》2016 年 10 月 28 日

全国农林高校林学院院长研讨改革

日前,农林拔尖创新人才培养模式改革研讨会在北京召开。全国 21 所农林高校的林学院或开设林学类专业的学院院长参加了会议。全国农林高校林学院院长联席会议同时宣告成立,秘书处设在北京林业大学林学院。

据悉,组建联席会的目的在于加强国内农林院校林学院之间的交流、交往与合作,带动全国农林院校林学院积极参与林业教育改革与实践探索,推动我国林业高等教育政策的调整与创新,加快林业高等教育改革与发展的步伐。联席会还有助于在全国高等农林院校林学院间形成科学研究、学科建设、人才培养等工作的经验交流以及资源共享的长效机制,实现共同发展。

研讨期间,与会的院长们听取了"转型期大学教育变革"的报告,对人才培养、教师队伍建设、学科建设等学院发展的关键内容进行了深入交流。下届联席会的主办方为华南农业大学林学与风景园林学院。

《中国科学报》2015 年 1 月 1 日

首届九三学社林业发展论坛举办

11 月 17 日,首届九三学社林业发展论坛在北京林业大学举办。论坛围绕"助力京津冀协同发展、提升区域林业现代化"主题展开。

国家林业局调查规划设计院、中国林科院、北京林业大学的专家分别作"京津冀生态协同圈的战略构思""京津冀协同发展下北京湿地保护的格局与政策建议""京津冀协同发展中的林业生态建设""京津冀协同发展中的自然保护区"学术报告。

论坛由九三学社北京市委和北林大主办,旨在引入"外脑",建立智库,集专家力量,共同做好政党协商工作,为林业发展献计献策。下届论坛的承办单位是九三学社国家林业局支社。

《中国绿色时报》2016 年 11 月 25 日

中国林业教育学会活力不断增强

《中国绿色时报》记者从中国林业教育学会获悉,5 年来,学会主持、参与的国家级、省部级林业教育研究重大课题超过 20 项。这是学会活力不断增强的标志之一。

据学会常务副秘书长田阳介绍,学会设立了重大课题申报指南,支持各分会有针对性地开展研究,完成了卓越农林人才培养模式创新、林业干部教育培训管理、现代林业教育培训体系建设、基层林业关键岗位素质能力模型、涉林高职院校就业与创业双融合教学体系、高职林业类重点专业人才培养模式等课题研究。

为顺应现代林业发展和涉林学科建设新形势,学会组织涉林高校和科研院所专家开展了林业学科顶层设计研究,参与了新一轮国家林业局重点学科评审方案制定、评审组织等工作,助力涉林学科特色发展。

学会还倡议发起、成立了校企协作联盟,组织林业企业校园招聘会,为涉林专业毕业生搭建有效的就业平台。通过毕业生就业促进工作研讨会、林科大学生创业研讨会、就业创业工作论坛、林业高校代表赴企业交流等活动,推动校企合作开展创新创业教育。有关分会还举办了全国林业职业院校大学生绿色创业大赛等活动。

　　学会已连续 7 年开展林科十佳毕业生评选表彰活动,评选吸引了 300 多所设有林科的院校和 80 多家林科研究生培养单位参加,组织形式不断创新,社会公信力和美誉度不断提升。

　　在推进林业职业经理人资质认证中,学会发挥积极作用,促进了林业经营管理人才的职业化、市场化、专业化建设。在地板人造板领域率先认定了首批特级林业职业经理人,启动了园林花卉领域特级林业职业经理人资质认定,并编辑出版了《林业职业经理人资质认证培训教材》《林业职业经理人理论与实践》等书籍,面向大学生开展了准林业职业经理人的公益培训。

　　适应新形势,发挥社团优势,推动林业教育改革,是学会近 5 年工作的鲜明特色。学会举办了纪念林业教育 110 周年学术研讨会等一系列学术会议,搭建多层次的合作交流平台,开展了林科优秀教材评选、“绿水青山和金山银山”微课评选等活动;全面参与林业教育培训“十三五规划”编制,南、北方现代林业职教集团筹备建设等林业教育中心工作。

　　据悉,学会新成立教育信息化、毕业生就业创业促进两个分会。学会团体会员单位增加到 200 多个,覆盖全国设有林科专业的本科院校、科研机构和高职高专院校。

《中国绿色时报》2016 年 12 月 1 日

资深林学家尤瑟瑞受聘荣誉教授

10月26日,国际资深林学专家尤瑟瑞教授受聘为北京林业大学荣誉教授。北林大校长宋维明向他颁发了聘书。

尤瑟瑞教授是国际林业研究组织联合会林业突出贡献奖获得者,现任国际林联森林遗传和生理部负责人、联合国粮农组织特别专家、加拿大 UBC 大学教授和林学院副院长。他开创的 BWB(Breeding Without Breeding)育种策略,在林木基因组选择育种领域发挥了引领作用。

宋维明高度评价了尤瑟瑞教授在林业领域,尤其是林木种质资源利用、高效育种及基因组研究等领域作出的重要贡献,希望尤瑟瑞教授进入北林大高精尖创新中心的科研平台,共同攻关困扰世界的育种难题。

尤瑟瑞教授说,北林大是中国乃至全球重要的林业教育和科研机构,期待与北林大在育种领域展开合作,共同探索林木育种领域的科学难题。

《中国绿色时报》2016 年 11 月 2 日

亚太林业教育协调机制会议召开

10月23日,亚太林业教育协调机制会议在北京林业大学召开。会议回顾了过去 5 年机制建设和项目开发取得的成果,并对未来机制发展和项目规划提出了方向。

与会代表策划了多个创新型项目,并对吸引更多林业院校加入机制、与其他相关国际组织机构开展合作提出了许多建议。参会代表针对可持续林业管理在线课程(二期)、亚太地区林业教育调研、亚太地区林业教育年报等内容进行了深入讨论,为机制有关活动的开展提出了建设性意见。

北京林业大学校长宋维明表示,北京林业大学作为亚太地区林业教育协调机制发起院校之一和联合主席院校,期待有更多的亚太地区林业院校加入机制,希望机制框架内的各成员院校不断增进了解、深化沟通、积极合作、互利共赢。

来自加拿大、澳大利亚、新西兰、日本、马来西亚、芬兰、德国和中国等国家和地区林业教育科研机构的 30 名代表出席会议。

《中国绿色时报》2016 年 10 月 28 日

面向亚太地区开发林业英文在线课程

北京林业大学的专家们搭建的在线教学平台(http://www.fcdmm.org/),通过先进的网络课程互动技术,可以提供自主学习 6 门林业可持续经营的英文在线课程。据悉,这是首批面向亚太地区开发的在线课程,为国内外学习者创造了线上线下相结合的全新学习形式,突破了时空障碍,真正实现了随时随地联网学的"慕课"式学习。

中国、加拿大、马来西亚、澳大利亚、菲律宾 5 国的知名林业院校共同开发了这些与林业可持续经营相关的全英文在线课程。这 6 门课程是:世界变化中的可持续林业经营,政府管理、公共关系与社区发展,林业问题国际对话,退化林业生态系统的恢复及人工林开发,林产品及服务的可持续利用,森林资源经营与保护。

这个项目是北京林业大学亚太地区林业院校长会议机制协调办公室开展的第一个地区性林业教育创新项目,旨在通过网络在线公开课的形式,整合本地区有代表性的林业教育资源。该项目获得亚太森林组织总额为 55 万美元的资金支持。

北京林业大学有 10 名教师参与了项目课程的设计和录制工作。在线课程内容包括视频课程、在线作业、互动平台等,通过教师讲解、图表演示、案例分析等形式,展示林业可持续经营的知识要点和前沿进展。

日前,由北京林业大学牵头主持的这项"亚太地区可持续林业管理创新教育项目"进入结题阶段。亚太森林组织的项目官员及评估专家在北林大进行项目结题评估。评估专家对项目成果及为项目建设的配套软硬件设施给予了肯定。

《中国绿色时报》2016 年 6 月 22 日

《中国花卉报》2016 年 7 月 4 日

亚太森林组织奖学金硕士项目不断推进

5 月 27 日,北京林业大学首次采用网络视频的形式,对申请今年亚太森林组织奖学金英文授课硕士项目的候选人进行了面试。

有关专家对蒙古、尼泊尔、缅甸、斯里兰卡等国的候选人通过网络视频进行了实时面试,重点了解学生的英文沟通能力、来华学习动机和专业知识背景等综合素质。这是该校外国留学生招生工作的新尝试。

　　据了解,这个项目2010年启动。在5年的项目运转中,北林大不断完善培养计划,并进行专业调整。2013年,该奖学金项目招生方向调整为林业经济管理专业,主要针对亚太地区具有相关林业、林业经济背景的政府官员及在校大学生开放。通过两年的英文授课及专业培养,北林大对合格学生授予北林大硕士管理学学位。目前,该校已招收和培养该项目的留学生37名,其中30人已经毕业。随着教学质量的提高,该项目的国际影响逐步扩大。

《中国绿色时报》2015年6月3日

25国留学生到北林大深造

　　随着北京林业大学在国际上的影响越来越大,绿色校园里的外国留学生逐渐增多。来自北林大有关部门的消息说,该校今年的外国留学生招生录取工作刚刚完成。选拔招收的留学生来自25个国家,比以往多了斯里兰卡、莫桑比克两个国家。

　　据了解,与去年相比,北林大留学生的招生总数增长17.4%,其中接受我国正规学历教育的学生数同比增长20%。

　　记者看到的录取名单显示,攻读林业经济管理的留学生最多。8名留学的硕士生分别来自尼泊尔、蒙古、斯里兰卡、缅甸、柬埔寨5国。他们获得了亚太森林组织(APFNet)英文授课硕士项目的奖学金。还有1名来自刚果布的女留学生将攻读林业经济管理专业的博士学位。

　　据了解,北林大的特色专业林学、风景园林、园艺、森林经理学、森林培育、林木遗传育种、植物生物技术、湿地科学、野生动物保护与应用、木材科学与工程、食品科学与工程等颇受留学生们青睐。金融学、国际贸易、工商管理和心理学等专业也收到了多国留学生的申请。

　　有关负责人介绍说,北林大今年招收的留学生中,来自巴基斯坦的占1/5多。其余的留学生来自美国、英国、意大利、瑞典、日本、韩国、朝鲜、老挝、伊朗、摩洛哥、土库曼斯坦、莫桑比克、塞内加尔、约旦、卢旺达、佛得角、泰国、几内亚等。

　　留学生中攻读博士学位的有17人,硕士生26名,还有本科生和校际交换生、进修生等。有46人分获中国政府奖学金、中美人文奖学金、北京市政府奖学金等。

《中国绿色时报》2015年7月8日
《中国科学报》2015年7月9日

11 国官员在华完成森林可持续经营研修

11月4日,发展中国家森林资源可持续经营与对策研修班结业。来自南非、加纳等11个国家的21名官员高兴地领到了结业证书。

本次研修班由商务部和国家林业局主办、北京林业大学承办。在23天的时间里,北京林业大学为各国学员举办了中国国情、森林经营管理与合法可持续贸易、森林资源多目标经营和利用、中国林业发展趋势等10多场专题讲座、学术报告,并赴福建等地调研考察。

南非MTO林业公司总经理克里斯汀说,这次培训是推动发展中国家共同交流、互相借鉴的平台,让她了解到了中国森林资源可持续经营的最新成果、最新技术。60岁的巴拿马运河管理局环境处处长诺埃尔说,通过在中国3个星期的考察学习,从各个层面了解了中国的林业和生态环境建设状况。中国所取得的成就世人瞩目,先进经验值得各国研究学习。

《中国绿色时报》2015年11月12日

与日本千叶大学合作培养园林人才

日本千叶大学园艺学部专家日前到访北京林业大学,磋商建立伙伴关系计划,深度研讨开展研究生双学位项目、硕士国际直通车项目、课程联合设计等。

近年来,两校在风景园林学科建设与人才培养方面,围绕联合培养、学生交换、课题研究等进行了多层次的合作,取得了可喜进展。

千叶大学的专家们介绍了该校园艺部国际化人才培养项目的合作模式和培养机制。双方就研究生双学位项目、硕士国际直通车、课程联合设计等具体内容深入交换了意见,就签订校际合作协议、建立校际伙伴关系达成意向。

千叶大学是日本国文部省直属高校、全日本"超国际化大学"建设的重点大学之一。其园艺学部已有90余年的历史,在日本园艺界中占据着相当重要的地位。北林大园林学院自2009年以来与千叶大园艺学部缔结了联合培养合作协议,每年定期进行学术交流和研讨。

《中国绿色时报》2016年3月23日

与英国两所大学深度合作

在国际化进程中,北京林业大学对外交流合作的领域不断扩大。11月中旬,该校与英国伦敦大学伯贝克学院、埃塞克斯大学签署合作备忘录,使双方的交流合作延伸到外语类专业。

伯贝克学院已派多位专家到北林大开展外语交流、举办讲座。双方开展的合作项目一是北林大外语研究生在读期间可申请赴伯贝克学院留学一年,如满足双方毕业条件,可获两校硕士学位;二是为外语本科毕业生前往伯贝克学院攻读应用语言学、英语作为外语教学、语言教学、商务与职业领域跨文化交际等硕士学位提供便利。另外,北林大外语教师可通过交流项目到伯贝克学院访学,伯贝克学院不定期派专家到北林大讲学。

埃塞克斯大学在英国高校中语言学和翻译项目上均排前列。北林大与该校将在学生交流、教师访学、攻读博士学位、合作科研等方面开展合作。

《中国绿色时报》2015年12月9日

与欧洲森林研究所结成合作伙伴

北京林业大学与欧洲森林研究所日前在北京签订备忘录,正式确立合作伙伴关系,将携手开展教学科研和人才培养。

欧洲森林研究所是欧盟的林业政策智库,拥有25个欧洲国家会员和115个机构会员,主要通过开展林业政策研究工作,为欧洲有关政府部门在森林生物经济学、农村发展、生物多样性和气候变化等方面提供政策咨询。

与欧洲森林研究所合作,使北林大海外合作伙伴群体从知名高校进一步扩展到科研单位,从而使国际合作层次和领域提升到新的高度,标志着该校在人才培养国际化方面步履稳健,同时向着林业及相关学科的国际政策战略规划合作进行积极探索。

近年来,随着国际化进程的不断推进,北林大积极与海外众多科研院所建立联系、开展合作,为师生员工赴外访学、合作科研等创造了有利条件,提升了学校的办学实力。

《中国绿色时报》2016年6月1日

与美国湿地研究中心结成绿色合作伙伴

6月6日,北京林业大学校长宋维明与美国地质调查局湿地与水生生物研究中心负责人签订了为期3年的绿色合作伙伴意向书。

据悉,绿色合作伙伴计划是十年合作框架下中美之间开展具体务实合作的平台,通过促成两国有关地方政府、企业和研究机构之间自愿结对,共同努力探索绿色发展的创新模式。截至目前,中美有关城市、机构和企业之间已建立了42对绿色合作伙伴结对,在湿地保护、清洁能源发电、环境治理、资源综合利用等诸多领域开展了交流合作。

据了解,北林大与美国湿地与水生生物研究中心合作的具体内容为"洞庭湖水文和沉积物变化对生物多样性潜在影响监测与评估"。据介绍,中美绿色合作伙伴双方将对洞庭湖乃至长江中下游地区湿地生态系统的植被、沉积物和水文情势动态进行监测和评估,研究重点集中于洞庭湖泥沙淤积和水利枢纽建设造成的水文情势改变对湿地生态系统的影响。合作双方将制定植物多样性、土壤种子库组成、泥沙淤积的动态监测和综合分析技术规范,构建水位变化与泥沙沉积对洲滩植被多样性和种子库组成影响的评估方法体系和模型。

《中国科学报》2016年6月15日
《中国花卉报》2016年6月23日

设首个风景园林国际双硕士项目

9月20日,北京林业大学发布消息,该校风景园林学科开设的首个国际双硕士学位项目已经正式启动,首批学生有望自2017年秋季起开始学习。

据介绍,该校园林学院和日本国立千叶大学园艺学部的教师联合指导硕士生。参加双学位的硕士研究生在两校注册、学习,完成两校规定的学分及相关要求,并通过论文答辩后,同时授予两校硕士学位。

日前,两校代表就风景园林学硕士双学位培养项目实施的框架协议、培养方案、课程计划、项目实施与管理节点等进行了充分交流研讨,并在双学位课程安排、毕业答辩形式、学习生活保障体系及双方选派机制等方面达成了共识。

《中国科学报》2016年9月22日

加大发展中国家援外培训力度

北京林业大学今年将承办 4 个商务部发展中国家援外培训项目。培训的内容涉及森林可持续发展、森林资源综合开发利用、水土保持与荒漠化防治、农林产品深加工等多个专业学科领域。

北林大承担的商务部援外培训年度项目的数量,比上一年翻了一番。培训领域也从林业可持续经营、水土保持与荒漠化防治、生态环境保护等,延伸到了农林产品深加工、森林资源综合利用等新的领域。

有关负责人称,今年北林大的援外培训类型首次出现了双边技术培训班,分别针对东南亚(印度尼西亚)和南美(圭亚那)地区国家农林种植业技术人员开展培训,招生的国别也在东南亚、中亚、非洲等地基础上,新增了南美国家圭亚那。

记者了解到,北林大今年培训班的类型有官员班和技术班。其中,官员班为"发展中国家森林资源可持续经营与对策研修班";技术班为"圭亚那现代农林种植及加工业专项技术培训班""印度尼西亚现代种植业及加工技术培训班"和"发展中国家荒漠化防治技术培训班"。

自 2005 年以来,北林大已连续 10 年承办商务部发展中国家林业领域官员培训项目,已经培训 50 多个国家的 340 余名学员。学员的国别覆盖了所有东南亚、非洲国家,以及部分东欧和南美国家。培训主题涉及林业可持续经营、森林培育、林业经济管理、林业政策法规、林产品加工及贸易、生态环境保护、自然保护区管理、迁徙动物保护等。

北林大获批的援外培训项目总量、培训领域、培训类型、招生国别等多项指标都有突破,表明有关部门对其多年援外培训的肯定,也提升了该校在相关领域的国际化水平和专业地位。通过承担援外培训项目,北林大进一步拓展了国际交流渠道,加深了与国外林业机构的沟通与往来,提升了师资水平。

《中国绿色时报》2015 年 5 月 8 日

《北京晚报》2015 年 5 月 13 日

为发展中国家培训荒漠化防治人才

7 月下旬至 8 月上旬,发展中国家荒漠化防治技术培训班在北京林业大学举办。该班由商务部主办，为期 20 天。来自古巴、尼日利亚、巴基斯坦等 7 个国家的 16 名学员参加了培训。

培训班由北林大、国家林业局、中国科学院、中国林科院等部门及科研院所的专家学者进行授课，与学员面对面研讨、交流。学员还赴宁夏盐池荒漠生态系统定位研究站、宁夏中卫固沙林场以及宁夏灵武市白芨滩防沙林场进行实践考察。

来自巴基斯坦的学员代表瓦力兹说，培训班为他们提供了一个非常好的学习机会，所学到的技术经验将对各自国家相关科研领域的发展有很大帮助。

培训班为学员在水土保持重点实验室里开展了全英文系统的实验教学工作。学员们详细了解了重点实验室的基本情况、野外科研平台建设情况、实验室科研及教学服务特色等；参观了重点实验室，详细了解了水蚀机理模拟实验系统、全自动化学分析仪、TOC、ICP、激光粒度仪、定氮仪、压汞仪等高新仪器设备的使用；实际操作了流体力经典实验项目、消煮和浸提等实验前处理项目。

《中国绿色时报》2015 年 8 月 26 日

为圭亚那办专项技术培训班

9 月 7 日，圭亚那现代农林种植及加工业专项技术培训班在北京林业大学开班。远道而来的圭亚那 17 名参训学员，在中国开始了为期 3 周的现代林业知识的学习、实践和研讨。

圭亚那驻华大使馆一等秘书尼珊塔·本勉励学员们把中国林业的经验学到手。北京林业大学林学院院长韩海荣称，培训班是促进中国和圭亚那交流经验、增进友谊、推动双边合作的纽带和桥梁。

圭亚那学员里亚·碧丝娜斯和戈登·玛西亚说，中国与圭亚那之间建立了友好关系。圭亚那林业的发展急需向中国林业学习。他们表示，要珍惜宝贵的学习机会，将学到的技术经验借鉴到本国的相关领域。

这期培训班由商务部主办、北京林业大学承办。培训主要围绕"现代农林种植及加工业专项技术"展开。为期 3 周的培训，均由该校知名专家学者领衔主讲，还将安排圭亚那学员到该校的重点科研实习基地考察访问。

《中国绿色时报》2015 年 9 月 11 日

与美国公司合作项目获奖

在刚刚揭晓的 2015 年全球城市开敞空间大奖评选中,北林苑景观设计研究院与美国 SWA 集团合作的广东佛山千灯湖公园项目,从参评的 200 多个项目中脱颖而出,首次为中国捧回该奖项的全球大奖。据悉,北林苑在为该项目提供规划设计和独立景观监理服务时精益求精,高水准、高品质地完成了这一世界顶级项目。

千灯湖公园是佛山市中轴线上的一个整体连贯而有效的自然开敞的重要公共绿地系统。该项目结合城市升级、三旧改造、产业转型、环境提升、改善民生等内容,使老旧低矮的厂房蜕变成为复合型的城市中心区域,极大地促进了城市发展和产业集聚。设计师运用现代景观设计手法,以水系为核心,营造多元化的公共空间,体现了水网纵横的南国水乡特色与传统历史风韵,为城市空间环境创造良好的美学价值和示范意义。

项目营造了舒适、健康的外部休憩空间,为佛山周边市民和游客提供了休闲及旅游观光的首选场所。专家评价说,创新性设计的水上茶坊、湖畔咖啡屋等体现出水网纵横的南国水乡特色;饮茶、听戏、赛龙舟等传统休闲娱乐,较好地体现了传统的水文化,找回了失落的地域风格和历史传统,再现了地方场所精神。

《中国绿色时报》2015 年 11 月 18 日

海峡两岸水土保持科技合作不断深入

记者 2 月 1 日从中国水土保持学会获悉,今年海峡两岸的学术交流活动将更加深入,水土保持学术研讨会、海峡两岸三地环境资源与生态保育学会研讨会等陆续展开,两岸专家学者将在水土保持宏观政策、科学研究和技术创新方面开展更加密切的交流和互访活动。

据悉,《海峡两岸水土保持学术交流框架协议》已经生效,内容涵盖山地灾害、滑坡泥石流、生态修复、小流域治理、水土保持监测等领域,标志着海峡两岸水土保持学术交流平台规划更为系统、范围更加全面、组织更为规范、内容更为深入。

《中国科学报》2015 年 2 月 4 日

海峡两岸加强自然保护与生态文化研究协作

7月23日,海峡两岸自然保护与生态文化研究工作协作组在京成立。协作组通过参与单位资源共享、优势互补,建立交流平台,发展和繁荣海峡两岸自然保护事业,促进自然保护与生态文化研究的深入开展。

据悉,协作组组长由台湾师范大学和北京林业大学专家担任。首批加入的成员单位有29个,其中包括台湾大学、宜兰大学和台湾林业试验所等以及北京师范大学、厦门大学、中国科学院、梵净山保护区等。

《中国科学报》2015 年 7 月 27 日

《北京晚报》2015 年 7 月 28 日

《中国绿色时报》2015 年 7 月 30 日

海峡两岸林业基金再次颁奖

12月6日,第20次海峡两岸林业敬业奖励基金颁奖,北京林业大学教授张帝树、常建民,中国林科院研究员郑世锴,国家林业局教授级高工寇文正,东北林业大学教授赵雨森,西南林业大学教授陈玉惠等6人获奖。这项基金设立20年来,累计有100人受到奖励。

据基金评委会主任、中国工程院院士尹伟伦介绍,获奖者所在单位基本上覆盖了大陆主要林区和生态脆弱地区,所涉及的学科方向基本上覆盖了与林业密切相关的所有专业和学科领域。

84 岁的郑世锴是林木栽培专家。他主持完成的"干旱地区杨树深栽的研究及推广""山东临沂地区杨树丰产栽培中间试验""世界银行贷款的国家造林项目""杨树研究与推广"等项目,取得了可喜成果。他选育出 3 个半常绿 – 常绿杨无性系,在南方广为推广。

79 岁的张帝树长期致力于家具设计和木材加工研究,主编的首部专著《细木工板》是我国木材加工领域首批科普读物之一。他率先提出了借鉴明式家具造型、采用现代技术开创现代中国风格家具的途径,独辟蹊径开展了用切板法利用小径木的研究。

中国林业产业协会副会长寇文正长期从事森林资源调查、森林经理研究与实践,发表科技论文百余篇。他建立了我国第一个县(局)级森林资源连续清查体系,首次确立了木材产量和资源消耗量的数量关系;提出了建立我国生态屏障的概念,并进行了初步设计;逐步完善了我国调查先行、林地管理为基础、利用管理为核心、监督并行的一整套森林资源管理体系。

常建民长期致力于木材科学与技术、农林剩余物热裂解炼制及高值化利用的理论基础和应用技术研究。他主持承担了40多项科研课题,主编、参编学术专著或教材8部,发表国内外期刊学术论文200多篇,获得国家授权发明专利33件;创建了农林剩余物－富酚热解油－胶黏剂－副产物热解炭多联产体系,显著提高了剩余物资源化利用水平和产品附加值;创立了集原料预处理、热裂解定向催化调控于一体的富酚热解油生产工艺技术,研发出国际创新性热解油原油直接利用制备热解油基胶黏剂工艺技术,发明了热解油淀粉胶粘剂合成工艺技术,研发的新产品在人造板、家具板材及食品净化等领域得到应用。

赵雨森长期从事水土保持与荒漠化防治及林业生态工程学的教学和科研工作。他主持完成的"北方防护林经营理论、技术与应用""我国北方几种典型退化森林的恢复技术研究与示范"成果获国家科学技术进步奖二等奖,"黑龙江省林业生态工程构建"获黑龙江省科技进步奖一等奖。

陈玉惠是此次获奖者中唯一的女性。她教授本科、研究生生物化学、高级生物化学等课程,主要从事植物生理生化、资源微生物学及植物病理学相关研究工作。她曾被评为云南省优秀老师、高校教学名师,云南省首届高校教师中国梦教书育人星光奖优秀教师,主持完成了云南省自然基金项目"洱源枝顶孢侵染华山松疱锈菌机理"。

此基金奖励的主要对象是热爱林业、工作勤奋、作出重要贡献的林业教育工作者和科技人员。基金的前身为刘业经教授奖励基金,是台湾祁豫生先生为纪念恩师中兴大学教授刘业经先生而创立的。自1996年设立后,在10年中奖励了54名林业教学和科技人员。为扩大基金影响,后更名为海峡两岸林业敬业奖励基金。大陆企业家邵一飞也向基金会捐资。

《中国绿色时报》2016年12月15日

《工人日报》2016年12月17日

《光明日报》2016年12月18日

《中国花卉报》2016年12月23日

台湾师生来京研修自然保护与生态文化

近日,台湾10所大学的60多位师生结束了在京开展的自然保护与生态文化特色专业研修。为期1周的研习生活,成为他们今年暑假生活中最深刻的记忆。

这些师生来自台湾师范大学、台湾大学、宜兰大学、台湾暨南国际大学、嘉义大学、中国文化大学、中兴大学、东华大学、静宜大学、屏东科技大学等。在海峡两岸自然保护与生态文化研习活动期间,他们和北京师范大学、厦门大学、中央民族大学、兰州交通大学、宁夏大学、中国科学院大学等校的师生们一起,听取了两岸专家学者所做的4个特邀报告和28个专题报告。内容涉及自然保护区建设与管理、野生动植物保护生物学、物种间关系与种群制约因子、生态文化与生态修复等很多自然保护和生态社会学中的热点话题。他们还实地考察了北京的自然保护区、湿地、国家森林公园等。期间,两岸大学的19个高水平学术壁报进行了展示评比。

研习结束之际,师生们发出倡议:充分认识自然保护、生态文化研究的重要性与前沿性,合力搭建互惠共赢的学术平台。通过联合攻关、学术交流、互访等方式加强合作,推进海峡两岸生态自然保护与生态文化事业的发展。

《中国科学报》2015年7月30日
《中国绿色时报》2015年8月14日

我国首个生态与健康研究院成立

生态环境与人体健康具有巨大的关联性。6月3日,生态与健康研究院在北京人民大会堂举行揭牌仪式。这是我国第一个以开展生态与健康领域的重大理论、总体战略、政策措施研究与创新为己任的研究机构。

研究院由中国农工民主党中央与北京林业大学、北京协和医学院、中国疾病预防控制中心共同建立。全国人大常委会副委员长、农工党中央主席陈竺担任荣誉院长。

自然生态系统遭受破坏后,环境恶化现象突出,水、土壤、大气等污染形势日趋严峻,对人体健康的危害越来越严重,造成了各种规模性急、慢性毒害事件,增加人群癌症发生率,对子孙后代的发育与健康带来严重影响。四方认为,联合开展生态与健康领域的研究尤为重要而紧迫。

据悉,研究院依托特色鲜明、结构完整、优势突出的北京林业大学生态领域学科、北京协和医学院医学领域学科,利用两校在高教、科研、公共政策等领域的成果积淀和研究特色,结合中国疾病预防控制中心在公共卫生网络、疾病预防控制和公共卫生服务等方面的政策优势,整合农工民主党在医药卫生、人口资源、生态环境界高中级知识分子中的智力资源,发挥民主党派参政议政、建言建议以及高层直通车等政治优势。

执行院长、北京林业大学校长宋维明称,研究院是国家生态和健康领域的重要咨询机构,是中国民主党派与高校协同创新的重要平台,是具有中国特色的多学科、跨领域高水平学术研究中心,是生态和健康领域国际交流合作基地,是服务国家战略科学决策的一流专业智库。

据了解,研究院采取开放式、项目制、跨学科的组织架构,开展生态与健康领域的重大理论、总体战略、政策措施研究创新,探讨经济社会发展总体格局中生态文明建设发展体系、布局、结构、路径和基本制度等若干重大问题,在重点领域开展全局性、前瞻性和实效性的战略研究,重点解决国家急需的理论指导和社会关注的实际问题。研究院招收、培养和输出生态与健康领域研究专门人才,培养生态和健康领域的优秀团队和领军人物;围绕生态和健康领域热点和难点,与有关国家、国际组织开展研究合作、人员互访、共办学术研讨会等。

《北京晚报》2015 年 6 月 3 日
《中国绿色时报》2015 年 6 月 4 日
《光明日报》2015 年 6 月 10 日

中国生态修复产业技术创新战略联盟成立

12 月 12 日,第九届中国产学研合作创新大会召开。北京林业大学联合 30 余家与生态环境建设相关的大学、科研机构和企业共同发起成立了中国生态修复产业技术创新战略联盟。合作单位有中科院生态环境研究中心、中国水利水电科学研究院、中国环境科学研究院、中国林科院森林生态与环境保护研究所、山西环境科学研究院等。

联盟成立大会上,中国产学研合作促进会执行副会长、秘书长王建华,国家林业局党组成员、副局长彭有冬,中国工程院院士尹伟伦,北京林业大学校长宋维明,联盟理事长王自力,以及云南省林业厅、西南林业大学有关负责人,及联盟专家委员会代表共同为联盟揭牌。

据悉,中国生态修复产业技术创新战略联盟将着力服务国家生态文明建设与创新驱动战略,以生态修复产业的技术创新需求为导向,研发出一批具有自主知识产权的行业共性技术和专利技术,形成在我国生态修复技术领域的核心竞争力。

校长宋维明代表联盟理事长单位发言时指出,中国生态修复产业创新技术战略联盟的成立,是切实贯彻党的十八届五中全会确立的"创新、协调、绿色、开放、共享"发展理念,把思想和行动统一到中央的决策部署上来,深入实施创新驱动发展战略的举措;是大学、科研院所和企业联合,面向生态文明建设吹响号角的一次盛举。他说,联盟作为产学研合作创新的共同体,使命是协同创新,建设良好的生态环境,各成员单位共同付出、共同收获,最终实现共赢,大学要用技术、知识和人才服务企业,企业要用资源和产业平台支持大学提高科研和办学水平。

联盟理事长、北京林大资产经营有限公司董事长王自力介绍说,联盟是以国家战略产业和区域支柱产业的技术创新需求为导向,以企业为主体,"政产学研用"相结合的"技术创新共同体"。联盟将以多样化、多层次的自主研发与开放合作创新相结合,以形成产业核心竞争力为目标,围绕优化生态修复产业技术创新链,运用市场机制集聚创新资源,创新生态环保行业产学研结合机制,实现企业、研究型大学和科研机构在战略层面的有效结合,共同致力于突破生态修复技术创新和产业发展的技术瓶颈,提升我国生态修复产业的整体水平。

在联盟成立前召开了筹备会议,联盟成员单位代表及专家代表讨论通过了联盟章程,推举产生联盟第一届理事会及秘书处成员,通过了专家委员会成员名单,讨论了联盟发展级示范基地建设有关情况。

另悉,联盟成立大会后,举行了"生态建设与环境保护"高端论坛。在"生态建设与绿色发展"单元中,联盟名誉理事长、中国工程院院士、北京林业大学教授尹伟伦作了题为《产学研合作引领生态修复产业创新发展》的主题报告。

联盟首批专家委员会成员,中国科学研究院生态环境研究中心研究员欧阳志云、中国环境科学研究院副院长舒俭民、西南林业大学副校长郎南军、中国水利水电科学研究院水环境所所长彭文启、北京林业大学教授孙保平分别作了题为"我国生态系统格局、服务与治理""白洋淀草型湖泊富营养化和沼泽化生态修复技术""云南生态文明建设的典范:红河哈尼梯田坡沿湿地生态稳定性和合理构建智慧""河流生态修复理论及技术""小流域生态修复问题探讨"的主题发言。

在"生态修复技术创新案例"论坛单元中,联盟成员单位代表,云南云投生态环境科技股份有限公司总经理陈兴红、云南省林业投资有限公司董事长陆伟、华能碳资产经营有限公司总经理宁金彪、深圳市铁汉生态环境股份有限公司总经理赵亮、北京北林国家大学科技园总经理徐军分别作了主题为"加强协作,创新模式,共建合作共赢的生态治理专业平台""林业储备开发与生态环境保护""林业碳汇创新融资模式""生态、景观、环境、服务为一体的技术融合创新""北京林业大学科技园助推生态环保产业发展"的主题发言。

《昆明日报》2015 年 12 月 13 日

《春城晚报》2015 年 12 月 13 日

新浪网 2015 年 12 月 15 日

中国网 2015 年 12 月 15 日

《光明日报》2015 年 12 月 21 日

《中国花卉报》2015 年 12 月 31 日

《中国绿色时报》2015 年 12 月 22 日

国家花卉产业技术创新战略联盟成立

4 月 28 日,北京国家花卉产业技术创新战略联盟宣告成立。联盟将加强 40 多家成员单位的合作,形成联合开发、优势互补、利益共享、风险共担的良性状态,提升竞争力。

联盟理事长、北京林业大学教授、著名花卉专家张启翔,从机遇和挑战两个方面对我国花卉产业发展的形势进行了总结,对花卉产业在新常态下的发展趋势进行了分析。他提出了"主动应对、主动调整、突出特色、突出功能、多元调整"的方针与策略,对联盟在新形势下开展全产业的协同创新提出了具体的目标与任务。他表示,联盟将主动适应新形势协作创新、同创共赢,提升品牌价值和国际化水平。

《中国绿色时报》2015 年 5 月 12 日

花卉产业技术创新战略联盟添丁

在刚刚召开的全国花卉产业技术创新战略联盟理事会上,又有 5 家单位加入花卉产业技术创新战略联盟的申请得到了批准。经过投票表决,批准了河北三白农业科技公司、青岛农业大学、济南市国有苗圃、北京花乡花木集团、广州林业和园林科学研究院加入创新战略联盟,从而使联盟的理事单位达到了60家。

联盟理事长、北京林业大学副校长张启翔教授说,标准化建设、专利建设和总部基地建设,是联盟2016年的三大主要工作。联盟将通过规范行业标准、共享专利、建设总部基地等方式,全面促进理事单位的交流合作,推动我国花卉产业健康发展。

据悉,联盟将不断探索完善市场经济条件下联合开发、优势互补、利益共享、风险共担的政产学研用长效合作机制,加强花卉产业共性技术研发和成果转化扩散,完善产业链和创新链,不断提升花卉产业技术创新能力和行业影响力。

在这次理事会上,9家单位进行了联盟自设的科研项目申请答辩,8家单位对自设科研项目进行了年度汇报。联盟理事单位代表们还深入生产基地,调研了广州市林业与园林研究院的苗圃。

《中国绿色时报》2016年4月19日

全国生态保护与建设专委会成立

近日,国家发改委发布通知,宣布成立全国生态保护与建设专家咨询委员会。中国工程院院士、北京林业大学原校长尹伟伦任第一届咨询委员会主任。

全国生态保护与建设专家咨询委员会是在全国生态环境建设部际联席会议的建议下成立的,旨在进一步提高生态保护与建设的科技支撑,发挥专家在生态保护与建设规划编制、政策研究、制度建设中的咨询作用,努力提高决策的科学化水平。委员会在科技部、财政部、国家林业局等10多个生态保护相关部门推荐的基础上形成。

全国生态保护与建设专家咨询委员会设主任1名、副主任4名、委员若干名,办事机构设在国家发改委农经司(全国生态环境建设部际联席会议办公室),负责日常工作。委员会实行任期制,每届任期5年,第一届到2020年。

国家林业局经研中心主任王焕良、中国林科院院长张守攻、北京林业大学校长宋维明、北京林业大学教授余新晓等33名专家当选第一届咨询委员会委员。

《中国绿色时报》2015年1月27日
《中国科学报》2015年1月27日

北京凝聚专家资源攻关生态修复

近日,北京生态修复学会宣布成立。学会聚集了大批从事生态修复工作的科技工作者,中国工程院院士沈国舫出任学会顾问。

新当选理事长、北京林业大学教授刘俊国表示,学会将紧密围绕生态修复主线开展工作,直接服务于北京生态修复事业的发展和首都生态环境问题的科学决策。

《中国科学报》2015年1月8日

科学推动林产品贸易绿买卖

2014年12月13日,中国林业经济学会林产品贸易专业委员会在北京宣告成立。国家林业局副局长、中国林业经济学会常务副理事长刘东生和北京林业大学校长宋维明为这个新的专业委员会揭牌。

新当选的主任委员宋维明教授说,大力发展林业产业和林产品贸易,满足社会对林产品日益增长的消费需求,是生态文明建设的重要内容。

先进国家的实践也已经证明,林产品的多寡是判断一个国家综合实力的重要标志之一。据了解,我国虽然是森林资源稀缺型的国家,但凭借着劳动力的低成本优势,已经成为世界林产品重要的生产大国以及贸易大国。在人造板、家具、木制品、竹制品、松香等产品上,我国的产量及贸易量均居世界首位。

"贸易大国,并非贸易强国"。宋维明教授严肃指出,资源基础差、产品附加值低、贸易方式落后、贸易政策方向不够清晰等,都反映了我国林产品国际贸易水平距离先进国家还很大。随着全球生态环保意识的不断提升,林产品国际贸易的发展又被赋予了越来越多的生态元素。我国林产品国际贸易的发展面临着更大的挑战。在当前我国林产品国际贸易尚未脱离基于比较优势的发展模式的情况下,这些新的挑战无疑给我国林产品国际贸易的未来发展增添了更多的不确定性因素。

加紧破解绿买卖的关键问题

林产品贸易面临的诸多挑战,呼唤更多的管理者、学者、经营者投身焦点、难点、热点、冰点问题的研究和探讨之中,亟待有一个专门的学术性组织来凝聚各方力量,寻求林产品贸易发展的新的、有效的道路。

中国林业经济学会林产品贸易专业委员会应运而生。

宋维明教授说,新成立的林产品贸易专业委员会,是联合全国从事林产品贸易科研和具体实践的机构和组织组成的全国性、学术性、开放性的行业协会,是促进我国林产品贸易研究创新、务实拓展的重要社会力量。委员会的主体是从事林产品贸易科学研究、服务支持与具体实践的高校、研究机构、协会与企业。

宋维明表示,将广泛团结全国从事林产品贸易研究、实务及相关管理工作的同仁,把研究与实践有机地联系在一起,推进林产品贸易学科建设,培养更高质量的林产品贸易专门人才,开展更高水平的科学研究。一方面,努力破解经济增长及转型发展中的木材资源约束难题等,为国家林业产业和林产品贸易决策提供科学依据,为林业生产和林产品贸易企业提供咨询和指导。另一方面,积极搭建成员之间互相学习和交流的平台,在高校、科研单位与政府、企业之间架起沟通的桥梁。

作为中国林业经济学会的分支机构,新的专业委员会主要承担两项重任。一是培养后备人才,促进学科发展;二是搭建沟通平台,推动成果传播。宋维明说,专业委员会将充分发挥联系广大林业经济工作者的桥梁和纽带作用,宣传贯彻国家林业政策,积极反映林业经济工作者的意见与建议,为从事林产品贸易的科研人员、企业代表们提供交流的空间。开展更有针对性的课题研究,为政府决策和企业经营提供有益的理论支持。编辑出版林产品贸易相关书籍,举办绿色消费等科普活动,更好地推动绿色文化传播。

林产品贸易研究的重要高地

据悉,新成立的专业委员会挂靠在北京林业大学,依托该校经济管理学院和林产品贸易研究中心开展工作。它们是我国林业产业经济和林产品贸易人才培养和科学研究以及政策咨询的主要阵地,有着雄厚的学术积累和科研力量。这为专业委员会更好地开展工作、履行职责,奠定了坚实的基础。

记者了解到,北林大林产品贸易研究中心自2003年成立以来,发挥专业优势,着力打造林产品贸易人才培养的创新平台,为中国林业经济学科建设与林业产业发展提供了有力的科研支撑和人才保障。

秘书长程宝栋介绍说,该中心是我国林产品贸易教学、科研的有生力量,先后承担了国家自然科学基金、国家社科基金、教育部人文社科项目等重大研究课题20多项,完成了林产品国际竞争力评价技术与应用研究、中国木材产品产业内贸易研究、低碳经济下中国木质林产品贸易政策转型研究、中国林产品对外贸易政策研究、中国林产品国际贸易壁垒研究等,成为我国林产品贸易领域最重要理论高地和思想智库。

该中心的研究人员撰写出版了一系列林产品贸易著作,发表了大量学术论文。其中有《中国木材产业竞争力研究》、《中国木材产业与贸易研究》、《中国林产品对外贸易政策研究》、《中国木质林产品贸易与环境研究》等。

该中心与国内外的学术组织开展了广泛的科研合作,主办了中韩日林产品贸易国际研讨会、首届全国农林院校林产品贸易学术研讨会等,促进了国内外同行的交流与合作。

宋维明教授说,新成立的专业委员会任重道远。我们会更加努力!

《绿色中国》2015年2月

与16个地级市携手协同创新

10月17日,北京林业大学与临沂市政府签署了战略合作协议,共同推动我国木业产业的转型升级。这是该校第16个地级市合作伙伴。

北林大校长宋维明指出,近年来北林大积极融入国家战略和区域发展大势,积极探索"政产学研用"一体化办学模式,利用学校、学院、学科和学者"四学一体"的综合优势,推进高校与行业企业、地方政府、国际社会和科研院所的深度融合,有力支撑和服务了国家战略需要与行业、区域的经济发展。该校共与11个省区市的16个地级市人民政府,17个国有大中型企业或上市公司,7家林业厅(局)建立了战略伙伴关系。

《光明日报》2015年10月21日

与四川省林业厅签署战略合作协议

6月12日,四川省林业厅与北京林业大学签署战略合作框架协议,建立厅校合作关系,搭建"政产学研用一体化"合作平台。

双方合作重点是种质资源保护、林木新品种选育、速生材改性、木材精深加工、花卉培育与产业化、生态旅游规划编制、保护区生境保护、困难立地造林、森林可持续经营、重大林业有害生物防控技术、生态资源调查监测、森林城市以及林业信息化建设等领域的科学研究、成果转化与人才培养,在推动地方林业发展的同时,推动林业教育改革和创新。

四川省林业厅厅长尧斯丹表示,厅校合作是四川林业主动适应经济发展新常态,贯彻落实党中央、国务院《关于深化体制机制改革加快实施创新驱动发展战略的若干意见》和《关于加快推进生态文明建设的意见》的重要举措,将进一步推动四川林业转型升级和创新发展,依靠科技引领四川林业生态文明建设,推动四川林业实现"两个跨越"。

北京林业大学校长宋维明说,北林大将坚持"政产学研用一体化"办学模式,服务区域经济社会改革发展,推动人才、资源、产业、区位、科技等关键要素的相互转化。北林大将在应用研究、成果转化、创新平台建设和人才培养等领域实现厅校无缝衔接和全面融合,为四川林业实现"两个跨越"提供科技支撑和智力支持,全面服务生态林业、民生林业和生态文明建设事业。

《中国绿色时报》2015 年 6 月 16 日
《中国科学报》2015 年 6 月 25 日

与广西林业系统强化合作

9 月 9 日,广西壮族自治区百色市林业系统现代林业综合管理研修班在北京林业大学结业。这是北林大与广西林业系统强化合作的又一项具体内容。

百色市林业系统 29 名管理、技术骨干参加了此次研修班,完成了为期两周的学习。一位学员称,通过集中培训,了解了森林资源经营、现代林业信息技术、森林有害生物控制、林下经济资源利用和生态旅游资源开发的新政策、新技术、新方法,提升了理论水平,增强了实践操作能力和科学管理能力。

近年来,北林大与广西林业厅进行了多层次、多领域的深入合作。双方签订了产学研合作协议,在人才培养与交流、教学合作、科研合作与科技成果转化、决策咨询、科技创新平台建设、花卉产业开发六大领域开展合作。北林大还与七坡林场、高峰林场联手,加强在林业科技研发、科技成果转化应用、科技人才培养等领域的合作。

《中国科学报》2016 年 9 月 19 日

与拉萨市开展人才智力合作

11 月 28 日,北京林业大学党委与拉萨市委签署了人才智力合作协议。双方将围绕拉萨市"环境立市"战略实施,在人才培养培训、科技支撑服务、学生实习实践等领域,开展全方位、多层次、宽领域合作,促进双方合作共赢、共同发展。

据悉,北林大赴藏工作的毕业生已达258人,其中有近百人在拉萨市工作。党的十八大以后,拉萨市委、市政府将"环境立市"确定为六大发展战略之一,提出"河变湖、树上山"工程举措。拉萨市委副书记、市长果果主持了签约仪式。北林大党委书记王洪元强调,将以此为契机,聚焦需求,精准发力,科技攻关,输送人才,组织培训,推动人才智力合作协议务实开展,为加快拉萨市全面建成小康社会步伐做出贡献。

《中国教育报》2016年12月5日

《中国绿色时报》2016年12月7日

与新乡共建成果推广平台

12月14日,北京林业大学与河南省新乡市政府签署协议,确立校地战略合作伙伴关系。双方合作的重点是共建油用牡丹工程研究中心、乡土树种(杜仲)研究繁育中心、林木新技术试验示范推广中心等一批成果研发推广平台。新乡市获嘉县作为首批单位承接具体项目。

北林大校长宋维明表示,北林大和新乡市在绿色资源禀赋、绿色行动实践、绿色价值理念等方面有共同追求。通过打造升级版的校地协同模式,可以推动产教深度融合发展、生态林业协调发展、区域经济长远发展。

新乡市市长王登喜希望通过合作,加快绿色科研成果的转化落地,推动区域经济发展方式从资源要素依赖向创新要素驱动转变。

《中国绿色时报》2016年12月23日

与通州共建绿色北京城市副中心

为加快规划建设北京城市副中心的步伐,打造功能完备、承载未来发展的现代化国际新城和首都北京推动京津冀协同发展的桥头堡,北京林业大学与北京市通州区政府建立了全面战略合作关系。10月14日,双方达成了合作框架协议。

北林大积极参与通州"国家生态园林城市"创建、环城生态景观带和环区界生态过渡带建设、重点道路绿化景观提升、重点河道水污染治理等城乡环境与生态建设重大项目,通过前瞻性研究、可行性论证、规划编制等方式,为城市副中心生态屏障与发展纵深建设、园林标准化建设等提供战略咨询与决策服务。

据悉,双方将共建协同创新平台、机构,针对通州生态环境建设需求,开展科研合作和协同创新,联合申报、承担科技计划项目,为通州农林产业结构调整、转型升级、城乡统筹协调发展、北京城市副中心绿地系统规划研究等领域的重大课题开展科技服务和咨询论证,推动通州绿色、宜居、人文、智慧发展。

双方还将建立增彩延绿科技园区、示范片区和联合研究中心,建设重大科技成果转化基地,引种驯化、选育及栽培新优乡土植物和优良增彩延绿植物品种,建设科技园林,为城市副中心实现"三季有彩、四季常绿"的宜居景观提供保障。

按照协议,双方将采取学历教育与非学历教育相结合等方式,加大城市副中心亟需的生态建设人才联合培养力度。组织林业产业管理人员、业务技术骨干,到北林大短期培训和技术学习。在通州建立北林大教学科研、社会实践基地,制定优惠政策,支持和引导优秀毕业生在通州就业创业。

《中国科学报》2016 年 10 月 19 日

《中国教育报》2016 年 10 月 31 日

《中国绿色时报》2016 年 11 月 1 日

《中国花卉报》2016 年 11 月 14 日

与呼伦贝尔深化绿色合作

日前,北京林业大学园林学院与海拉尔区签订了产学研战略合作协议。双方将共促政产学研用协同发展,开展全方位、多层次的合作,提升海拉尔区园林绿化水平和促进双方发展。

北林大园林学院院长李雄表示,该院与海拉尔已经有过多个风景园林规划设计项目上的合作,对该区城市建设状况有所了解。双方将在人才培训、规划设计项目合作、科研交流等方面全面合作。

与此同时,北林大与呼伦贝尔市林科所也就科技合作达成意向,启动"沙地樟子松优质资源保护与利用课题"。双方还将在野生蓝莓驯化栽培技术研究、野生榛子深加工以及沙地植物精饲料加工利用研究等方面开展多方位技术合作。

《中国科学报》2015 年 1 月 8 日

《中国绿色时报》2015 年 1 月 20 日

与聊城签订合作协议

7月1日,北京林业大学与山东省聊城市政府签订合作协议。北京林业大学将发挥科研、人才、学科等方面优势,为聊城市林业建设提供科技支撑和智力支持,助力聊城创建国家森林城市。

北京林业大学校长宋维明介绍说,北林大将参与聊城市创建国家森林城市、古运河开发与利用、冠县梨园开发、湿地公园建设等生态建设和林业产业发展规划重大项目的研究及规划编制;为聊城市国有林场改革、森林旅游等林业和生态建设重大课题开展科技咨询论证;为当地国有林场及森林公园改造提升提供咨询,着力解决树种单一等问题,进一步提升国有林场和森林公园品质。

据悉,双方将共建协同创新平台,针对聊城市林业产业发展需求和资源优势,在林业资源保护与开发利用、生态环境保护与治理建设、林产品研究与技术开发等领域开展深度合作;规划建设全国苗木种质资源研究繁育中心,打造集林业种子、苗木、科研、推广一体的平台。

双方还将合作推动生物资源利用、林果产品加工与贮藏、食品科学、木材科学与工程等学科领域科技成果的转化、产业应用和综合集成,提高当地苗木、油用牡丹、材果兼用核桃、板材加工、无絮毛白杨等优势产业的核心竞争力;合作建设重大科技成果转化基地;联合培养农业推广硕士专业学位研究生,定向培养涉林专业师资力量,加大生态建设人才联合培养力度;组织林业产业管理人员、重点涉林企业主要负责人和业务技术骨干参加短期培训和技术学习等。

《中国绿色时报》2016 年 7 月 11 日

与临沂开展木业战略合作

10月17日,北京林业大学与山东省临沂市政府签署战略合作协议,推动北林大"政产学研用"一体化办学模式和加快临沂木业产业转型升级。

双方将共建"政产学研用"协同创新平台,在人造板、家具设计制造、木工机械、木业胶黏剂等领域开展合作研究;共建木业产业战略合作基地,加快北林大现有木业科技的成果转化;组织专家为临沂木业产业发展的重大课题开展科学论证,推进生态建设、产业发展、市场分析、企业管理等方面的研究,为当地政府、企事业单位提供战略咨询与科学决策服务。

双方还签署了 3 个具体项目的合作协议和成果转化协议,将在胶合板、木材胶黏剂企业大力推广生物质无醛胶生产技术;北林大材料学院与山东凯源木业公司共建木基新材料研发与推广基地,开展重组装饰材、超硬木基材料、无醛胶黏剂等研究;北林大经管学院与临沂千亿木业产业公司共建重大科技成果转化基地,建立相关科技园区、示范片区和联合研究中心。

近年来,北林大积极探索"政产学研用"一体化办学模式,利用学校、学院、学科和学者"四学一体"的综合优势,推进与行业企业、地方政府、国际社会和科研院所的协同创新。北林大已与 11 个省(区、市)的 16 个地级市政府、17 个国有大中型企业或上市公司、7 家林业厅(局)建立了战略伙伴关系,并发起成立了中国花卉产业技术创新战略联盟、国家木材储备战略联盟等。

《中国绿色时报》2015 年 10 月 29 日

与保定合作共促京津冀一体化

12 月 14 日,北京林业大学白洋淀生态研究院、木结构建筑研究与检测中心在河北保定成立,这是北林大与保定市政府签订战略合作协议后的两项具体举措。双方将建设"一线、双核、三驱、多方位"的战略协作格局,为京津冀一体化中的生态建设提供科技支撑和人才保证。

已经落地的合作内容还包括:与雄县政府等合作建设京南生态农业示范区,完成雄县县域生态农业规划;与涞水县政府等合作共建古典家具研究院暨北林大古典家具产学研基地;与徐水区合作建设生态示范区等。

校地合作将放在国家重大区域发展战略布局下研究谋划,放在加快创新驱动发展、建设世界一流大学的战略全局中部署推进。

"一线、双核、三驱、多方位"的战略协作格局,即围绕保定在京津冀协同发展中实现绿色崛起这一主线,依托白洋淀生态研究院和木结构建筑研究与检测中心两个核心平台,以生态湿地保护建设、京保石生态过渡带建设、木结构建筑研发应用等三大重点任务为驱动,在科技研发、产业发展、培养培训、成果转化、管理咨询及人才引进等多领域、全方位开展协同合作、深度融合。其中,木结构建筑研究与检测中心将集中展示一批北林大自主知识产权的具有重大推广应用前景的优秀科技成果;白洋淀生态研究院将重点围绕华北名优盆栽花卉、果树盆景、造林绿化树种的新品种、新技术、新应用,开展基础研究、关键共性技术攻关及系列化研究开发,在全面推进京津保地区大尺度绿色板块和森林湿地群建设的同时,开展森林湿地群的生态环境效益监测与分析评价。

《北京日报》2015 年 12 月 21 日

《中国绿色时报》2015 年 12 月 23 日

《中国科学报》2016 年 1 月 7 日

与张家口共建生态创新中心

1 月 26 日,北京林业大学国家大学科技园生态科技协同创新中心在张家口市林业局挂牌成立。该中心将充分发挥各自特长,实现政产学研用融合对接,满足核心技术研究和产业化需要,为张家口市生态建设提供有力的科技支撑。

据了解,该中心将在张家口设立中国生态修复产业技术创新战略联盟分支机构,对张家口市的重大生态环境建设工程、碳汇林建设、林业生态工程示范等重点项目提供支持。将重点在张家口建设生态圃园示范基地、生物能源示范基地、林业人才双向培养基地。

该中心还将开展困难地造林技术的研究、林业信息化平台的建设、林业有害生物检索系统的开发、湿地保护和修复生态定位站建设等工作,以张家口地区作为林业产业示范区,辐射京津冀及整个华北地区。

《北京日报》2016 年 2 月 16 日

与冠县携手力推毛白杨雄株新品种

3 月 11 日,北京林业大学与山东省冠县就校地合作达成协议,双方通过'北林雄株 1 号''北林雄株 2 号'等白杨雄株等林木新品种栽培和良种繁育试验示范园建设,做专、做精、做大冠县毛白杨绿化雄株苗木产业,在国家治理杨柳飞絮中进一步提升冠县毛白杨品牌形象和影响力。

2010 年,北林大与冠县共建了"华北平原林木良种创新与示范实践基地",毛白杨良种选育课题组不断开拓创新,取得了一系列新进展,尤其是近年选育出的'北林雄株 1 号''北林雄株 2 号'具有雄株不飞絮、生长迅速、树形美观、纤维长等特性,是适生区优良的城乡绿化树种,以及速生丰产林建设树种,也是当前治理杨树飞絮问题的适宜替换品种。

据悉,冠县政府已将国有冠县苗圃与冠县毛白杨林场合并,列入全额财政拨款单位,为示范园建设提供基本保障;重新规划全县境内的高速公路、国道、省道以及县乡公路两旁的绿化带,着力打造以毛白杨绿化雄株为主体的路域景观带、富民产业带。

北林大与冠县的合作始于20世纪80年代。先后选育出"三倍体毛白杨系列""毅杨系列"和"北林系列"等30余个杂交及三倍体白杨新品种,有力地支撑了国家林业产业发展、城乡绿化及生态环境建设。

《中国花卉报》2016年4月7日

与世园局共同打造生态园区

5月15日,北京林业大学与北京世界园艺博览会事务协调局签署协议,共同打造世园会花卉特色园艺主题园、乡村小镇、花卉新品种培育基地和生态修复示范带。

双方决定在世园会的规划设计、园林园艺成果转化推广及示范、人才挂职交流、学生实习实训实践、园区园林环境建设、园林园艺产业培育、后世园时代园区运营等方面开展战略合作。

双方将成立协同创新中心,在世园会园区围绕妫河两岸,打造生态修复示范带,建设生态修复产业链;打造世园会花卉特色园艺主题园、乡村小镇,成为世园会的重要展示基地;联合国内外大型种业种苗企业,打造世园会花卉新品种培育基地,为世园会提供高品质花卉。

北林大将为世园会提供管理人员、专业人员培训等教育服务;组织志愿者服务世园会;遴选管理人员和专业教师挂职。

双方建立园区环境建设和后世园时期园区运行管理合作机制,北林大在园区生态环境规划设计、工程施工等方面为世园会服务,为后世园时期园区运营、产业平台建设提供科技支撑。

《中国绿色时报》2016年5月17日

与菏泽学院共建牡丹学院

4月24日,北京林业大学与菏泽学院签署协议,双方合作共建集教学、科研、开发和培训为一体的牡丹产业学院,以服务地方经济社会发展。

北林大校长宋维明说,将依托国字号科研平台,与菏泽学院开展密切协同、深度融合,充分释放创新潜能,共育牡丹国色。以帮扶菏泽学院加强牡丹特色的学科专业建设为突破口,创新工作体制机制,探索多体制办学模式,为地方乃至国家牡丹产业化发展提供科技支撑和智力支持。

据悉,北林大将支持菏泽学院与牡丹密切相关的学科建设,推进联合培养专业硕士,根据学科建设需要,互派基础好、学术水平高的骨干教师和学科带头人,参与对方相应学科的建设项目、科研项目和重要学术活动。双方联合开展牡丹重点实验室、牡丹工程中心等科技创新服务平台建设。

双方将加速建设人才培养基地、牡丹技术培训中心等,为牡丹产业化发展提供智力和技术支持。

《中国绿色时报》2016 年 4 月 29 日

《中国科学报》2016 年 5 月 5 日

与和盛共推林木育种协同创新

和盛－北林林木育种协同创新中心近日揭牌。北京林业大学与内蒙古和盛生态育林有限公司合作,推动中心基础设施建设、林木科研成果共享和科研人员双向交流。

和盛－北林林木育种协同创新中心立足培养种业高端人才,协力开展林木优良品种选育及繁育技术研发,为打造育－繁－推一体化的一流先锋育种企业提供科技和人才支撑。此次校企合作还包括设立院士奖励基金和推广两个林木优良品种。其中,由和盛公司捐赠 100 万元设立了朱之悌奖励基金,激励林业科技工作者努力壮大我国林木种业事业。北林大向和盛公司转让了两个杨树杂交优良品种,抗寒抗旱性强且适应当地环境。

《中国绿色时报》2016 年 5 月 10 日

《中国花卉报》2016 年 5 月 19 日

校地合作践行"政产学研用"办学模式

近日,北京林业大学鄢陵协同创新中心暨科研中心在河南省许昌市鄢陵县全面启用,成为该校践行"政产学研用"办学模式的一个新标志。

该中心由鄢陵县政府全资投入1280万元建成。在建设现场,建筑面积1500平方米的灰色楼房拔地而起,一批高精尖的仪器设备已经调试完毕,另有育苗基地200亩。

北京林业大学校长宋维明说,学校把中心建在花木基地的意义在于,科研成果一出实验室就能进农民的大棚、苗圃。

据了解,该中心依托北林大国家花卉工程技术研究中心和林木育种国家工程实验室的两个国家级平台,投入15个高水平科研团队,致力在花卉之都鄢陵打造具有国际影响力的一流花木产业示范基地,构建国内一流的花木产业研发平台和产业孵化器,成为地方花木产业的创新高地和技术辐射源、生长点,实现"依托一所高校,转化一批成果,培训一批花农,扶持一批企业,示范一片区域,提升一个产业,造福一方百姓"。

借助中心的运行,北林大将在鄢陵组建"中原林木新技术试验示范推广中心"、"国家花卉工程技术研发中心中原景观植物研究院",围绕花木产业发展需求,开展系列化研究开发,研发我国中部地区花卉、园林树木的新品种、新技术、新应用。

据介绍,北林大与鄢陵签订合作协议一年多来,双方合作构筑了科技创新和人才支撑"两个平台",实施了包括种质资源库建设工程、花木品种引进创新工程等在内的"六大工程",已经有10多项国家级、省部级科研项目在鄢陵落地。

与传统的校地合作不同,北林大和鄢陵的合作中充分发挥政府的主导作用,体现企业和农户的主体作用,形成了"政府关注、产业突破、企业兴趣、花农需要"的模式。学校的专家学者根据政府、企业和花农的兴奋点确定研究方向和课题,将"点对点"推广上升到"面对面"的辐射;由自发合作上升到组织合作,由零散合作上升到整体合作,使合作定位准、力度大、领域广、层次深、载体多、措施实。

《中国教育报》2015年1月27日

"鄢陵模式"获评十大推荐案例

北京林业大学通过校地合作、协同创新,搭建政产学研用"鄢陵模式",助推地方花木产业转型升级,成效显著。据教育部科技发展中心近日发布的消息,这一成功模式被评为中国高校产学研合作科技创新十大推荐案例。

近年来,北林大与"北方花都"河南省鄢陵县建立了创新型的校地协同关系,围绕构建"政产学研用"一体化目标,大力推动地方经济产业发展由资源要素依赖向人才驱动和智力支撑转变,将高校科技人才优势和地方花木产业资源进行深度融合、强强联合,共建校地协同创新中心平台,实施花卉经营技术人才培训,扶持了20家龙头企业和2万名花农,实现了高校创新资源聚集与地方产业需求的有效协同,逐步构建了"双循环、双转化"的系统集成合作模式。通过构建"鄢陵模式",形成了地方经济社会发展"依托一所高校,完善一个平台,转化一批成果,培训一批花农,扶持一批企业,示范一片区域,提升一个产业,造福一方百姓"的局面。

教育部科技发展中心每两年在全国高校中征集产学研合作优秀案例,旨在系统地总结高校与地方和企业产学研合作的机制与模式,宣传大学在发挥科技支撑作用、服务社会经济发展的重要功能,表彰高校与地方及企业通过合作提升各自综合竞争力的典型。

《中国绿色时报》2016 年 12 月 27 日

协同创新中心建在花农田间

不久前,北京林业大学鄢陵协同创新中心暨科研中心全面启用,成为北林大践行政产学研用办学模式的一个新标志。

中心由鄢陵县政府全资投入1280万元建成。记者看到,建筑面积1500平方米的灰色楼房拔地而起,一批高精尖的仪器设备已调试完毕,另有育苗基地200亩。北京林业大学校长宋维明说,把中心建在花木基地的意义在于,科研成果一出实验室就能进农民的大棚、苗圃。

中心依托北林大国家花卉工程技术研究中心和林木育种国家工程实验室这两个国家级平台,投入15个科研团队,致力于在花卉之都鄢陵打造具有国际影响力的一流花木产业示范基地,构建国内一流的花木产业研发平台和产业孵化器,成为地方花木产业的创新高地和技术辐射源、生长点,实现"依托一所高校,转化一批成果,培训一批花农,扶持一批企业,示范一片区域,提升一个产业,造福一方百姓"。

北林大将在鄢陵组建"中原林木新技术试验示范推广中心""国家花卉工程技术研发中心中原景观植物研究院",围绕花木产业发展需求,开展系列化研究开发,研发我国中部地区花卉、园林树木的新品种、新技术、新应用。目前研究的课题有中国特色花卉种业关键技术研究,梅花、月季、菊花、百合的分子育种与品种创制等 20 余项。

据悉,北林大与鄢陵签订合作协议一年多来,双方合作构筑了科技创新和人才支撑"两个平台",实施了包括种质资源库建设工程、花木品种引进创新工程等在内的六大工程,已有 10 多项国家级、省部级科研项目在鄢陵落地,有的鄢陵企业在学校的帮助下申请省级课题。专家学者举办了多期重点花木企业高级管理研修班、花农培训班,为鄢陵花木产业调优结构、转型升级起到了重要作用。

相比传统的校地合作,北林大和鄢陵的合作充分发挥政府的主导作用,体现企业和农户的主体作用,形成了"政府关注、产业瓶颈、企业兴趣、花农需要"的模式。专家学者根据政府、企业和花农的兴奋点确定研究方向和课题,将"点对点"推广上升到"面对面"的辐射,由自发合作上升到组织合作,由零散合作上升到整体合作,使合作定位准、力度大、领域广、层次深、载体多、措施实。

《中国教育报》2015 年 1 月 27 日

《中国绿色时报》2015 年 3 月 13 日

为鄢陵培训花卉园艺师

寒冬腊月,河南省鄢陵县的 70 多位花木行业从业人员、花农的心里却温暖如春。在家门口听北京林业大学的专家学者讲课,指导通过花卉园艺师职业资格认证,这对他们来说无疑是雪中送炭。北京林业大学与鄢陵县政府日前为他们专门举办了为期一周的培训班,北京林业大学副校长、著名花卉专家张启翔等亲自为学员授课。

为促进鄢陵花木产业转型升级,北林大专门在当地建立了继续教育分院。据介绍,这次培训是在当地进行系列技术培训的开端,学校将根据当地的需求有针对性地制定培训规划,让花木专业技术培训在鄢陵常态化、系统化。

《中国绿色时报》2015 年 2 月 3 日

校企携手共建园林信息大数据平台

8 月 5 日,北京林业大学与棕榈园林股份有限公司签署合作协议,共建长期、稳定、紧密的战略伙伴关系,共同推动园林教育和园林产业的快速发展。

在人才培养、成果转化、科学研究、创新平台建设、产业政策研究等领域,双方将共建基于大数据支持和"互联网＋"为核心的园林信息合作平台,开展园林新优品种产业化研发,建立新优品种保护联盟,加速园林与生态领域行业的创新,推动园林机械配套设施的引进研发与应用等。

双方将依托北林大的智力、信息、学科等优势资源,发挥棕榈园林的资金、市场、产业创新的潜力,积极探索以人才为基础、科技为依托、企业为主体、项目为载体、深化产业研究为目标的"政产学研用"协同创新机制。

北林大校长宋维明指出,合作体现了产教衔接、校企融合、协同创新,双方将在框架协议的顶层设计下,加快项目对接,务实推进合作。

棕榈园林公司是北京林业大学战略合作伙伴中的首家A股上市企业。董事长吴桂昌介绍,双方合作重点包括园林植物良种驯化与选育、园林景观设计、工程技术标准制定等。

《中国绿色时报》2015年8月11日

助力京郊山区小型河流生态修复

由北京市水土保持工作总站完成的一项重要成果,对京郊山区小型河流生态修复产生了重要影响。该成果不久前获得中国水土保持学会科技奖。

研究人员提出了山区小型河流大型无脊椎底栖动物、植物、鱼类、河流水文地貌、水文及物理化学等生态状况监测及分级评价方法,建立了北京山区河流水文地貌评价标准;对北京山区567条小流域内主要河沟道生态状况进行了生态调查与评价,并且根据山区河流存在的问题及其特点,提出了具有特色的修复方法。

自2010年起,科研人员边研究、边治理、边推广,为北京山区生态清洁小流域建设和河流修复工程的规划设计与施工管理提供指导。其中,指导7个山区县建设了82条生态清洁小流域,治理水土流失面积1000多平方公里,保护和修复了600多公里长的河沟道。同时,制定了《北京市生态清洁小流域建设可行性研究报告及初步设计编制要求》,为北京山区水资源保护及小型河流的保护与修复规划提供了数据及技术支撑。

《中国科学报》2015年9月2日

黄土高原水保协同创新中心运行

黄土高原水土保持与生态修复协同创新中心日前开始运行。中心是由西北农林科技大学、北京林业大学等5家单位联合创建的。

中心的目标是,重点研究黄土高原土壤侵蚀环境演变机制与调控对策、植被生态系统恢复重建的功能评估与定向培育、水土保持工程关键技术研发与集成、黄土高原植被格局对气候变化的响应与可持续管理等关键科学与技术问题,经过8年的建设,使中心成为在水土保持学科发展、人才培养、科学研究等方面国内领先、国际知名的研究中心。

黄土高原是世界上水土流失最严重的区域,土壤侵蚀与干旱并存,严重影响区域及周边地区的生态安全与经济社会可持续发展。为联合国内优势单位,整合重大科技成果,集成各单位的特色和优势,建立人才培养合作机制,5家单位合作创建了这一中心。

《中国绿色时报》2015年12月15日

与企业联手在长白山示范生态旅游

11月10日,北京林业大学与鲁能集团达成全面合作协议。双方将在生态系统保护与恢复、森林资源培育与利用、园林与人居环境、生态旅游与文化等重点领域开展长期战略合作。

据悉,双方的首个合作项目将以吉林长白山的漫江生态旅游综合开发项目作为示范试点,在森林旅游、生态保护、园林、物业管理等方面开展咨询管理、人才培养、课题研究及产业对接等合作,推动长白山项目湿地公园、生态农场、蓝莓酒庄等核心业态开发,共同打造中国首个世界级生态旅游示范项目。后续合作将在海南文昌、四川九寨沟、河北文安等地全面展开。

该校校长宋维明说,校企携手是实践"政产学研用"一体化办学模式、推动产业转型升级和创新驱动发展的有益尝试。鲁能集团总经理刘宇对表示,与北京林业大学结缘,将有力推动集团向健康、生态产业方向的"绿色转身"。

科学网2015年11月19日
《中国绿色时报》2015年11月30日

牵手中外建"建基地"

日前,北京林业大学——中外园林建设有限公司"产学研教学就业基地"签约揭牌仪式在京举行。作为园林行业唯一的央企,中外建在中国风景园林的传承与发展方面积累了丰富经验,和北林大有着密切合作。本次签约,将进一步加强校企合作,在培养人才、促进行业发展方面做出更大贡献。

《中国花卉报》2015 年 12 月 17 日

为森工企业定向培养人才

在北京林业大学今年的毕业生中,有 41 人身份特殊,他们是内蒙古森工集团委托培养的林学专业骨干学员。这些完成了两年学习任务的学员将回到内蒙古森工集团,然后进入林场等一线工作岗位。

2013 年,为定向培养国有林区骨干专业技术人才,内蒙古森工集团与北林大开始合作办班,为没有林业专业背景的学员提供林业专业知识和技能培训,学制为两年,累计 1700 余学时。培训班为学员们量身订制了 30 多门课程,其中,涉林专业课程有 26 门,包括森林经营等模块。

北林大培训中心负责人介绍说,这个班的课程设计与全日制林学专业不同,除基础专业知识外,还根据内蒙古森工集团对专业人才的实际需求,将多学科、多专业的课程有效整合。在培训中,按照课堂教学与实验实习相结合、课程模块交叉教学等原则进行授课。实习地点选在内蒙古森工集团所属林场、林区一线,使教学更接地气,更贴合实际。

内蒙古森工集团董事长张学勤认为,这种培训模式是一项创举,由政府、林业企业和高校合作,有利于加快林业基层人才培养,提高在岗从业人员的能力与素质,化解林业基层人才断层危机和人才流失问题,也为国有林区转型发展提供了人才保障。

《中国绿色时报》2015 年 6 月 30 日

泰安林业系统高管组团进大学深造

近日,山东省泰安市林业系统现代林业建设培训班在北京林业大学开班。泰安市林业系统的30多名负责人在绿色学府开始了为期一周的学习生活。

参加学习的学员包括泰安市林业局领导班子成员,市林科院、森林公安局、林场主要负责人和区县林业局长。北林大根据泰安现代林业发展需要量身定制了专门的教学计划。

中央党校专家为学员解读《中共中央国务院关于加快推进生态文明建设的意见》精神,北林大校长宋维明作《绿水青山就是金山银山》的学术报告。培训内容还包括"国家森林城市建设及发展趋势""互联网＋对林业产业带来的挑战与突破机遇""湿地生态系统保护"等。培训班将组织学员实地考察调研。

泰安市林业局局长葛茂金称,加快现代林业发展步伐,首先要让各级负责人更新观念,学习最前沿的知识。

《中国绿色时报》2015 年 11 月 6 日

59 名保护区一线学员在北林大培训

北京林业大学举办的保护区业务能力提升培训班近期在该校自然保护区学院结业,来自吉林、新疆等地 16 个自然保护区一线的 59 名学员参加了为期 16 天的培训。

培训班上,来自国家林业局和北京林业大学的 20 名专家、学者讲授了如何建设国际一流的自然保护区,"互联网＋"时代的新媒体素养与生态文化传播,碳汇交易给我国自然保护区发展带来的机遇和挑战,自然保护区生态旅游、监测与管理,中国野生植物保护与利用战略研究及珍稀濒危植物保护,自然保护区宣传教育、科研管理、成效评估、社区共管等内容。培训期间,学员们还参加了鸟类调查、样线设计及经典生态旅游路线确定等实践。

来自新疆阿尔泰山两河源自然保护区管理局的米兰别克·哈不拉说,基层自然保护区建设需要提升全员能力和水平。塔里木胡杨国家级自然保护区管理局的吾曲尔巴特表示,培训帮助自己开阔了视野,了解到了最前沿的知识。

《中国绿色时报》2015 年 11 月 19 日

培训自然保护一线业务骨干

4月26日,74位来自湖北省自然保护区管理一线的业务骨干在北京林业大学领到了培训结业证书。

为庆祝中国自然保护区事业60周年,北京林业大学日前举办了自然保护区业务骨干培训班,提升基层业务骨干业务能力。在为期10天的培训中,北京林业大学为参训学员安排了15场专题报告以及两天的专业实践。

专题报告内容包括:中外自然保护区发展现状、总体规划工程项目设计、保护成效评估、生态旅游、碳汇交易、社区共管及公众参与机制、管理计划编制、珍稀濒危植物保护、鸟类资源监测与保护、湿地保护与恢复技术、湿地监测方法与技术、林业法律法规及自然保护区条例解读、"互联网+"时代的生态文明传播及危机公关等。

在两天的专业实践中,学员们参加了国家动物博物馆动物标本考察、奥林匹克森林公园鸟类样线调查、北京植物园植物分类实习、南海子麋鹿苑动物分类和公众教育系统实习等。

培训期间,湖北木林子、龙感湖等国家级自然保护区负责人还走进了学校的自然保护区大讲堂,介绍了一线自然保护经验,与师生们交流了基层工作体会,引发了大学生们对深入基层、投身自然保护事业的积极思考。

《中国绿色时报》2016年5月4日

再为湖北培训保护区业务骨干

9月20日,新一期湖北省自然保护区管理业务骨干培训班在北京林业大学开班。

继今年4月湖北省自然保护区系统的74名学员参加培训后,湖北省林业厅再次与北京林业大学联手,开办为期10天的培训班,对自然保护一线的50多名业务骨干进行培训。本次培训安排了丰富的教学、实践内容,课程主要有:习近平总书记生态文明观解读,中国林业发展概论及自然保护区建设与管理中的新理念、新方法、新技术等。具体包括:自然保护区规范化建设,自然保护区与社区共管,湿地生态系统保护与恢复技术、监测方法与技术,植物配置及作用机理,碳汇交易给我国自然保护区发展带来的机遇与挑战,保护区植物本底资源调查及珍稀濒危植物保护,新技术在保护区管理中的应用,濒危野生动植物拯救保护方法、措施及案例分析,珍稀濒危动物保护研究实践等。

《中国绿色时报》2016 年 10 月 4 日

专家共同研讨中国林业理论创新

11月12日，林业应对气候变化与低碳经济学术研讨会在北京召开，与会专家结合刚刚出版的同题系列丛书，围绕中国林业如何实现理论创新，如何在低碳经济背景下抓住机遇、不负使命展开了热烈研讨。

《林业应对气候变化与低碳经济系列丛书》共10本，分别是《林业与气候变化》《森林碳汇与气候变化》《低碳经济与林木生物质能源发展》《低碳经济与林产工业发展》《低碳经济与林产品贸易》《森林旅游低碳化研究》等，基本覆盖了低碳经济背景下林业发展的主要问题。作为"十二五"国家重点图书出版规划项目，丛书阐释了林业在低碳经济中所占有的不可或缺的位置。丛书的出版填补了社会科学和人文科学领域同类出版物的空白。

与会专家一致认为，这套丛书在林业理论创新上取得了可喜进步，符合社会发展的趋势和科学规律，紧密结合当前问题，对于社会了解林业、重视林业在低碳经济中的作用具有重要意义。

与会专家指出，可持续、低碳、循环的概念是西方首先提出，中国应该有自己的标准和思想。中国碳排放量已处于世界第二的位置，而造林是一个非常重要的减排措施。这套丛书的出版对指导我国低碳经济的研究、推动与气候变化相关工作都有重要借鉴作用。林业有诸多的生态改善功能，在生态文明建设中的地位非常重要，在国家的地位需要进一步加强。希望借助丛书发行，引起社会对林业的重新认识和深入思考。

《中国绿色时报》2015年11月18日

生态经济助推美丽中国建设

北京林业大学经管学院院长陈建成教授送给我一本新书，是他主编的《生态经济与美丽中国》。书中荟萃了专家学者们对生态经济视阈下的美丽中国建设发展的最新研究成果。全书分7篇、汇集38篇高质量的学术文章，以专业的生态经济视角，结合十八大提出的美丽中国建设要求，研究了二者在生态文明、绿色发展、城镇化、生态补偿等多个领域结合发展的新问题。阅读此书，使我对生态经济与美丽中国建设问题的理解和领悟受益匪浅。

第一篇生态经济与方法专题,从生态文明与美丽中国的关系谈起。从适应国际形势和生态环境保护实践的理论升华等方面,阐述了生态文明建设是科学发展的新视阈。作者认为,加强生态文明建设,首先要保护好生态环境,重点是实现生态环境保护制度的创新。本篇中关于生态文明城市发展模式及指标体系的研究是一大亮点,从多个角度论述了国内外生态文明城市发展模式和评价指标体系的研究进展,为更好地完善城市生态文明建设提供了理论参考。

书中的第二篇,清晰地描绘了一幅绿色发展由理念到行动的蓝图。通过对绿色发展内涵的探索,深刻揭示了可持续发展理念到绿色发展行动的内在逻辑联系,着重论述了当前中国绿色发展的探索与实践过程。列举山东青岛、甘肃张掖、敦煌阳关镇等地绿色发展的生动实例,再现了绿色发展从理念到实践的演化过程。

目前,我国生态环境压力与日俱增。第三篇通过剖析典型性地区在生态保护与建设中暴露的问题,为持续推进生态保护与建设指明了方向。其中有关农村和城市在生态保护与建设上的不同路径选择引人注目。通过深刻的历史溯源及理论分析,从战略高度把握农村生态现代化的意义,把农村生态战略重点定位于农村生态经济转型及农民生态意识提升。《资源枯竭型城市发展问题与转变思路》中所论述的城市生态建设与发展问题同农村形成鲜明对比,但二者所面临的问题与挑战却极为相似。该研究为当前我国城市面对日益枯竭的资源现状如何调整思路提供了借鉴。

美丽中国将从乡村起步。书中的第四篇围绕农村的生态文明建设展开,既有理论支撑,又有实践检验,为农村生态文明发展提供了有益的借鉴。作者提出了"美丽乡村建设十大模式",包括产业发展型、生态保护型、城郊集约型、社会综治型、文化传承型、渔业开发型、草原牧场型、环境整治型、休闲旅游型、高效农业型,基本涵盖了环境美、产业美、生活美、人文美四大基本内涵,为全国各地农村生态文明建设提供了范本和参考。

书中的第五篇重点选取了贵州、湖北、湖南等具有代表性的省市作为生态文明背景下新型城镇化建设的典型进行研究,率先提出了有关生态新型城镇化的概念。该篇还对城镇化与经济增长和二氧化碳之间的关系进行了回归模型分析,以数据的形式呈现了经济增长和城镇化对二氧化碳排放的显著影响,使人对于三者间的关系有了更为清晰明确的认识。

第六篇重点围绕生态补偿机制的建立,将流域生态补偿作为出发点,通过对流域生态补偿 3 个发展阶段的梳理,探索出以财政转移性支付为主的补偿模式,并对补偿标准进行了具体分类。这为探索和完善我国未来流域生态补偿模式提供了现实准备。

第七篇则以较大篇幅对我国生态农业发展进行了调查研究,从农业发展、美丽中国建设、可持续发展等具有全局性、决定性影响的维度对生态农业发展进行定位。结合对当前我国生态农业发展现状的调研,找出当前中国生态农业发展进程中理论、技术、政策、服务、产业、组织等多方面的突出问题和主要矛盾,提出未来生态农业的发展趋势,使读者从宏观政策层面到微观实践层面,对生态农业的发展有了更加清醒的认识。

《中国绿色时报》2016 年 1 月 1 日

林业应对气候变化促进低碳经济作用凸显

林业在应对气候变化和发展低碳经济中具有不可替代的重大作用。20 多位学者开展科学研究之后撰写了 10 部著作,对此进行了详尽阐述和全面论证。这套被列为"十二五"国家重点图书出版规划项目的系列丛书刚刚面世,填补了我国出版界在此领域的一项空白。

国家林业局副局长刘东生为系列丛书撰写了总序。他指出,低碳经济是生态文明的重要表现形式之一,贯穿于生态文明建设的全过程。生态文明建设依赖于生态化、低能耗化的低碳经济模式。低碳经济反映了环境气候变化顺应人类社会发展的必然要求,是生态文明的本质属性之一。

刘东生强调,林业是低碳经济的主要承担者,肩负着发挥低碳效益和应对气候变化的重大任务。其在发展低碳经济中有三大独特优势:一是木材与钢铁、水泥、塑料是经济建设不可或缺的四大传统原材料;二是森林作为开发林业生物质能源的载体,是仅次于煤炭、石油、天然气的第四大战略性能源资源,且具可再生、可降解的特点;三是造林绿化、湿地保护能增加碳汇,是维护国家生态安全的重要途径。

刘东生说,党的十八大报告将林业发展战略方向定位为"生态林业",突出强调了林业在生态文明建设中的重要作用。习近平总书记进一步指出了林业在自然生态系中的重要地位。中国林业所取得的业绩为改善生态环境、应对气候变化作出了重大贡献,为推动低碳经济发展提供了有利条件。实践证明:林业是低碳经济不可或缺的重要部分,具有维护生态安全和应对气候变化的主体功能,发挥着工业减排不可比拟的独特作用。大力加强林业建设,合理利用森林资源,充分发挥森林固碳减排的综合作用,具有投资少、成本低、见效快的优势,是维护区域和全球生态安全的捷径。

这套系列丛书由北京林业大学校长宋维明任总主编,中国林业出版社出版。北京林业大学、福建农林大学、福建师范大学等校的 20 多位学者参与了编写。中国工程院院士沈国舫、北京大学中国持续发展研究中心主任叶文虎给予了指导。

《中国绿色时报》记者了解到,这套丛书包括《林业与气候变化》《低碳经济概论》《森林碳汇与气候变化》《低碳经济与生态文明》《低碳经济与林木生物质能源发展》《低碳经济与林产工业发展》《低碳经济与林产品贸易》《森林旅游低碳化研究》《碳关税理论机制及对中国的影响》和《世界低碳经济政策与行动》。

《中国绿色时报》2015 年 8 月 18 日

专家探索中国林产工业低碳化发展路径

低碳经济对中国林产工业有什么影响？实现中国林产工业低碳化发展的途径有哪些？北京林业大学的专家们开创性研究的结论已融入《低碳经济与林产工业发展》一书,日前由中国林业出版社出版。

由北林大教授宋维明,副教授王雪梅、印中华等组成的团队,结合中国林产工业的实际,积极研究探索低碳经济与中国林产工业协调发展的途径,力求找到中国林产工业低碳化发展的有效之策。

宋维明称,低碳经济与林产工业之间的关系研究是一项挑战性极大的全新课题。在低碳经济时代,主要以木材作为原材料、具有工业加工性质的林产工业将面临新的机遇和挑战。低碳经济对中国林产工业发展带来直接的、深刻的、多方位的影响,需要认真研究,及时采取对策。

专家们针对中国林产工业的现状和特殊问题,系统研究了低碳经济与林产工业之间的内在联系,分析了中国林产工业低碳化发展的瓶颈,取得了具有学术价值和指导意义的系列成果。他们的研究认为,木质林产品具有碳替代、碳贮存功能,具有环境友好性,符合应对气候变化的低碳经济时代低能耗、低排放的要求。低碳经济的发展,不但为以生产木质类林产品为主的木材加工业的发展提供了机遇,也使传统的林产品化学加工业得到新生,为林产工业拓展新领域提供了广阔的空间。

专家认为,传统的林产化工行业随着石油化工的兴起逐步走向衰落。但随着木质成型燃料、生物柴油、木质纤维乙醇、生物丁醇、生物合成材料等的兴起,林产化工将迎来新的春天。

专家指出,低碳经济时代对低碳技术、低碳产品的巨大需求,将引发林产工业更多基于绿色环保的气候友好型新产品、新技术、新工艺的产生。因此,林产工业企业应积极介入低碳经济发展新领域,不断拓展林产工业发展空间。

林产工业关系到利用森林木材资源进行生产和交换活动,涉及森林资源的消耗。这种消耗与森林的碳吸存、碳替代功能利用之间存在着对立统一的关系。回答林产工业与低碳经济之间的关系,需要在林产工业与林业发展、林业发展与低碳经济发展之间建立起科学的逻辑关系。只有揭示这一逻辑关系,才可能为林产工业低碳化发展模式的建立提供支持。

专家指出,在气候话题不断被引入国际经济和政治博弈的背景下,林产工业低碳化也在不断扩大和深化。林产工业呼唤低碳经济,转变产业发展模式,实现节能减排。如何将低碳经济理念变成现实行动?重要的路径是构建企业低碳经营机制,即采用绿色科学技术与绿色管理方法,推动、引导、监督、协调、规范、强化和促进林产工业共同构建的低碳经营模式和运行机理。在理论上为正确认识这些问题提供科学的指导是十分必要的。

中国是林产工业大国。专家们在实践层面上研究了如何更好地处理低碳经济与林产工业发展过程中存在的问题,提出了林产工业低碳化发展的对策建议,以促进新常态下林产工业的可持续发展。主要建议有:重视原料林基地建设,优化配置资源;加强技术创新,研究低碳生产技术;建立废弃木质原料利用的碳贸易市场;出台行业政策,加强低碳标准化建设等。

《中国绿色时报》2016 年 1 月 22 日

"中国森林典籍志书资料整编"项目启动

2月2日,国家科技基础性工作专项"中国森林典籍志书资料整编"项目启动。这个林业重要基础性研究项目的实施,不仅能为当前森林资源保护和生态文明建设提供有益的历史借鉴,也有利于更好地传承、弘扬林业文化遗产。

项目由北京林业大学负责,学术组长由中国工程院院士尹伟伦担任,专家组组长由中国科学院院士蒋有绪担任,专家组成员有中国工程院院士李文华、张齐生等。

项目在普查先秦至民国海量文献资料的基础上,构建中国森林典籍资料数据库和网络平台。根据现代林业科学研究需要,分类进行基础性资料集整编和中国森林典籍志书编研,绘制中国森林资源历史变迁图。项目将为历代生态环境、气候变化、资源利用技术等提供脉络清晰的历史佐证,弥补林业学科森林史料基础数据的空白,进一步提高林业行业的科技文献保障和信息服务水平。

项目主持人严耕教授称,前期工作已取得了初步进展,研究方案、重点难点已经确定,还制定了基础性资料集编研规范等。整个项目工作将在 4 年内完成。

据悉,国家科技基础性工作专项主要支持对科技、经济、社会发展具有重要意义但目前缺乏稳定支持渠道的科技基础性工作。其主要任务包含科学考察与调查,科技资料整编和科学典籍、志书、图集的编研,以及标准物质与科学规范研制。

《中国绿色时报》2015 年 2 月 26 日

《中国大百科全书》风景园林卷抓紧编撰

8 月 16 日,我国风景园林界大腕云集北京林业大学,共商《中国大百科全书》第三版风景园林卷编撰事宜。两院院士吴良镛,中国工程院院士孟兆祯,以及中国城市规划设计研究院、中国城市建设研究院、清华、北大、北林大等单位的 20 多名专家学者参加研讨。

据了解,风景园林卷设置了 12 个分支,包括风景园林史,风景园林规划设计,风景名胜、世界遗产、国家公园,生态保护、生态修复,城市园林绿地系统,风景园林植物,风景园林建筑,园林施工,园林教育,园林法规、管理,人物、著作,团体等;条目数预计为 3000 条。

风景园林卷属新型的网络百科全书,是基于信息化技术和互联网,进行知识生产、分发和传播的国家大型公共知识服务平台。其特点是同时拥有网络版与纸质版,网络版先期面世,待成熟完善后再正式出版纸质版。

《中国大百科全书》是一部大型综合性百科全书,是体现我国当代科学文化水平、传承中华民族优秀文化、展现国家整体文明形态、提升文化软实力和构筑核心价值观的重大基础文化工程。其编纂工作于 1978 年启动。第一版历时 15 年,1993 年出齐,共 74 卷;第二版历时 14 年,共 32 卷,2009 年出齐。随着数字化时代的来临,修订出版第三版成为形势所需。今年年初,由国务院立项、中宣部牵头组织的第三版编纂工作正式启动。

吴良镛院士指出,风景园林学科建设突飞猛进,风景园林发展方兴未艾。风景园林卷收录的内容应是理论上、思想上成熟的。该卷应高瞻远瞩、编出特色,以进一步推动学科发展。在编写中应注重中国传统文化,加以条理化,抓住精华,避免遗漏。

孟兆祯院士就该卷条目框架、条目数量以及编写人员的确定等问题发表了看法，对已有条目框架逐一提出了修改、增减等调整意见。

专家们总结了前阶段工作进程，对初步完成的条目框架稿进行整理，就内容的科学性和准确性、广度和深度等问题进行了研讨，集中分析了撰写重点和难点。经过讨论，修订了框架条目，补充、合并了部分条目，调整了一些条目的位置，确保全卷条目设置的合理性和系统性。

《中国绿色时报》2015 年 8 月 25 日

《中国花卉报》2015 年 8 月 31 日

《中国主要树种造林技术》首次修订

《中国主要树种造林技术》首次修订工作日前启动。这项工作由中国工程院院士沈国舫领衔。在第一次编委会全会上，中国林业出版社负责人和 21 所院校的 28 名森林培育学术领域知名专家一起，就修订事宜进行了交流与研讨。

《中国主要树种造林技术》1978 年由中国林业出版社出版，当年由郑万钧率领全国的林业科技骨干编写完成，37 年来在我国的森林培育事业突飞猛进发展中发挥了重要作用，有力地支撑了我国用材林基地、防护林体系、退耕还林工程、京津风沙源治理等各大林业生态工程建设。

新的编委会及学术秘书组已组成。主编由沈国舫院士担任，副主编有曹福亮院士、张守攻研究员、马履一教授、赵忠教授等。学术秘书组组长为贾黎明教授。沈国舫说，随着时代的发展，原书内容已不能满足我国林业事业快速发展的需求，修订具有重要意义。

按照修订计划，每个树种将包括分布、特性、良种选育、苗木培育、培育技术、主要病虫害防治、材性及用途等。拟定入编的树种达 341 种，较原书增加 132 种，将按我国地理区划分七大区组织编写。修订本拟于 2018 年正式出版。

《中国绿色时报》2015 年 12 月 17 日

《中国花卉报》2015 年 12 月 31 日

英文期刊《鸟类学研究》被 SCIE 收录

北京林业大学日前收到美国汤森路透集团的通知，北林大主办的鸟类学英文学术期刊《鸟类学研究》(*Avian Research*)已被扩展版科学引文索引(SCIE)收录,跻身于我国 30 多种高校 SCIE 科技期刊之列。被检索的文章回溯至 2014 年创刊起。期刊将于 2017 年迎来首个影响因子。

《鸟类学研究》的前身是 2010 年创办的《中国鸟类》(*Chinese Birds*),2014 年变更为现刊名。创刊以来,《鸟类学研究》通过多种形式组稿约稿,严把质量关,在全球鸟类学界受到了广泛关注。目前,期刊由国际知名的学术出版集团 Springer 旗下的 Bio Med Central(出版社名)以"开放获取"模式出版,主要发表鸟类学各方向的高水平原创性研究和综述性论文,致力于为鸟类学领域的中外学者搭建高水平的学术交流平台,提升我国在相关学科的国际影响力。期刊的编委会成员由来自中美英德法等 13 个国家的 31 位知名鸟类学家组成主编为郑光美院士。

《中国绿色时报》2016 年 7 月 6 日

评选中国绿色碳汇 2014 年十件大事

2014 年,中国绿色碳汇事业取得了新的长足进步。刚刚揭晓的中国绿色碳汇 2014 年十件大事可以充分证明这一点。

评选活动由北京林业大学绿色传播中心组织。研究人员组织志愿者按照重要性、参与度、影响力等指标,从中国绿色碳汇领域 2014 全年发生的重大事件中遴选出了入围事件,由专家和学生代表为主体进行评选,并经过了绿色碳汇专家的审核。其结果是中国绿色碳汇事业不断发展的一个缩影。

一、联合国利马气候大会边会展示中国林业成功案例。2014 年 12 月 5 日,联合国利马气候大会"中国角"边会上,主办方中国绿色碳汇基金会的负责人及其合作伙伴代表,共同报告了"林业碳汇交易促进农民增收"的成功案例,吸引了世界多个国家的关注。通过系列活动,全方位、多角度地介绍了中国林业应对气候变化的经验和成功案例。

二、2014 年 apec 会议周首次实现碳中和。2014 年 11 月 3 日,2014 年亚太经合组织(apec)会议碳中和林项目植树启动仪式在京举行。据测算,交通、住宿、会议等共产生约 6371 吨二氧化碳当量的碳足迹,相当于 1274 亩新造林 20 年的固碳量。项目将在北京市和河北省张家口市康保县造林 1274 亩,以中和 apec 会议周造成的碳排放。

三、首届中国绿色碳汇节举办。这是联合国环境规划署驻华代表处世界环境日系列重大活动之一,其主要活动林业应对气候变化宣传讲座、世界竹乐器暨竹文化艺术品展览、竹乐器演奏音乐会等,吸引了大量观众,在普及绿色碳汇的科学知识方面取得了显著成效。

四、森林经营碳汇项目方法学获国家发展改革委备案。2014 年 1 月 4 日,由中国林科院、中国绿色碳汇基金会等开发的这一方法学获国家发改委备案。这是继 2013 年《碳汇造林项目方法学》和《竹子造林碳汇项目方法学》获备案后的第三个中国核证减排量林业温室气体自愿减排项目方法学,为我国开发林业碳汇项目提供了技术依据。

五、全国首个农户森林经营碳汇交易体系发布。2014 年 10 月 14 日,中国绿色碳汇基金会、浙江省林业厅和临安市政府主办了"农户森林经营碳汇交易体系发布会",实现了首批 42 个农户森林经营碳汇项目减排量的交易。

六、全国同步启动"我为家乡种棵许愿树"公益项目。2014 年 3 月 11 日项目启动。公众通过网络捐款 1 元,百度钱包向中国绿色碳汇基金会再捐款 10 元。除设在国家林业局的主会场外,还在 20 多个市(县)、高校、企业等设立同步视频分会场,当天全国有近万人参加了活动。

七、香港马会启动首个内地捐建碳汇造林项目。这一公益行动符合促进香港可持续水源供给的要求,不仅能抵销马会经营活动过程中的部分碳排放,还可为改善东江水质、增加农民收入、应对全球气候变化和促进可持续发展作出特有的贡献。

八、全国首个"中国核证减排量"林业碳汇项目备案。2014 年 7 月 21 日,广东长隆碳汇造林项目通过国家发展改革委的审核获得备案。这是全国第一个可进入碳市场交易的中国核证减排量林业碳汇项目。

九、中国绿色碳汇基金会获评"4a"等级基金会和"信息披露卓越组织"等荣誉。2014 年 5 月 19 日,民政部发布 2013 年度全国性社会组织评估等级结果公告,中国绿色碳汇基金会获"4a 等级"基金会。

十、为地球母亲基金成立暨生态修复工程启动仪式在河北省康保县举行。为地球母亲专项基金是由春秋航空公司、上海春秋国际旅行社和 24 位公司员工首批捐赠资金 1500 万元,在中国绿色碳汇基金会发起成立的第一个以修复生态、孝敬地球母亲为主要目标的专项基金。康保生态修复工程是该基金在全国资助实施的第一个生态修复工程项目。

《中国绿色时报》2014 年 12 月 30 日
《中国科学报》2015 年 1 月 2 日
《工人日报》2015 年 1 月 2 日

评出 2015 年中国绿色碳汇十大事件

世界应对气候变化形势日益紧迫,中国绿色碳汇事业加速发展。近日,北京林业大学绿色传播中心组织专家学者和志愿者评选出了 2015 中国绿色碳汇十大事件。

巴黎气候大会中国林业边会展示巨大贡献支持气候谈判。在 2015 年巴黎气候大会中国林业边会上,中国积极应对气候变化、发展碳汇林业所作的巨大贡献和成功经验,受到国际社会广泛关注和高度赞誉,展示了中国作为负责任大国的国际形象,有力地推动了巴黎气候大会的国际谈判达成新协定。2015 年 11 月 30 日"应对气候变化的中国林业行动"主题边会、12 月 5 日"建设碳汇城市,应对气候变化"主题边会,向世界展现了中国林业应对气候变化的政策与行动,介绍了中国《碳汇城市指标体系》的内涵、结构和建设碳汇城市的背景及其重大意义,以及中国林业应对气候变化的新举措、新进展、新成就。来自世界各国的专家学者、国际组织代表等积极参与研讨,称赞中国林业为应对全球气候变化所作出的重大贡献。

2014 亚太经合组织(APEC)会议碳中和林建成。中国兑现国际承诺,实现了 APEC 会议史上首次碳中和。中国绿色碳汇基金会和北京市园林绿化局等单位,利用中国中信有限公司和春秋航空股份有限公司捐赠资金,组织完成 1274 亩碳中和林的营造。在未来 20 年内将 2014 年 APEC 会议周的碳排放全部抵消。这是中国应对全球气候变化、通过植树增汇吸收二氧化碳排放的实际行动,展示了良好的国际形象。

中国绿色碳汇基金会获"全国先进社会组织"称号。2015 年 12 月 22 日,中国绿色碳汇基金会从全国 60 多万家在民政部门注册登记的社会组织中脱颖而出,成为本年度获评"全国先进社会组织"的 289 家社会组织之一。这既是对该会发展及贡献的肯定,也证明了我国政府对林业应对气候变化事业的关注与支持。

创新募资方式,筹集绿色碳汇公益基金 5866 万元。在国际国内两个平台上,中国绿色碳汇基金会努力筹集发展碳汇林业公益事业资金,全年继续获老牛基金会、香港赛马会、春秋航空股份有限公司等重点捐资方捐赠,新增三星(中国)投资有限公司、广东长隆集团、大连海昌集团等企业和公益人士捐资。开发了微信公益捐款、绿色会议系统和碳足迹测算平台等,创新募资方式,拓宽公众募捐渠道。

发布碳汇城市指标体系,首批碳汇城市诞生。2015 年 6 月 8 日,中国绿色碳汇基金会碳汇城市指标体系及首批碳汇城市发布会举行。指标体系由中国绿色碳汇基金会委托北京林业大学组织专家团队研究、编制而成,确定了管理考核指标和量化考核指标。根据这一体系,委托第三方机构独立审核合格,授予河北省张家口市崇礼县和浙江省温州市泰顺县"碳汇城市"称号。

中缅森林保护乡村示范项目完成。这个项目由中国绿色碳汇基金会、美国布莱盟基金会联合资助,全球环境研究所与缅甸春天基金会共同执行,在缅甸勃固省 TBK 村完成通过验收。该项目示范推广中国的清洁能源技术,减少毁林和森林退化造成的碳排放,起到减缓与适应气候变化的目标,为缅甸同类地区起到了很好的示范作用。

全国首个林业 CCER 项目减排量获签发并成功交易。5 月 25 日,广东长隆碳汇造林项目首期减排量获得签发,成为全国首个获得国家发展改革委签发减排量的中国林业温室气体自愿减排项目(林业 CCER 项目)。有关企业购买了项目的减排量用于减排履约,实现国内购买林业 CCER 的第一笔交易。

全国首个 CCER 竹子造林碳汇项目获批备案。湖北省通山县竹子造林碳汇项目通过了国家发改委备案的审定,成功获国家发改委项目备案,成为全国首个可进入国内碳市场交易的中国核证减排量(CCER)竹子造林碳汇项目,为我国开发竹子造林碳汇项目提供示范案例。

7 个绿色碳汇志愿者工作站成立。2015 年有 7 个绿色碳汇志愿者工作站成立,是历年来数量最多的一年,见证了绿色碳汇志愿服务大军不断壮大。志愿者们将"绿色基金、植树造林,增汇减排、全球同行"的理念传播给大众,对扩大绿色碳汇的社会影响、动员公众参与绿色碳汇事业起到了积极作用。

首届东江源造林和森林可持续经营论坛举办。该论坛由香港赛马会资助。香港政府、大学、公益环保组织和企业商界的代表,与内地的林业主管部门负责人和专家学者等多方代表参加,围绕我国造林绿化和森林可持续经营管理的目标、战略和政策,香港赛马会碳汇造林项目案例等展开了交流研讨,反映了国内外碳汇造林的最新进展。

该中心评出的 2015 年值得关注的 5 个绿色碳汇事件是:全国首家零碳创意馆开馆运营;全国首个公益慈善展会碳中和林项目落户河南省兰考县;中国绿色碳汇基金会书画艺术研究院揭牌成立;绿色会议及碳中和平台发布等;一节两地、南北兼顾、城乡联动、成效独特的中国绿色碳汇节举办等。

《中国绿色时报》2016 年 1 月 22 日

新华网 2016 年 1 月 25 日

《中国科学报》2016 年 1 月 29 日

评选第二届全国绿色碳汇好新闻

　　第二届全国绿色碳汇好新闻评选揭晓。主办这次评选的中国绿色碳汇基金会、北京林业大学绿色传播中心近日发布了评选结果。评选新增设了最佳总编辑奖、最佳编辑奖、最佳记者奖等,还新设了微博佳作奖。有 10 篇新闻作品获特别奖,有 20 篇新闻作品获佳作奖。

　　在总编辑厉建祝的领导下,《中国绿色时报》全年刊发有关绿色碳汇的新闻稿数量达 40 多篇,居全国各媒体之首,被评为最佳总编辑奖。评委会还评出了最佳记者奖 1 个和最佳编辑奖 2 个。《中国科学报》记者郑金武全年报道绿色碳汇的新闻数量和质量,在全国记者中位居前列,获得了最佳记者奖。《中国绿色时报》丁洪美、《绿色中国》耿国彪分别及时编发的绿色碳汇新闻作品在全国产生了较大影响,获得了最佳编辑奖。

　　获得特别奖的 9 篇新闻作品,不但及时报道了中国绿色碳汇事业发展中的重大新闻,而且写作有新意,可读性强,社会影响大。它们是:《人民日报》的《APEC 会议将造千亩碳中和林》,新华网的《利马联合国气候大会:讲述中国林业碳汇交易促进农民增收的故事》和《香港马会启动首个在内地捐建的碳汇造林项目》,《中国绿色时报》的《为家乡种棵树为地球添抹绿》,《光明日报》的《走,到门头沟"绿色银行"存"绿"去》,《科技日报》的《农民首获"生态货币收益"》,中国科技网的《首届绿色碳汇节环境日开幕》,中国科学报的《首届全国绿色碳汇好新闻评选揭晓》,《21 世纪经济报道》的《首例林业碳汇获批,广东企业欲全额购买》。《北京日报》用一个整版集中报道了《门头沟成立全国首家"绿色银行"》的新闻,也获得了特别奖。

　　随着新媒体的发展,微博、微信和客户端也成为中国绿色碳汇传播重要媒介。为了鼓励新媒体加入绿色碳汇传播行业、加大传播力度,评委会特别对新媒体播发的有关报道进行了评选。"北京市石景山"官微报道的"顺义区碳汇造林一期项目的挂牌交易情况","中国纸业网"官微报道的"国内首例农户森林经营碳汇成功交易","中国环境报"官微报道的"APEC 会议将造千亩碳中和林",获得了微博佳作奖。令人遗憾的是,目前有关绿色碳汇微信公众号不多,有关绿色碳汇的消息多为转发,使微信佳作奖空缺。

　　近年来,"碳汇""碳交易"等关键词越来越多地出现在媒体报道之中,但一些媒体常常混淆这两个概念。《不应把"碳交易"与"碳汇交易"混为一谈》的消息,报道了绿色碳汇专家的核心观点,获得了佳作奖。专家提醒说,在有关绿色碳汇的报道中时有假新闻出现,产生了负面影响,希望媒体加强审核把关。

参加评选的专家们认为,相对于方兴未艾的绿色碳汇事业而言,中国媒体的相关报道还不够充分,需要加大报道的力度。已有的报道中,有两种倾向特别应该加以避免:一是强调科学性而忽视可读性,使得新闻作品枯燥、乏味、缺少吸引力;二是强调可读性而损坏了科学性,在报道中出现了重大失误。加大对媒体记者绿色碳汇传播理念、知识和技能的培养迫在眉睫。

据悉,参加这一评选活动的绿色传播志愿者们,海选了50多家具有影响的主流纸质媒体2014年的相关报道,利用网络搜索引擎检索出的中国媒体全年的有关报道,以及有关网站上刊发的有关文图、视频作品。由新闻专家、绿色碳汇专家组成的评委会,对初选出的作品从科学性、专业性、新闻性以及对社会的影响力等多方面进行了评选和审核。

《中国科学报》2015年4月7日

《中国青年报》2015年4月8日

《中国绿色时报》2015年4月9日

《科技日报》2015年4月9日

《光明日报》2015年4月10日

评选第三届全国绿色碳汇好新闻

新一届全国绿色碳汇好新闻评选结果5月4日面向社会公布。18篇及时、准确报道我国绿色碳汇事业发展的优秀新闻作品分获佳作奖和优秀作品奖。

北京林业大学绿色传播中心组织专家学者,在志愿者海选的基础上,对2015年全国媒体刊发的绿色碳汇报道进行了评选。获奖作品除了符合新闻评价标准之外,还得到了绿色碳汇专家们的首肯。

因领导的团队全年报道绿色碳汇新闻的数量多、质量好,中国绿色时报总编辑厉建祝获年度贡献奖。热心绿色碳汇新闻采写报道的中国科学报记者郑金武、中国绿色时报温雅莉获年度优秀记者奖。年度优秀编辑奖授予中国绿色时报编辑陈永生和绿色中国编辑耿国彪。

重大事件是绿色碳汇报道的有利契机。去年联合国巴黎气候大会上,中国绿色碳汇基金会主办的两个边会受到了媒体的广泛关注,进行了广泛报道。其中新华网刊发的《中国绿色碳汇基金会讲述碳汇城市建设的故事》《李怒云:加强森林蓄积、管理和碳汇》(中国网,邓亚卿)在评选中获佳作奖,《中国气象报》刊发的有关新闻获优秀作品奖。

获得佳作奖的其他作品是,《中国绿色碳汇2014年十件大事评选揭晓》(《中国科学报》,郑金武);《方精云院士领衔发布新中国森林碳汇预测模型》(《中国科学报》,张晴丹、彭科峰);《全国低碳日——中国林业在行动》(《中国绿色时报》,丁洪美);《全国首家"零碳创意馆"正式开馆迎客》(光明网,张宁);《购买碳汇也是义务植树》(《科技日报》,胡利娟);《APEC会议碳中和林在康保建成揭牌》(《河北日报》,王雪威、胡年帅);值得关注的是,香港《文汇报》在去年中刊发了大陆多篇绿色碳汇的报道,其中《马会资助首届东江源造林和森林可持续经营论坛》获佳作奖。

获得优秀奖的作品还有:新华网的《首个碳汇城市指标体系在京发布》;《大河报》的《全国首个展会"碳中和"造林项目落户兰考》;《中国绿色时报》的《两岸专家共论造林及森林可持续经营》;《中国绿色时报》的《中国竹资源开发利用有啥奥秘?》;《北京日报》的《京冀碳汇交易逾7万吨》;《海口晚报》的《海口有了首片碳汇林》;《科技日报》的《第二届全国绿色碳汇好新闻评选揭晓》;中国绿色碳汇基金会网站的《中缅节能减排——森林保护乡村示范项目顺利完成》等。

据分析,全国媒体对于绿色碳汇的报道数量与前一年相比大体持平。行业媒体、地方媒体、香港媒体表现突出、进步显著,其报道数量多、内容丰富、可读性强。但多家全国性的主流媒体刊发的多篇新闻作品,因科学性差、概念不清、计算错误等问题未能通过绿色碳汇专家的审查。

北林大绿色传播中心的专家认为,与方兴未艾的绿色碳汇事业相比,全国媒体的关注度依然不够,报道的数量和质量有待进一步提升。

《中国绿色时报》2016年5月6日

《中国科学报》2016年5月6日

我国绿色碳汇志愿者队伍不断壮大

12月20日,40多位绿色碳汇志愿者工作站的站长、信息员参加了新一期林业与应对气候变化培训班。中国绿色碳汇基金会执行副理事长李怒云介绍说,基金会在云南建立了国际培训中心,目前遍布全国各地的志愿者工作站已达44个,志愿者队伍迅速扩大,登记志愿者已超过300人,半数以上已经参加过培训。

据悉,培训中既有专家学者的理论引导,也有志愿者一线工作的经验分享;既有应对气候变化的专业知识,也有企业绿色低碳的公益实践案例。"应对气候变化知识的新媒体传播技巧",给志愿者们提供了具体的指导和帮助。

李怒云深入讲解了应对气候变化的国内外治理进程、制度和政策,专门介绍了《巴黎协定》中的涉林内容,分享了前不久刚刚结束的摩洛哥联合国气候大会的成果。国家濒危物种进出口管理办公室动物进出口管理处负责人通过生动的案例和精彩的视频,讲述了野生动植物保护/《濒危野生动植物种国际贸易公约》的国内外形势。他指出,野生动植物保护是应对气候变化工作成果的直接体现,也是绿色碳汇志愿者工作的重要内容,更是唤起公众绿色、低碳、环保理念的重要载体。

中国野生动物保护协会副会长陈建伟通过展示自己多次赴南极、北极考察拍摄的照片,讲述了气候变化背景下地球南北极自然环境变迁的镜头故事,让与会者体会到气候变暖对人类社会和自然环境的深刻影响。四川乐山的68岁资深志愿者罗长安讲述了27年的经历和体会。

海南首个绿色碳汇志愿者工作站站长何业珠在开展艺术文化培训中,创造性地将绿色低碳理念融入日常管理和教学体系,组建起了三支队伍:绿色天使－学生、绿色军团－家长、绿色使者－教师。她的工作模式让大家明白,创业和绿色公益可以紧密结合、相得益彰。

《中国科学报》2016 年 12 月 26 日

新生录取通知书呈古典园林风格

7月11日,北京林业大学录取通知书在教育部官方微信平台全国性评选投票中脱颖而出,凭借大学校训与中国古典园林相结合,使北林大今年的录取通知书别具一格。

北林大今年的录取通知书凸显绿色大学文化,以校训"知山知水,树木树人"中"山、水、木、人"为主要设计符号,配合植物元素叶脉和园林元素花窗、拱桥等,用抽象的设计语言将校训精神与学科特色体现出来,匠心独具。

录取通知书共3层,最外层为信封,由纹理酷似植物叶脉的伊文斯纸半手工制作,以银色校徽封蜡封口;封套由原生木浆纸张制作,以花窗为眼,内裱手工粘贴的植物叶脉;第三层为正式录取通知书,上面装饰花窗的是一片真实的叶脉,寓意叶之风骨。

《中国绿色时报》2016年7月15日

"小新叶"更茁壮

"今年的'小新叶'长得不错。"北京林业大学学生部门刚刚公布了今年录取的本科新生成分分析结果,得出这样的结论。

如今,人们流行用"小鲜肉""新鲜人"称呼那些刚入圈子的人,颇具林业特色的"小新叶"则是北林大师生对新生的爱称。新生入学的日子还早,有关部门利用假期对有关情况进行了精细统计和全面分析,以便有针对性地做好各项准备工作。

今年北林大共招收本科生3237人,文理科生的比例为1:6。中共预备党员有11名,绝大多数均为共青团员。户籍所在地的城乡比例为3:1。男女生的比例为5:9,男生数略有增加。年龄最小的出生于1999年年底,到现在还不满16岁。

在14个学院中,招生数最多的当属全校第一大院经济管理学院,为485人。园林学院444人,位居第二。招生人数最少的是研究型学院自然保护区学院,为54人。

在特殊类型招生中,专项生占比最高,为197人。艺术类考生182人。通过自主选拔录取了 155 人,农村自主选拔 29 人。新生中,国防生 70 人,定向西藏生 6 人。学校还招收了高水平运动员 10 人、艺术特长生 8 人,有 1 人为港澳台联招考生。

《中国绿色时报》记者了解到,新生中的少数民族有 26 个。学生最多的是羌族和满族,分别为 79 人。排在第二位的是纳西族和回族,分别为 51 人。

《中国绿色时报》2015 年 8 月 10 日
《北京考试报》2015 年 9 月 2 日

新生扫码报到入学

9 月 11 日,北京林业大学 4977 名新生报到入学,其中本科生 3237 人、硕士研究生 1474 人、博士研究生 266 人。

对于经管学院新生小王来说,虽然是第一次跨进大学校园,却没有太多的陌生感。他通过"迎新网"、"迎新管理信息系统"及"林范 er 生活"微信公众号等网络平台,对学校的许多情况已了如指掌。班里的同学虽然尚未谋面,但 QQ 群、微信群非常活跃,和新生班主任、辅导员已颇为熟悉。据悉,北林大全面实现了迎新工作网络化,把新生教育和班级建设等工作提到了报到入学之前。在学生报到入学前的"空窗期",新生和学校之间、新生和新生之间就通过网络进行密切的沟通和交流。

女生小张来到园林学院报到点,用录取通知书上自己专属的二维码,在工作人员的手机上一扫,就完成了报到注册、宿舍入住等手续。今年,北林大全面实现了新生报到网络化,所有工作人员的手机都是报到的终端设备,大大缩短了新生排队等候时间。

往年用纸量最大的报到单和宣传教育材料均被网络终端及新技术手段替代,让新生们感受到了绿色学府的生态文明理念和环保态度。

山西省新生小杨对"困难不怕,北林是家"这句话体会最深。接到录取通知书后,她在太原市摆摊卖小商品,为家里增加收入,当地媒体进行了报道。有关人员知道这种情况之后,立即与她取得了联系,了解详细情况,做了相应的安排。老师们帮助她办理了助学贷款。刚一报到,她就领到了被褥、教材和新生起航金在内的爱心大礼包。今年,学校绿色通道设置了 8 个类型的办事窗口,20 多名工作人员为家庭经济困难新生一站式办理包括家庭经济困难学生认定、助学贷款申请、勤工助学岗位申报等在内的 8 项业务,把家庭经济困难新生最关心的业务放到入校第一天完整办理,减轻他们的心理负担,愉快地开始大学生活。

以往开学典礼上发言的新生代表都由校方指定。今年,特殊的"命题作文"在新生中引起了很大反响。9月初,学校微信平台发布了征集令,采取网上自荐的形式选拔新生发言人。70多名新生积极响应,以"我的大学"为题撰写发言稿,写出自己对大学、对人生的思考和感悟。通过不拼颜值、不比声音、只重思想的"命题作文",引导新生深入思考、记录感悟。通过笔试、面试后产生的发言人更具代表性,其余进入复试的新生发言稿,也在全校进行了展示。

新生们一进校门,就看到主楼前设置了4个照相机位。大学生志愿者们开展了"我与北林的第一张合影"活动,为每一位新生、家人合影留念。拍摄后立即免费取相。水保学院新生小刘兴奋地在"大学心愿板"上写下"好好学习"4个大字。他举着这张心愿板说,我一定会把这张照片永远保存。

《北京晚报》2015 年 9 月 12 日
《中国绿色时报》2015 年 9 月 15 日

为新生提前开启大学生活

北京林业大学今年招收的新生中年龄最小的刚过14岁生日,是典型的"网络族"。8月12日,距离新生到校报到还有22天,北林大就启用了迎新网入学注册系统,以适应"网络族"们的需要。当日有数百名新生网上注册报到,11名新生申请了家庭经济困难认定。

北林大迎新微信公众号透露,在3294名新生中,女生比例比前两年略有提高,达到了65%;新生中有352名少数民族学生,分属29个少数民族,人数排在前两位的是回族和满族;农村户籍新生占25%;新生来自全国1672所高中。有趣的是,85名新生有同名同姓的同学,2932名新生可在校内找到同年同月同日生的同学。

管理科学与工程类专业的小祁同学当日早7点上网,成了第一位完成注册手续的新生。据介绍,该校的网络迎新由入学注册系统、迎新网、微信公众号组成,8月初已陆续开放使用。

迎新网的网页设计由3名本科生完成。网上详细介绍报到流程、户籍迁移、行李托运等入学须知,系统展示学校概况、学生管理规定、心理健康、资助指南、大学生活、校园安全和校友风采等内容,全方位为新生提供服务。

入学注册系统设立了"学生信息采集"和"绿色通道"等功能,使学校在新生跨进校门前就掌握了各项信息,更精准地分配住宿和开展资助。网络系统优化了"报到情况"信息采集方式,更加准确地采集新生到校方式、到达站点、到站时间、陪同人员等信息,更科学精准地安排接站人员和车辆。

丰富多彩的新媒体互动,使新生们提前进入了大学生活。由该校学生组成的技术团队制作完成的微信公众号,为新生提供贴心的服务。新生实名认证后可实现班主任、辅导员、班级 QQ 群号等信息的定向推送,完成大学适应性测评和新生有关测试,用"一起去上学"功能可找到与自己同车次或相邻站点的同校同学。公众号还推送了报到须知、宿舍探秘、辅导员说、班主任说等专题。特别是"自荐代表新生在开学典礼发言"等活动,引起了许多新生的兴趣。

《中国绿色时报》2016 年 8 月 16 日

《中国科学报》2016 年 8 月 18 日

《中国教育报》2016 年 8 月 29 日

"准00后"进大学处处智能化

明天清华大学就将迎来 2016 级新生报到入学,之后其他高校也将陆续迎新。记者发现,面对自由、个性的"准00后"新生,不少高校都开启了智能化手段服务新生报到,自主选宿舍、提前订卧具甚至通过虚拟现实提前逛校园等,记忆里那种新生背着行李在陌生校园里茫然无措的场景,今后恐怕要一去不复返了。

迎新用上"互联网 +"?

8 月 12 日,距离新生到校报到还有 22 天,北京林业大学就启用了迎新网入学注册系统,当日有数百名新生网上注册报到。据介绍,该校的网络迎新由入学注册系统、迎新网、微信公众号组成,8 月初已陆续开放使用。利用"互联网 +"迎新,简化新生便捷办理注册手续。更重要的是,抓住新生入学前的"黄金期",提前开展新生入学教育,帮助新生尽早进入角色、适应大学生活。

北林大迎新网的网页设计由 3 名本科生完成。设计元素中选取了该校研究的对象大熊猫、东北虎、雪豹、中华秋沙鸭、普氏野马等 5 种动物,银杏、梅花、苹果蕨、菊花、水杉等 5 种植物。网上详细介绍报到流程、户籍迁移、行李托运等入学须知,系统展示学校概况、学生管理规定、心理健康、资助指南、大学生活、校园安全和校友风采等内容,全方位为新生提供服务。

提前预约绿色通道

对于经济困难的新生,大学更是做好了服务保障。北京大学与相关部门合作研发了"北大资助"手机 APP,新生可在手机上填写家庭经济情况、联系方式、助学贷款需求、存在的困难、勤工助学需求等内容。学生资助中心可及时了解家庭经济困难新生的情况,第一时间给予针对性资助。此外,学生也可以通过 APP 软件了解到自己入学后将获得的所有资助项目,放下经济困难的包袱。开学报到那天,他们可以直接走绿色通道,完成报到入学手续。

北京林业大学的网上入学注册系统设立了"学生信息采集"和"绿色通道"等功能,使学校在新生没跨进校门前就掌握了各项信息,开通第一天就有 11 名新生申请了家庭经济困难认定。

《北京晚报》2016 年 8 月 16 日(节选)

园林新生园博馆接受启蒙教育

9 月 9 日,北京林业大学园林学院 499 名新生走进中国园林博物馆,接受别开生面的专业启蒙教育。

"让新生在入学初期就能感受浓郁的园林文化,对行业的整体发展、国内外现状以及最新技术的应用有感性的了解,为专业学习打下基础。"有关负责人介绍专业启蒙教育的初衷。据悉,该院还为园艺、城规、旅游等专业的新生,分别安排了专业介绍会,详细解读专业的历史、现状及未来。

在园博馆里,新生们参观了圆明园全景立雕、植物生态墙和硅化木等,调研了中国古代园林厅、岭南园林"余荫山房"、水景园林"塔影别院"等展区。他们从古砖古瓦中了解中国古典园林的发展历程,在实景园林中观察感受园林的美和韵味,全方位地感受了中国园林的悠久历史和博大精深的造园技艺。

园博馆馆长李炜民是北林大园林学院的优秀毕业生之一。他围绕"对中国园林的认识和思考""中国园林的本质"等主题,为新生们做了通俗易懂的专题报告,并结合自己的求学经历,从中国园林风景学科发展历程、中国园林发展基本特征、当代风景园林学科的职责任务等方面进行了阐述。他强调,文化是中国园林的本质及中国园林的灵魂。他结合案例,引发新生思考,激发了新生对专业的兴趣。

据了解,北林大园林学院在全国学科评比中获风景园林学科第一名,是我国最重要的园林高等人才培养基地。

《中国绿色时报》2016 年 9 月 27 日

北林版专属学位证书正式发布

5月16日，北京林业大学自主设计的"北林版"学位证书对外发布。北林大今年春季的学士、硕士、博士毕业生，将首次拿到专属学位证书。这是自1981年《学位条例》实施以来，该校首次自行设计学位证书。

《中国绿色时报》记者看到，"绿味"十足的新版学位证书融合了北林大的核心文化符号，体现"知山知水，树木树人"的办学精神。新版学位证书包括证书（内芯）和封套两部分，采用深红、藏蓝、墨绿来对应博士、硕士、学士三级，并由以往的A4横版变为A4竖版。

内芯版式设计采用上中下三分开的构图，以保证版面对比效果均衡和阅读节奏清晰。边框顶部与两侧配饰纹样取自玉兰花。证书下方选取学校的主楼与银杏叶为配饰图案。底纹是通过抽象变形和重复排列的手法，把该校最具特色的"银杏叶"设计成林海图形。为突出学位证书的专属性，在主楼下方设计了防伪标识；证书封套的压角贴采用"银杏金"色，内嵌银杏叶与银杏果图案，寓意学生毕业时硕果累累。

根据国务院学位委员会、教育部印发的《学位证书和学位授予信息管理办法》，从今年开始，博士、硕士和学士学位证书由各学位授予单位自行设计印制，"国家版"学位证书不再使用。

《中国绿色时报》2016年5月17日

实施"四轮工程"助研究生成长

12月21日，北京林业大学生态文明博士生讲师团在海淀区东王庄小区开始了今年的第103场演讲。自前年成立以来，讲师团已在25个省、市、自治区社区、学校、部队宣讲300多场，直接受众4万多人。这是该校在研究生教育中实施"四轮工程"的具体措施之一。

据了解，"四轮"指的是"思想引领＋学术成长＋职业发展＋成才保障"的驱动、推动、带动、促动，构建"全员化引导＋全方位培养＋全过程指导＋全覆盖助力"四全工作体系。

研究生工作部部长孙信丽称，学校将"思想引领"的驱动放在首位，积极构建"全员化引导"德育工作新体系。实施了党建创新工程、党员先锋工程，开展了"十佳"特色党建、党建课题立项、党员述责测评等特色活动。全校 14 个教学学院实现了"一院一品",培育出 24 项德育精品项目。"诚信与成才"的入学教育、"知国情、体民情、察林情"的时政教育、"毕业季"的系列教育,覆盖了研究生培养全过程。创办的"树人"研究生党员骨干培养学校,对党员骨干分类别开班、模块化培训,每年培训 400 多人。连续多年开展的"建设新农村,我们在行动"、生态文明博士生讲师团等活动,使广大研究生受到了全面的锻炼。

在加强"学术成长"推动、构建"全方位培养"的学术工作新体系中,该校也做出了新的探索,积极培育研究生的学术成长之树。这棵树以科学道德教育为根,引导研究生明确学术成长的方向。在科学道德培育工程中,组建"科学道德和学风建设宣讲团",开展了"我的学术人生""寻找身边的学术榜样""导师与我面对面"等活动,广泛开展"弘扬学术道德、反对学术腐败"主题活动;以学术活动为干,扩大研究生学术活动的参与度。实施了校级学术科技活动的立项制度,培育出了 20 多个校、院学术品牌活动。每年的学术文化节举办学术活动 200 多场;以学术评优为果。设立了研究生学术创新奖。校长奖学金每年奖励 10 名在科研领域表现突出的研究生。每年投入 100 万元开展研究生国内外学术交流资助项目等。

据悉,该校注重"职业发展"带动研究生成长,构建"全过程指导"的就业工作新体系。以职业生涯规划为出发点,推动研究生就业指导课进一课堂,开设了生涯规划、职场礼仪、创业指导等系列课程;以就业能力提升为着眼点,成立了研究生就业实践中心。开展"职业生涯大讲堂""就业创业论坛""模拟求职大赛"等活动,锻炼和提升研究生的求职能力;以就业质量为落脚点,实施就业工作"一把手"责任制。健全导师就业指导责任制,调动导师在研究生就业中的积极性。加强择业观教育和引导,提升毕业生的社会责任感和使命感。建立优秀研究生校友资源库,帮助研究生开拓就业渠道。

该校着力"成才保障"促动,构建了"全覆盖助力"的管理工作新体系。明确了辅导员、导师、班主任、学生骨干这四支队伍的工作职责,强化导师第一责任人作用。年投入经费 6000 余万元,搭建"金字塔"形奖学金体系和"矩阵式"助学金体系。建立和完善学校、学院、班级(学科)、宿舍四级心理健康教育和预防工作体系。据了解,该校每年都聘请 60 多位优秀研究生担任本科生的学业辅导员、20 多位品学兼优的研究生做研究生兼职辅导员,收到了显著效果。

科学网 2015 年 12 月 23 日

《北京考试报》2016 年 1 月 6 日

《中国绿色时报》2016 年 1 月 29 日

《中国科学报》2016 年 2 月 18 日

研究生骨干队伍培训实现全覆盖

5月7日,北京林业大学"树人"研究生党员骨干培养学校的新一期精英骨干培训班开班。90名学员将参加多种形式的培训。

据了解,"树人"学校创建于2012年5月,以各类研究生党员骨干队伍为培养对象,探索优秀研究生党员骨干培养的有效途径,为他们今后融入社会、服务社会、贡献社会奠定基础。"树人"学校全年开展精英骨干培训班、新生骨干培训班、学业辅导员培训班、新生党支部书记培训班、研究生助管培训班、研究生会主席研修班等六大类型培训,年培训研究生骨干近400人,基本实现了研究生骨干队伍培养的全覆盖。

《中国科学报》2016年5月12日

50万奖学金激励研究生创新

10月19日,北京林业大学新一届校长奖学金评选揭晓。10位优秀研究生脱颖而出,每人获得了5万元奖金。

10名获得者在学术研究领域中取得了优异成绩。以林学院博士生赵长林为例,他主要从事木腐真菌的分类及分子系统学研究,读博期间他在全国15省开展野外调查,与团队共采集真菌标本近3000件,以第一作者身份在专业领域8种经典分类学期刊发表文章13篇;环境学院博士生王君雅研究方向为环境功能材料的应用与研发,她在环境领域顶级SCI刊物 *Energy & Environmental Science* 上以第一作者身份发表 CO_2 固体吸附剂研究进展综述,其影响因子达到20.532,是该校研究生单篇学术论文影响因子最高者;获奖者中唯一的硕士生、经管学院的郑赫然,以第一作者的身份发表了4篇SCI和CSSCI论文。材料学院博士生彭尧,担任本行业领域两个重要SCI学术期刊 *Polymer Composites* 和 *Industrial & Engineering Chemistry Research* 的审稿人。

据悉,这项奖学金是该校研究生的最高荣誉,自去年起开始每年评选一次。每名研究生只能获一次。本届获奖的10名研究生在学期间参编专著7部,主持研究生科技创新计划7项;以第一作者身份发表SCI收录论文49篇,SSCI收录论文4篇。人均获两项省部级(北京市)以上奖励;都曾出国参加国际性学术会议并作报告;绝大多数都是研究生各级社团的骨干,积极参与生态文明博士生讲师团宣讲等公益活动。

中青在线 2015 年 10 月 20 日

《中国科学报》2015 年 10 月 22 日

《中国绿色时报》2015 年 10 月 23 日

《中国教育报》2015 年 11 月 2 日

《中国花卉报》2015 年 11 月 2 日

3000 多万元奖励优秀研究生

日前,北京林业大学表彰了本年度优秀研究生、研究生先进班级、优秀班主任等先进集体与个人。3910 人次研究生获校长奖学金等多种奖项,奖励金额总数达 3000 余万元。

据悉,该校刚刚闭幕的研究生文化节举办讲座 131 场,邀请大批院士、校内外专家开展高水平系列讲座,还举办了学术论坛、辩论赛、英语演讲比赛、"学术之星"评选等活动。

校党委书记王洪元为学术"腾飞"奖学金获得者颁奖。他指出,通过奖励引导研究生明确努力方向,营造尊重科学、尊重劳动的学术氛围。

《中国科学报》2015 年 12 月 10 日

全国农林院校研究生竞赛学术科技作品

12 月 9 号,首届全国农林院校研究生学术科技作品竞赛决赛在京落幕。全国农林院校的研究生代表,分成自然科学类、哲学社科类和科技发明类三大类别进行激烈角逐,最终 10 名研究生从中脱颖而出,问鼎本届比赛特等奖,20 名研究生获得一等奖。

大赛由中国学位与研究生教育学会农林学科工作委员会研究生管理工作研究会主办,中国农业大学、北京林业大学和大北农集团承办。

36 所农林院校推送了 162 份作品参赛。参赛作品均为近两年研究生在学术科技领域取得的最新成果。经过 54 名评审专家的匿名评审,有 30 名研究生的作品获决赛资格。他们均取得了优异的学术科技成果,展现了深厚的学术功底和良

301

好的创新潜力。

据大赛组委会主任、北林大党委研工部部长孙信丽介绍,本次竞赛是全国农林院校研究生教育系统首次组织的全国性的研究生学术科技创新赛事,面向全国各农林院校研究生征集大赛作品。大赛旨在促进研究生拔尖创新人才培养,推动农林院校研究生教育质量提升。比赛为来自全国农林院校不同领域的研究生提供了同台竞技、相互学习的机会,集中展示了农林高校研究生教育的最新成果,呼应了"大众创业、万众创新"的时代号召。

自然科学类特等奖获得者之一、北京林业大学博士研究生黄宇翔,在攻读博士学位期间参与了林业公益性行业专项科研面上项目、国家林业局948项目、国家科技支撑计划重点项目等研究工作,以第一作者身份发表SCI收录论文9篇,申请美国专利两项,参编英文专著两部,同时兼任两个SCI期刊的审稿人。他获特等奖的项目是"用于高性能超级电容器的生物基纳米多孔活性炭纤维"。

山东农业大学的博士研究生牛浩获得了哲学社会科学类特等奖。他参与了国家自然科学基金"区域性农业干旱、强风、低温气象指数保险产品设计与应用研究"等5项科研项目的研究。

科技发明制作类特等奖获得者之一、新疆石河子大学的博士研究生何艳慧的获奖作品是"多功能缓释肥料的研制与特性研究"。她是2015年度大学生小平科技创新团队之"解盐防病促生菌剂创新团队"的主要成员,从事缓释微胶囊菌肥的研制与应用研究工作,以第一作者发表SCI收录论文5篇,获得国家发明专利2项,获国家级奖励5项、省部级奖励1项。

《北京晨报》2016年12月23日

《中国绿色时报》2016年12月23日

《中国科学报》2016年12月29日

《大学生科技报》2016年12月29日

就业创业工作标准化精细化

日前,北京林业大学对外表示,该校将以就业工作标准化、精细化建设,应对市场需求减小的严峻就业形势。目前该校的就业实践基地建设总数已达258家,立项的就业创业教育研究课题10个,《分专业就业指导大纲》已经出版,《大学生就业创业工作宝典》也已付梓。

据悉,作为首批北京地区示范性创业中心建设高校之一,北京林业大学还支持了 10 个"三创"服务机构和 4 个创业教育特色项目,组织了特色鲜明的创业大赛和优秀校友初创企业支持计划,对在校生和刚毕业的校友实现了创业项目和初创企业的全覆盖支持。

《中国科学报》2016 年 1 月 14 日

"绿桥、绿色长征"系列活动启动

4 月 2 日是首都义务植树日。当日,由全国保护母亲河行动领导小组办公室、国家林业局、共青团北京市委员会、北京林业大学主办的 2016 年绿桥、绿色长征活动推进会在京举行。

本届绿桥、绿色长征以"绿色共享,青春同行"为主题,通过精准扶贫伙伴计划、青少年生态文明教育项目、环保公益创业创意项目、绿色体验项目、A4210 网络平台、国际交流等多种形式的活动,引导广大青年学生积极参与到国家生态文明建设中,为建设美丽中国贡献力量。

推进会上,"A4210 好习惯养成计划线上交互平台"正式发布。"A"指英文单词 Action,意为行动;"4"指衣、食、用、行四个方面;"21"指 21 天效应,研究表明一个新习惯的养成并巩固至少需要 21 天;"0"指节俭、低碳、零浪费。据介绍,A4210计划已覆盖京内外高校 2 万余学生和社会公众 1 万余人。

《人民日报》2016 年 4 月 9 日

百名博士开展千场生态文明宣讲

"十校百名博士千场生态文明宣讲伙伴计划"正式启动。在 6 月 26 日举办的"生态治理与美丽中国"论坛上,北京林业大学生态文明博士生讲师团的 66 名志愿者发出倡议,得到了中国农大、西北农林科大、中国农科院、南农大、东林大、北京中医药大学、华南农大、中国林科院、东北农大和南林大等全国 9 所农林大学研究生的响应。

据悉,10 校的 100 名博士生力争在一年内完成 1000 场生态文明主题宣讲。他们将以开展绿色实践教育、传播生态文化理念、讲述生态文明的中国故事等为核心内容,深入社区、乡村、企业等基层,开展"生态文明博士讲坛""生态文明宣讲进社区""生态文明网络课堂""低碳绿色微行动"等系列活动,为提高全民生态文明意识、培育绿色生活方式、鼓励公众积极参与生态治理贡献力量。

据介绍,各校将立足学科特色优势,组成跨学科的博士生生态文明宣讲团,组织 10 名博士生志愿者,围绕生态文明建设的热点焦点问题,策划 10 个类型的生态文明宣讲传播主题讲座,深入社区、乡村、中小学、企业开展 100 场左右的主题宣讲。专家学者将从 10 校 100 名博士的 1000 场讲座中遴选出优秀讲座,进行视频微课制作,向全国高校示范推广。

北林大生态文明博士生讲师团此前已经进行了 200 场主题演讲活动。

《中国教育报》2015 年 7 月 2 日

《中国绿色时报》2015 年 7 月 3 日

领衔青年环保公益创业大赛

北京林业大学将承办 2015 年京津冀晋蒙青年环保公益创业大赛,这是《中国绿色时报》记者在 6 月 13 日"青春建功美丽中国"活动启动仪式上获悉的。

京津冀晋蒙青年环保公益创业大赛旨在进一步引导青年群体投身创新创业热潮,激发环京地区绿色事业协同发展的内生活力。公众与环境研究中心主任、第六届"母亲河奖"获得者马军在启动仪式上分享了环保公益创业历程,并与其他几位专家学者、爱心企业家一起受聘为大赛导师。

据共青团中央相关负责人介绍,除青年环保公益创业大赛外,"青春建功美丽中国"活动还包括"绿色长征"公益健走、"绿色团队"争创等活动,引导青少年投身生态环保实践。

《中国绿色时报》2015 年 6 月 17 日

首届京津冀晋蒙青年环保公益创业大赛闭幕

日前,首届京津冀晋蒙青年环保公益创业大赛总决赛在北京林业大学举行。

本次大赛由全国保护母亲河行动领导小组办公室、团中央社会联络部、北京林业大学主办。大赛最终评出金奖 2 个、银奖 4 个、铜奖 7 个、优秀奖 20 个。"管道非开挖修复材料""钢铁酸洗废酸、废水、污泥处理技术开发与应用"两个项目团队分别摘得计划组和实践组金奖。"飞羽生物科技""校园节能节水循环利用系统""北林创行佼酵者""矢量控制电机节电器"等 4 个团队获得计划组、实践组银奖。

《中国科学报》2016 年 11 月 10 日

国际风景园林大学生设计赛获奖

4 月 20 日 – 22 日,第五十三届国际风景园林师大会在意大利都灵市召开。大会主题是"品味景观",旨在解读风景园林在改进人居环境方面的作用,强调将风景园林作为创造品质、健康、资源和公众利益的途径,以及在场地区域再生重构过程中的核心作用。大会设立分享性景观、关联性景观、层次景观、启发性景观 4 个分论坛解读了这一主题。

在开幕式上,国际大学生设计竞赛获奖名单揭晓。数百份参赛作品中仅有 3 件作品获奖。一等奖由荷兰瓦赫宁根大学学生获得。由北京林业大学学生何伟、谭立、金兰兰、张梦涵、崔佳慧完成的作品《洪水的馈赠》获二等奖;由北京林业大学学生王茜、张琦雅、严亚瓴、吕林忆、陈晨完成的作品《重返波波湖》获三等奖。大会还授予德国景观设计师彼得·拉茨"杰弗里·杰里科爵士奖",以肯定其在风景园林事业作出的特殊成就。

下一届国际风景园林师大会将于 2017 年 10 月在加拿大蒙特利尔市举行。

《中国绿色时报》2016 年 5 月 10 日

学生获中日韩风景园林设计赛金奖

2008 年北京奥运会马拉松比赛早已成了过去的记忆,而北京林业大学学生用风景园林设计方法重新定义了赛道的绿色基础设施。在刚刚结束的第十五届中日韩大学生风景园林设计竞赛中,这件设计作品夺得了唯一的金奖。中国、日本、韩国有 40 多所高校的大学生参加了比赛。北京林业大学园林学院的学生还获得 6 项入围奖,获奖数占全部获奖作品的 1/2。

这项赛事每两年举办一次,是业内认可度较高的风景园林学科设计竞赛。本届竞赛的主题为"重新定义 42.195 公里的绿色基础设施"。竞赛以中日韩三国所举办的奥运会马拉松赛道为平台,鼓励参赛者挖掘这一独具特色的竞技设施在风景园林方向的潜力。通过规划及设计的更新或改造手法,对可持续发展型的"绿色基础设施"进行再定义和改造。

2008 年北京奥运会结束,马拉松赛道成为"灰色"交通基础设施,两侧用地性质限制较大,缺乏大面积改造开发的条件。如何巧妙地通过一种最低干扰的介入,对灰色基础设施的"绿色"再定义化、功能化,是设计者关注的重点。参加设计的钟誉嘉、陈晨、唐彧玮、戈祎迎、王一岚等同学,在调研及评估场地周边建筑、绿地、人流现状的基础上,首先结合北京马拉松赛道,形成运动跑道和慢行系统的"多环体系",公众可根据需要,选择日常运动路线;然后进行环线设点,结合绿地或场地,为市民提供锻炼、交流的活动空间。城市道路上行人走路、汽车行驶、地铁运行都会产生震动,大学生们沿线布置了收集震动能量的装置,巧妙地将其转化为电力,用于道路照明、绿带灌溉、活动设施等,在实现由"灰"转"绿",同时能量收集、电力转化、电灯点亮、植物浇灌都通过互动装置,形成具体数据反馈到用户 APP 上,以激励公众积极参与公益运动。

北京林业大学大学生的其他入围作品,通过改造道路及河流、建筑覆绿及整合破碎绿地等措施,重构城市绿地之间的关系,创造城市绿地和城市功能之间关系,努力建立适于城市通风的绿色基础设施,不但使北京奥林匹克马拉松形成的奥运场所得以留存,还使新的社交功能得以注入,以彰显北京独特的城市魅力。

《北京晨报》2016 年 11 月 17 日

《中国科学报》2016 年 11 月 17 日

《中国绿色时报》2016 年 11 月 22 日

《中国花卉报》2016 年 11 月 28 日

获全国大学生计算机设计一等奖

在日前结束的中国大学生计算机设计大赛决赛中,北京林业大学作品"递归寻宝记"进入全国总决赛并获一等奖。全国 130 多所高校的千名选手,携 248 件作品参加了比赛,共有 11 件作品获大赛一等奖。

此次获奖作品"递归寻宝记"是由学生代聪、齐顾和陈婷组成的团队共同设计的。他们分别来自信息、数媒和计算机专业。作品由教师李冬梅指导完成。

中国大学生计算机设计大赛由教育部高校计算机类专业教学指导委员会、教育部高校软件工程专业教学指导委员会等联办,每年举办一次,是全国计算机类大学生最高级别的赛事。

《中国绿色时报》2015 年 8 月 6 日

学生在国际青少年林业比赛获奖

在 9 月 9 日结束的第 13 届国际青少年林业比赛中,北京林业大学学生获得优秀奖。这是我国首次参加这项比赛。

这项赛事 9 月 5 日—9 日在俄罗斯圣彼得堡举行。美、韩、日等 25 个国家的 47 位选手参赛。北林大材料学院梁希 133 班的丁哲远,带去的是一项被称作"近红外光谱技术沉香高价值成分含量预测"的成果。这项成果利用近红外快速分析技术,结合目前的成分检测技术 HP – LC(高效液相色谱),以得到的成分含量与近红外谱图建立预测模型,从而实现未知沉香高价值成分含量的快速预测。和一般的分析方法相比,这一成果速度更快、准确度更高,且实现无损检测。

据悉,这项比赛从 2004 年开始每年举办一次。丁哲远在国家林业局、中国生态文化协会组织的全国选拔中脱颖而出,代表中国青少年参加了这一赛事。

《中国绿色时报》2016 年 10 月 8 日

华北地区青少年增绿减霾共同行动

面对雾霾,我们应该怎么办? 京津冀晋内蒙古青少年增绿减霾共同行动交流会日前在北京举办。代表们围绕青少年在增绿减霾中的使命、绿色社团自身的建设与发展、新媒体平台推动青少年生态文明实践教育发展、青少年绿色社团创新竞赛活动等主题展开研讨,并启动首届青年公益创业大赛"伙伴计划"项目。

交流会上,中国工程院院士尹伟伦作了题为《生态污染源头解析与可持续发展的思考》专题报告。他分析指出,生态恶化是发展中忽视生态成本的结果。环境保护和可持续发展就是推进绿色 GDP 经济核算,将生态成本要素纳入经济成本的核算体系中去。

来自京津冀晋内蒙古五省(区、市)团委青农部负责人、高校环保社团指导教师、志愿者、绿色企业和 NGO 项目负责人等 50 多位代表,交流了引导青少年积极参与林业和生态环境保护的做法和经验。北京林业大学"A4210 好习惯养成微行动"项目负责人介绍了利用新媒体平台介入生态道德养成教育的成效;天津市静海区团委负责人分享了利用新媒体平台开展"回收哥"垃圾分类回收项目情况;内蒙古农业大学大学生社团代表介绍了保护当地生态环境的具体做法;河北省邯郸市橄榄绿青年志愿服务团介绍了围绕增绿减霾开展创新项目。

《中国科学报》2015 年 12 月 31 日

《中国绿色时报》2016 年 1 月 19 日

暑假去哪？北林学子社会实践忙

暑假变身大学生的社会实践季。北京林业大学今年组建社会实践团队 309 支,直接参与人数超过 3000 人,创历史新高。今年北京林业大学社会实践设立有绿色长征、创新创业、爱国教育 3 个专项,针对基层团支部设立专业研学重点项目。

经过前期答辩评审,北林大共评选出绿色长征专项团队 6 支,各给予 10000 元资金支持;创新创业专项团队 10 支,给予每支团队 2000 元资金支持;爱国主题教育专项团队 5 支,各给予 2000 元资金支持;专业研学重点团队 15 支,各给予 1000 元资金支持;校级团队项目 15 支,各给予 1500 元资金支持。

社会实践地区覆盖北京、辽宁、四川、贵州、福建、新疆等 29 个省市区。根据地方需求,北林大还将依托林学院等学院组建博士生高水平实践团,赴河北阜平县林业局开展二类资源调查专项实践,以解决当地经济社会发展遇到的问题。此外,今年的红色“1+1”活动以“践行核心价值观,永葆党员先进性”为主题,有 67 个学生党支部与京郊农村、乡镇街道社区、企事业单位、驻京部队等党支部开展科技支持、文化普及、卫生服务、知识宣讲、文艺演出等共建活动。

《中国绿色时报》2015 年 7 月 17 日

新年挑战,从校长书单开始

有书相伴的寒假,注定很美。

2 月 1 日,北京林业大学学生工作处的官微有条微信火了。这就是:新年挑战,从阅读校长书单开始。这条微信拉开了“寒假读书季”的帷幕。

显然,这个提法并不准确,因为向学生推荐书单的,除了北林大的校长宋维明,还有该校党委书记吴斌、主管学生的党委副书记全海。他们每人都把自己读过的书及自己的读后感与学生们分享。

不用说列夫·托尔斯泰的“理想的书籍,是智慧的钥匙”,也不消说歌德的“读一本好书,就是和许多高尚的人谈话"。有谁不知道读书的好处呢?只是在这个充满二维码、Wi-Fi的世界里,又有谁能静下心来读几页书呢?

对此,我也深有体会。过去上课时,学生们总是围着老师询问需要看什么教材、读什么参考书;后来是追着老师拷PPT,再后来就是举起手机拍照。不信问问自己,你有多久没有走进书店了?

或许就是因为如此,在寒假开始之时,最时髦的微信"林范er生活"推出了这张书单,发出了"来一场久违的严肃阅读吧"的呼喊!

吴斌推荐的书有刘声东、张铁柱主编的《甲午殇思》。这是一本撕开血淋淋现实、展现庞大清廷如何战"东洋一小国"而惨败的史实书,一本从实战角度详尽分析甲午战争敌我双方战略、战术、后勤与军风的军事书,一本希望中华儿女怒其不争、重拾铁骨的教育书,一本28位军事名家首次集体揭开历史创痛的反思书!吴斌的推荐理由是,读过此书,可多角度梳理旧中国落后的深层次原因,为同学们增强时代担当、提供历史参照系。

何为大学?何为学人?在吴斌看来,可以从一本书中感悟真正的大学精神和学者气质,启迪我们如何回归学习。这本书就是黄延复、钟秀斌著的《一个时代的斯文》。书中完整地介绍了20世纪伟大的教育家、清华大学已故校长梅贻琦先生的教育思想、教育实践和人格精神。他的"大师论""通才教育""学术自由""教授治校"等教育思想和办学理念,"忠诚无私""寡言沉稳""刚毅仁爱"的人格精神,不仅曾经照亮中国教育走出迷途,而且对中国教育改革至今依然有借鉴意义。

王跃文所著的《大清相国》也得到了吴斌的首肯。书中塑造了以陈廷敬为主要代表的大臣群相,反映一个特定历史境遇中官场人物的人格、道德和行为的艰难选择,再现了三百多年前的官场风云。吴斌说,这本精彩的小说在讲立德、立功、立言的故事。古人说的三不朽,需要从做人、做事中感悟。

宋维明推荐的书有陈学昭写的小说《工作着是美丽的》。小说描写了李珊裳——一个小资产阶级知识分子成长为坚定的无产阶级革命者的过程,是一位知识分子心路历程的形象记录。在宋维明的记忆中,这是非常美丽的一本小说,对他思想影响直到今天。主人公李珊裳开始时是一个热情的女青年,两次出国学习,后来奔赴延安,投身革命。在党的教育下,她克服了自己身上的许多弱点,始终坚强地努力革命,相信"只要生活着,工作着,总是美丽的"。

不愧是林业大学的校长,宋维明推荐的书单上胡鞍钢著的《中国:创新绿色发展》赫然在目,颇有学校特色。该书从人类历史总体进程和世界视野出发,以绿色发展为主题,用鲜活的事实、生动的案例反映了千千万万的中国"愚公"如何不停地创造着绿色奇迹,描绘着"最新、最美、最绿"的中国大地。宋维明告诉自己的学生:我们已经进入了生态文明发展的时代。这本书对于认识生态文明建设与经济社会建设的关系有重要的启发。大学生是时代的骄子,更是时代的先锋,应当跟上时代的要求。

韩震所著的《哲学思维与领导力》字数不到5万,半天时间即可读完。宋维明认为,今天的人才应当是既懂得自然科学知识,又懂得社会科学知识的综合性人才。大学生承担着中华民族伟大复兴的使命,需要更加深刻地认识社会发展的规律,充当社会发展的先锋。锻炼自己缜密的思维和思考方式,对于胸怀世界、高瞻远瞩、追求真理有重要的意义。韩震教授的这本书,篇幅不长,但启发作用极大。

《美的历程》也是宋维明喜欢的书籍之一。李泽厚所著的这本书把数千年的文艺、美学纳入时代精神的框架内,揭示了众多美学现象的历史积淀和心理积淀,具有浑厚的整体感与深刻的历史感。该书引导了一批又一批的读者步入美的殿堂。宋维明说,这本书对认识世界和中国历史有重要启发和启示,对于青年学生从哲学思考的角度认识美及其历史有很大的帮助。

全海推荐的书是《于丹〈论语〉心得》。全书以白话诠释经典,以经典诠释智慧,以智慧诠释人生。全海的评语是:传承优秀文化,启迪人的心智。全海还希望自己的学生们能够"了解我们身边的大学"。他希望学生们能细细读读尚尔凡著的《感受清华》,通过观察和思考身边最优秀的同学,使自己的大学更有意义;好好读读锦琥著的《中国合伙人》这本书,在创业创新的道路上走得更远;认真读读季羡林著的《风物长宜放眼量》,从大师的感悟中感受中华传统文化的精髓和底蕴。

在"寒假读书季"中,晒自己的书单、写读后的心得,新学期开学后,就能获得"林范er生活"送出的精美书籍。现在评价这些校领导们的率先垂范对带动学生读书所起的作用,的确为时过早。但可以肯定的是,这样的书单对于每一个大学生而言意义非凡,定会成为他们大学生活中一个美好的记忆。

《中国科学报》2015年2月5日

《中国绿色时报》2015年2月6日

359支社会实践团队奔赴基层

从7月3日召开的北京林业大学社会实践立项发布会上获悉,该校暑期组建了359支社会实践团队,参与学生数超过了3500人,实践地区覆盖29个省、市、自治区。

据悉,今年的红色"1+1"活动以"发挥党员先锋模范作用,服务京津冀协同发展"为主题,有71个学生党支部与京津冀三地的农村、乡镇、社区、企事业单位、驻京部队等党支部,开展科技支持、文化普及、卫生服务、知识宣讲、文艺演出等共建活动。

活动以"青春建功、实践我行"为主题,按照"6+1"的模式推进。即开展6个专项实践项目、确立一批支持实践项目。6个专项实践有15个学院的271个团队申报。最终绿色长征立项6支,专业研学立项15支,创新创业立项10支,中国精神学习宣讲与先进文化传播立项13支,京津冀生态观察与美丽中国环保科普立项10支,关注民生志愿公益与健康北京运动推广立项10支。一批支持实践项目确立了41个备选团队。部分实践团队成为市级、国家级专项实践活动。

《中国教育报》2016年7月11日

《中国绿色时报》2016年7月22日

高校大学生启动精准扶贫绿色行动

4月2日,百所高校大学生"精准扶贫·绿色行动"伙伴计划在北京林业大学正式启动。清华大学、南开大学、大连理工大学等高校参加了这一活动。据了解,全国百所高校的大学生们将主动与周边贫困乡村对接,建立"1+1"结对伙伴关系,充分发挥大学的优势,广泛整合社会资源,将绿色发展注入精准扶贫,为贫困地区的经济社会发展贡献力量。

该计划分批次遴选全国大学生"精准扶贫"相关精品项目,面向各大学生社团推介,使可推广、可复制的优秀扶贫项目惠及更广大的农村。组织者介绍说,这些项目涉及林下经济品种引入、互联网电子商务搭建农产品销售平台、互联网众筹、新能源供电、民俗旅游项目开发、音乐课带入贫困山区课堂等多个领域,具有可复制性和推广性。部分项目已成功推介,分别与呼伦贝尔学院、中国地质大学(北京)、河北师范大学、中国农业大学等校的大学生社团转移签约。

《北京晨报》2016年4月7日

《中国科学报》2016年4月7日

《光明日报》2016年4月9日

《北京日报》2016年4月11日

向过年不返乡学生送新年礼

《中国绿色时报》记者日前从北京林业大学学生处获悉,学校为不返乡的贫困学生准备了一份"阳光新年礼",其中包括梅兰芳大剧院《龙凤呈祥》演出票、CBA篮球比赛门票各1张,1部手机和100元电话充值卡、1盒糖果,以及1套图书(《画说〈资本论〉》《中国创新绿色发展》《论语译注》)。同时,有关部门还积极为家庭经济困难学生提供安全、可靠的勤工助学机会。

据悉,北林大不返乡的学生中家庭经济困难学生有29人,占67.4%。他们或因学习、科研、准备考试、实习、勤工助学等原因留校,或因车票原因、家乡太远等未返乡,没有一位学生因经济困难原因不返乡。

北林大推出的"阳光寒假计划"包括"新媒体·慢悦读"寒假读书系列活动。校党委书记王洪元、校长宋维明、副校长姜恩来热心为学生推荐图书,制作2016寒假书单。学校向每个学院赠纸质图书供学生借阅,同时将电子书存入微信公众号供学生下载阅读。假期结束后,将举办读后感评比活动和读书心得分享沙龙,让校领导与学生一起分享读书心得体会。

此外,学校还为未返乡的本科生、研究生和留学生举办"春节、藏历新年团拜会",向到场学生发放祝福红包,抽取幸运学生赠送新年礼物,一起分享节日的欢乐。

《中国绿色时报》2016年2月4日

留校学生参加好习惯微行动

春节将近,北京林业大学有200多名外地学生因学习、科研等多种原因留在学校过年。为使他们度过温暖、充实并且有意义的寒假,学校团学组织积极倡导好习惯的微行动活动。

学生组织专门设计了2015年寒假版a4210好习惯养成微行动。"a"是行动的英文单词"action"的首字母;"4"则是倡导留校生"读诵经典、强健体魄、节约环保、科学作息"的四个方面,希望他们在寒假期间,自主确立想要养成的4个好习惯;"21"指21天效应,研究表明一个新习惯的养成并得以巩固至少需要21天;"0"指"问题归0、健康成长"。

目前已有 120 余名留京学生报名参加活动,与京籍学生干部志愿者形成了 1 对 1 对接,通过微信相互提醒好习惯养成情况。

《中国科学报》2015 年 2 月 12 日

征集林科研究生科普案例活动启动

征集林科研究生"绿色行"科普示范案例活动日前正式启动。这一活动面向全国农林高校和科研院所,是由中国林业教育学会组织的。

今年暑期,林科研究生开展了丰富多彩的林业科普活动。为进一步扩大影响,组织者面向全国征集可供示范的活动案例。案例要求以林科研究生为主体,聚焦现代林业发展的科普热点问题,突出"林科研究生绿色行"主题,包括专题讲座、技术培训、科技集市、入户宣传等形式,体现形式内容创新、学科特色鲜明、注重科普实效,具有典型示范性和广泛社会影响。推荐环节将于 9 月底结束。

中国林业教育学会将组织林业科技、科普教育领域相关专家组成评审委员会,择优遴选命名"林科研究生绿色行"科普示范活动,编辑出版《林科大学生绿色科普创新典型案例集》,并通过多种形式对示范活动进行推介。

近年来,中国林业教育学会已两次组织林科大学生绿色科普创新作品,参加全国林业科技活动周活动。今年早些时候,学会组织申报的《林科大学生林业科普创新实践项目》获本年度国家林业局林业科学技术普及计划支持。这次科普示范征集活动是该项目的重要组成部分。

《中国绿色时报》2016 年 9 月 13 日
《北京考试报》2016 年 9 月 14 日
《中国科学报》2016 年 9 月 15 日
《中国花卉报》2016 年 9 月 20 日

千余学生爱心传递温暖冬衣

今年的寒假,我国许多地区都寒风刺骨。北京林业大学 1084 名志愿者积极参与"温暖衣冬"志愿活动,将 1500 件冬衣送给寒冬中最需要帮助的人。

志愿者杨友智等人将 144 件冬衣送到了贵州的上虎小学。并在上虎小学开展绘本与手工、数学与英语、太极与舞蹈、自然科学、羽毛球、民族文化等课程的支教活动，和山区孩子们共度充实的寒假。

志愿者柴雷是北林大林学院大一新生，家乡在贵州省黔西南州的贫穷小镇，通过参加"温暖衣冬"志愿活动，给父老乡亲带去一份温暖。他说，他在志愿服务中感受更多的不是付出而是收获。

大学生们编创了《"温暖衣冬"谢谢你，聆听我的故事》系列漫画，通过微信公众号等平台进行推送。他们还绘制了"小小冬衣里的故事"漫画、"温暖衣冬"爱心传递地图等，向社会传播正能量。

据了解，大学生志愿者们利用假期返乡携带冬衣，转赠给最需要的人，赠送对象主要是农村、山区等偏远贫穷地区的群众。

《中国绿色时报》2016年2月5日
《中国科学报》2016年2月4日

致力学雷锋活动常态化

新学期伊始，北京林业大学学雷锋活动就掀起高潮。大学生们围绕"志在，愿行"主题，推动学雷锋活动常态化开展。

据介绍，学雷锋志愿服务项目"双选会""对话榜样"——身边榜样校园行、"青春志愿行"专项社会实践等活动在北林大陆续拉开帷幕。校园网络媒体推出了学雷锋文化创意产品。学校搭建了一系列学雷锋志愿服务平台，推出了创建宜居环境为主题的志愿服务活动，开展以学雷锋为主题的班日、演讲、讲座、征文、辩论等活动，启动了系列宣传活动，推出了大批校园先进典型和身边榜样的事迹。

《中国科学报》2016年3月10日

举办首届学生体育文化节

北林大近日举办首届学生体育文化节，号召广大青年学生从宿舍"走出来"，到操场"动起来"，让身体"强起来"，养成体育锻炼习惯，切实提高身体素质。该校还设立了体育工作最高荣誉奖"关君蔚杯"。

《中国教育报》2015年11月13日

让全校学生"动起来"

11月7日,北京林业大学设立了体育工作最高荣誉奖。这项奖励以中国工程院院士关君蔚的姓名命名,以激发全体师生关注、支持、参与体育活动。这是该校重视体育锻炼、吸引更大的大学生"动起来"采取的举措之一。当天的体育文化节掀起了高潮。校党委书记王洪元和大学生们一起参加体育锻炼,带动大家从宿舍"走出来"、到操场"动起来"、让身体"强起来"。

这届体育文化节从10月上旬就拉开了帷幕,还将持续到12月上旬。"趣味运动会"、多种球类比赛、千人夜跑、千人瑜伽等活动吸引了数万名同学。

该校重视体育落到了实处。校党委书记、校长担任校体育运动委员会主任,形成了统筹协调、齐抓共管的大格局。评选十大"绿动达人"、十佳"绿动团支部",从个人、集体两个层面树立体育运动标杆。

该校专门推出了体育活动吉祥物、LOGO、宣传口号和主题歌曲在内的一整套文化产品。全面开展了两大集体活动。一是走下网络、走出宿舍、走向操场"三走"千人健身行动,包括千人健康跑、千人童趣运动等。二是开展"体育健康"主题思辨活动,在线上线下开展全校体育文化辩论赛。同时,各班级普遍开展基层体育团日活动,集体跑一次步、集体打一次球、集体做一次操。还举办了校园"吉尼斯"健康挑战赛和种类繁多的各种球赛。三早团、夜跑团、律动团、武术团、童趣团5个兴趣运动团队,则为大学生们参加个性化的集体体育运动创造了条件。

该校注重打造大批体育文化品牌项目的持续性、竞技性和趣味性,扩大大学生的参与度。搭建全媒体覆盖的立体平台,传播以运动为乐、以健康为荣的校园生活理念,让全校学生了解体育、参与体育、热爱体育、融入体育、享受体育。各学院、学生组织和社团充分发挥自主性,结合自身特色开发更多的体育运动品牌项目,带动广大青年参与体育锻炼,繁荣校园体育文化。

大学生们自己也发出了倡议,加强体育锻炼,塑造强健体魄,让身体充满活力。感受体育文化,养成良好习惯,让生活充满动力。发扬体育精神,磨砺顽强意志,让人格充满魅力。

科学网 2015 年 11 月 12 日

献出最美好的年华

"昨天您还在绿色校园读书操练，今天却已为国为民为林捐躯。虽然您仅仅活了24岁，但却永远定格在了师生的心中。让我们记住这个名字——徐骅，北京林业大学计算机专业09-3班的毕业生。"

2月2日，一个优秀毕业生的名字在微博里、微信里迅速传播，引发北林大师生致敬、致哀。学校新闻网第一时间发布消息，对他的不幸遇难表示深深的哀悼。他就是北京林业大学2013届毕业的国防生、因公殉职的徐骅.

据报道，1月29日晚，距四川省甘孜藏族自治州雅江县城35公里的米龙乡甲绒卡村境内突发森林火灾。经过1500余人2天2夜的艰苦奋战，大火于1月31日晚全部扑灭。当日深夜，准载8人的越野车返回指挥部途中，在距米龙乡政府所在地约6公里处的通村道路上，不幸发生事故，车辆坠入山谷。事故导致车上武警甘孜森林支队雅江大队排长徐骅等两人因公殉职。

1990年7月出生的徐骅是湖北恩施人，土家族。他是家里的独子，从小学到高中都是班长，是全班唯一在高中入党的同学。班里做什么事情他都是冲在最前面，永远是一脸的乐观。

徐骅是北林大2009级国防生，不少人都记得这位总是笑眯眯的阳光男孩。他曾经帮助申报市级优秀辅导员的老师做视频，帮助同学编程序，在学校60周年校庆中曾获"文艺演出先进个人"。一位曾经给他上过课的教师回忆说，国防生们能文能武，给她留下了深刻印象。一位老师在微信里写道：在最美的年华，如烟花绚烂，转瞬而逝，定格敬意永恒。校长宋维明在微信里留言：记住徐骅——北林的骄傲。

有人找到了徐骅在校时的一篇报道：他和同学路过教师住宅区，看见救护车停在楼下。几人二话没说，立马跟着医生上楼。他们给医生打下手，取水拿药，帮忙施救。由于屋子小、楼道窄，移动起来很困难，用了近10分钟才把病人抬到楼下、抬上救护车。"能在学雷锋月当一回活雷锋，我们都挺高兴。"徐骅这样描述当时的感受。

针对战士"会用灭火机、水泵就行了，高科技学了也没用"的认识，徐骅耐心地给战士们讲"卫星遥感可以准确确定火场位置、过火面积"，讲解信息化对森林灭火工作的作用。他文笔很好，兼着大队记录火场一线情况的任务，一边参与灭火作战，一边记录战况，及时向上级通报火场最新情况。武警雅江森林大队指导员宛敏评价他，为人热情，做事踏实，是个有灵魂、有本事、有血性、有品德的排长，用一手好文字记录着最艰苦一线的森林武警们。

徐骅的因公殉职，给师生们树立了学习的榜样，给绿色校园带来了思考。越来越多的师生在微信圈里、微博里转发徐骅的事迹，表达哀思和敬仰之情。"北林大生活圈"的编辑写道："这样一位年轻出色的国防生学长，却在最灿烂的年华，最美好的岁月里，因公失去了自己的生命。着实可惜，而我们能做的，只有缅怀学长，向学长致敬。让所有人知道，徐骅学长，你是北林的骄傲，是'90后'的榜样，是祖国的骄傲！""骅哥，当我们还在苦苦寻觅活着的意义时，你却告诉我活着就是意义，你是最牛的。"网友温平在微博里这样写道。另一位网友在微博里写下："谁云当下无勇士？自古英雄出少年。"

一位教师则在微信中呼吁：春节期间少放烟花。减少一次火灾，就减少一次亲人离别的机会，也许就挽救了一个年轻的生命，一个幸福的家庭。远离火灾，尊重生命。

《中国绿色时报》2015年2月4日

后　记

　　随着年龄的增长，我越来越认可"活到老、学到老"这句话。将此书定名为《绿色新起点》，想以此书收入的内容佐证北京林业大学这所绿色学府不断前行，又取得了众多的成果，又有了新的进展，同时又站在了新的起点。当然还有一层重要的含义，就是激励自己。过去的已经过去。要把每一天都当成新的起点。

　　此书收入的是自 2015 年 1 月以来，社会媒体刊发的有关北京林业大学的公开报道。相同内容、刊发在不同媒体的稿件进行了合并。这些报道汇聚在一起，可以看到北京林业大学师生的努力与收获、思考与追求。尽管不甚全面、不够深入、不太系统，但依然是对北京林业大学这段历史的一个真实的记载。这或许就是我能够坚持写这些"小儿科"的意义或价值。

　　这些新闻作品大多都是工作之余、之中的匆促之作。虽然经过了编辑的加工得以完善，但还有许多不足之处，希望诸位能够谅解。一些作品还有合作者，书中没有一一列出，在此一并表示衷心的感谢。

　　办公室的同事们平日及时收集、整理这些新闻作品付出了许多努力。我的研究生吴鹏等也为此书做了大量编务工作。谢谢你们默默的付出与奉献。与你们共同前行，真好。

　　感谢北京林业大学这所充满活力和生机的绿色学府，给这些新闻的诞生营造了良好的环境和条件；感谢全校师生员工和校友，你们的努力和奉献是报道不完的新闻素材；感谢所有关心、支持、爱护和帮助我的人，你们是我能够常年坚持采写这些新闻的根本动力。

　　此刻，正是 2016 年的最后一天。雾霾中的北京依然阳光普照。写下这篇后记，记录难忘的蹉跎岁月和走过的这段历程。然后，站在新的起点上，继续前行！

　　谢谢诸位。

铁铮

2016 年 12 月 31 日